크루즈 운영관리론

한올출판사

저자 서문

10년 전, 나는 P&O 크루즈사의 오리아나호 Oriana 사무장으로 근무하였다. 젊음과 순수함, 그리고 열정으로 가득 찬 나는 온 세계를 끌어안고 싶었다. 이때부터 시작된 관광 · 호텔산업에서 쌓인 나의 경력과 관련 분야에 대한 지적 욕구를 충족시켜준 학위들은 스스로의 성장에 큰 도움이 되었다. 이러한 다양i한 경험에도 불구하고 나는 아직까지 호화스러운 크루즈선에서의 경험하였던 흥미와 재미, 가치 있는 삶에 대한 기억을 되뇌곤 한다.

당시, 크루즈 여행 cruising은 예부터 전해오는 전통적인 오락거리로, 변화의 조짐이 보이기 시작하였다. 사우스햄튼 South Hampton에서 출항하는 크루즈와 시드니에서 출항하는 크루즈 상품에서 고객들의 인구통계적 특성이 눈에 띄게 다른 것으로 나타났다. 당시 미국은 세계에서 가장 급성장을 보이고 있던 크루즈 시장이었으며, 인기 TV 드라마인 '사랑의 유람선'의 방영이 크루즈 시장 확대에 부채질을 하였다.

크루즈선은 다른 어떤 교통수단 보다 테러의 위협이 높아 한층 높은 비상훈련이 필요하다. 그러나 크루즈 여행의 변하지 않는 장점은 야생동물이 가득한 정글 속을 서서히 유람하는 것에서부터 파나마 운하를 가로질러 항해하는 것, 유명한 시드니의 오페라 하우스를 따라 하버브리지를 항해하는 것, 카리브해의 따뜻한 쪽빛바다에 닻을 내리고 휴식하는 것 등 멋진 풍경으로 한걸음 더 가까이 다가갈 수 있다는 것이다.

크루즈선에서 일한다는 것은 매우 특별한 경험이었으며, 고객의 서비스 기대치가 매우 높았다. 해상 근무에 대한 젊은이들의 선호도가 감소하였음에도 불구하고, 크루즈선 근무에 대한 여러 가지 보상과 혜택은 모험적인 젊은이들에게 색다른 매력을 제공하며 유혹하고 있다.

이 책은 현대 크루즈 산업에 종사할 사람들에게 도움이 될 만한 내용으로 구성되어 있다. 나의 짧은 해상 근무 경험은 이 책을 집필하는데 많은 도움이 되었다. 또한 도와주신 많은 크루즈 산업 전문가들로부터의 아낌없는 지원에 깊은 감사의 뜻을 표한다.

감사의 글

이 책을 쓰기 위해서, 나는 크루즈 승객 서비스 디렉터, 총괄 사무장, 인사 관련 사무장, 트레이닝 매니저, 뷔페 스튜어드, 수석쉐프, 코퍼레이트 쉐프, 객실 매니저, 웨이터 장, 주니어 어시스턴트 사무장, 어시스턴트 매니저, 포토 매니저, 크루즈 디렉터, 린넨 마스터 등 100명 이상의 크루즈 산업 전문가를 인터뷰 하였다.

나는 인터뷰에 응해주신 많은 분들에게 많은 신세를 졌다. 특히 프린세스 크루즈사 Princess Cruises의 Brian Johnson, P&O 크루즈사 P&O Cruises의 Rick Godwin과 Celia Walter, 스타 프린세스호 Star Princess, 골든 프린세스호 Golden Princess, 그리고 오로라호 Aurora의 직원들과 승무원들에게 진심으로 감사의 말씀을 드리고 싶다. 또한 큐나드호 Cunard의 Kevin Spencer, Destination Southwest의 Bob Harrison, 그리고 플리머스 Plymouth 대학의 동료들에게도 감사의 말씀을 전하고자 한다.

마지막으로 원고 초안을 꼼꼼하게 검토해준 나의 사랑하는 딸 Hazel과 Rachel, 최종 확인 작업을 도와준 전직 어시스턴트 퍼서, 아내 Carol에게도 감사한다.

개 요

본서는 크루즈 산업에 대해 학습하고자 하는 이들을 위한 지침서이다. 육상 관광활동과는 달리 지난 20년 동안 크루즈 산업의 안정적이고 소리 없는 성장에 비해 이에 대한 학문적인 연구가 이루어지지 않았기 때문에 크루즈 선상의 운영관리에 대한 상황에 초점을 맞춘 이론적 연구가 부족한 것이 사실이다. 또한 크루즈 산업의 독특한 특성 때문에 학문적 또는 직업교육 관련 목적 등으로 크루즈 산업의 특수성을 고려한 교재 마련이 시급하였다.

본 교재는 크루즈 산업을 위한 호텔 서비스의 포괄적인 소개를 하는 것을 목적으로 집필되었다. 크루즈선의 실제 운영 사례를 사용함으로써 독자들이 독특한 특성을 가진 크루즈 산업의 속성과 크루즈선의 운영 · 관리에 대한 정보를 보다 쉽게 이해하도록 구성하였다.

또한 크루즈선의 일반적인 사실에 대한 설명 뿐 아니라 여러 가지 사례를 통해 크루즈 운영에서 실제로 발생하는 사건 · 사고 등 여러 상황에 대한 간접경험을 제공하여 독자들이 크루즈 산업에 대해 보다 쉽게 이해하도록 하였다. 사례연구는 크루즈선에서 발생할 수 있는 실질적인 상황들을 보여주는 것으로 전문가 인터뷰와 관찰 등을 통해 작성되었다. 이러한 사례조사를 위해 여러 크루즈 회사에서 아낌없는 지원을 받았음을 밝힌다.

본서에 언급된 대표적인 크루즈 관련 사례로는 미국인들의 휴가철에 대비한 대형 크루즈선의 식음료 운영에 대한 부분, 큐나드호 Cunard의 트레이닝 이노베이션, 프린세스 크루즈사 Princess Cruises 와 P&O 크루즈사 P&O Cruises가 운영하는 초대형 크루즈선의 경영과 운영에 대한 행정업무, 객실 경영, 객실서비스 조직 및 구성, 기항지 관광 운영 그리고 승객을 위한 특별서비스 제공 등이 있다. 또한 본서에 언급된 사례들은 크루즈 승무원과 관련한 문화적 요소에 대한 부분도 강조하고 있다. 사례연구에 대한 이해증진과 적극적인 토론을 위해 각 사례에 몇 개의 질문을 더하였다.

본서의 각 장들은 크루즈 산업에 대한 체계적인 이해를 목적으로 구성되었다. 제1장에서는 크루즈 산업에 대한 사회적 · 기술적 · 경제적 관점의 개요에 대해 설명하였다. 제2장에서는 크루즈 상품의 판매와 관련한 크루즈 내 기반시설 및 서비스에 대해 설명하였다. 제3장은 해상관련 이슈와 세계 선박시장에서 크루즈 산업의 규모와 전망, 그리고 국제법과 환경 문제 등과 같은 중요한 요소에 대해 초점을 맞추었다. 제4장은 크루즈 지역과 주요 목적지에 대한 이해를 위해 크루즈 지리에 대해 설명하였고, 제5장에서는 크루즈 일정 계획에 대해 설명하여, 크루즈 일정 기획자가 기항지 관광프로그램을 기획할 때 도움이 되도록 구성하였으며, 이는 나아가 크루즈 상품을 기획하는데 도움을 줄 것이라 기대된다.

제6장은 크루즈선의 운영관리와 관련한 것으로 구성하였으며, 제7장은 대다수의 크루즈 선이 제공하는 고객 서비스 범위에 대해 설명하였다. 제8장과 제9장은 식음료 운영관리, 선박 내 관련 시설 운영 등 호텔 서비스를 중심으로 설명하고 있다. 제10장은 건강, 안전, 보안에 대한 내용으로 현실적인 방안에 대해 설명하고 있으며, 제11장에서는 각 파트에 적합한 직원 교육 및 훈련에 대한 내용을 소개하고 있다. 제12장은 크루즈 운영관리와 전체적인 결론과 함께 크루즈 내의 행정기능 관련 평가 및 크루즈의 성공적인 운영을 위한 방법을 제시를 하고 있다.

각 장의 내용은 크루즈 산업에 대한 이론정립과 산업에 대한 전반적인 이해에 도움을 줄 수 있도록 구성하였다. 때문에 본 교재는 크루즈 운영관리에 대한 전반적인 이해는 물론이며, 일부 내용은 관광 · 서비스 산업에서 적용이 가능할 것이다.

차 례

1

현대 크루즈 운영 Contemporary Cruise Operations

학습목표

- 크루즈 여행의 구성요소 개념 이해
- 크루즈 역사 이해
- 크루즈 이미지와 크루즈 종류에 대한 비판적 사고 정립
- 크루즈 시장 규모와 전망 이해

크루즈 산업은 실로 엄청난 규모로 성장해왔으며, 이러한 성장세는 지속적으로 진행되고 있는 추세이다. 크루즈 산업은 종종 실제 산업의 규모에 비해 과소평가 되어 왔으나, 이제 관광산업에서 없어서는 안될 주목받는 분야로 자리매김하게 되었다(Page, 2002). 그러나 이러한 표현은 크루즈가 가진 고유의 품질과 특성을 밝히기에는 아직 불충분하여, 이는 크루즈가 하나의 독립적인 산업으로 충분하다라는 주장이 확실하게 받아들여지지 못하는 이유라 할 수 있다. 그러나 크루즈에 대한 지속적인 관심은 크루즈가 독립적인 산업으로 인정받기 위한 긍정적인 현상으로 볼 수 있다.

Ward(2001)에 따르면, 크루즈 산업은 $150억의 자금회전율을 가지고 있다. 크루즈 산업은 10만여명의 승무원을 포함한 크루즈 선상근무직원 뿐 아니라 1만 5천여명의 지상근무 직원들이 종사하고 있다. 간접적으로는 크루즈와 관련된 식품공급업, 기술 서비스업, 제조업, 항만 에이전트 및 관련 공공기관, 운송업, 여

행업, 호텔업, 현지 여행업, 렌트카업 그리고 인력파견업 등의 다양한 산업과 관련하여 고용을 창출시킨다. Ebersold(2004)는 크루즈 승객이 침상에서 보낸 일수[1)]에 대한 연구를 통해 크루즈 산업이 7년 이상 체계적이고 지속적인 팽창을 하고 있다는 것을 증명하였으며, 이는 마케팅의 관점에서 크루즈 산업의 성장에 대한 확신을 보여주는 대표적인 예라 할 수 있다. 신규 크루즈 선박 건조 또한 증가하고 있으며, 2004년 초반 총 48,000명에게 서비스를 제공할 수 있는 19척의 신규 크루즈선이 건조되었다(Bond, 2004).

전 세계 19개의 주요 크루즈사를 대변하는 기관인 국제크루즈선사협회인 CLIA The Cruise Lines International Association(CLIA, 2005b)는 2004년 총 1,050만 명이 크루즈를 이용했다고 보고하였다. 시장세분화, 사회적 지위, 연령 등 마케팅의 관점에서 크루즈 승객의 인구통계적 변화는 눈에 띄게 변했다(Douglas & Douglas, 2004). 이러한 변화는 카니발 크루즈사 Carnival Cruises의 고객변화에서 뚜렷하게 나타난다. 2004년 카니발 크루즈사의 크루즈선을 이용한 어린이 승객은 총 50만여 명으로 추정되었으며, 10년 동안 400%의 성장률을 보인 것으로 나타났다(Carnival, 2005).

2005년에는 1,110만 여명의 승객이 CLIA 회원사의 크루즈를 1회 또는 그 이상 이용한 것으로 조사되었고, 이는 2004년 대비 4.6% 증가한 것으로 나타났다. 2004년 12개의 신규 선박이 소개되었으며, 전체 크루즈 수용력의 6.9%가 증가하였다. CLIA는 크루즈 이용승객의 연령이 더욱 다양해질 것이고, 크루즈 시장 세분화의 급변화가 독특한 상품과 서비스 등장을 이끌어 결국 크루즈의 요금이 상승될 것이라 전망하고 있다(Anon, 2005a).

1 | 크루즈의 요소 The Elements of Cruising

우리가 살고 있는 지구 Earth에 대한 명칭이 올바르지 못하다는 논란이 제기될 수 있다. 왜냐하면 지구 표면의 71%는 물로 덮여있기 때문이다(Lutgens, 1992). 항공여행이 여가활동 변화에 주요한 영향요인이라는 것이 여러 연구에서 인용

1) 침상일수(bed-day) : 승객이 침상(또는 침대)을 사용하는 숙박일 수

되고 있지만, 여전히 여행 초보자가 선박을 수상호텔로 이용하는 해상 또는 수상 여행을 떠날 여지는 남아있다고 할 수 있다. Day와 McRae(2001)는 크루즈선이 세계에서 가장 유명한 여행지로 항해하여 승객들에게 여행지로의 뛰어난 접근성을 제공하고 있고, 이는 현재 크루즈 산업의 성공을 이끌어낸 열쇠라고 설명하고 있다([표 1-1] 참고).

크루즈 여행에 대한 경험은 안전함, 사교적 분위기, 고객 · 서비스 중심의 시스템 등 강력한 여행동기를 형성한다(Cartwright & Baird, 1990). 크루즈선은 여행객들에게 제2의 집인 동시에, 기항지를 쉽게 방문할 수 있는 지속적이고 접근성이 용이한 장소이다. 여행객들은 선상생활에 곧 익숙해지며, 잘 짜여진 선상 프로그램 또는 기항지 활동 등과 같이 언제나 다양한 모습을 선보이는 크루즈 여행을 통해 여유로움을 즐기는 것에 적응한다(Gibson, 2003).

여행전문가 Douglas Ward는 "1천만 명 이상의 사람들(작년 한해 크루즈 여행을 경험한 여행객의 수)은 틀리지 않았다. 현대인의 긴장감과 스트레스를 날려버릴 수 있는 일상탈출의 기회를 제공하는 크루즈는 오늘날 가장 유명한 여행형태이다. 크루즈선은 여행객을 불과 며칠 만에 유명한 여행지로 데려다 주는 범죄없고 안전한 최고의 리조트이다"라고 말하였다(Ward, 2001).

하지만 [표 1-2]와 같이 '크루즈'에 대한 부정적인 인식이 존재하기도 한다. Dickinson과 Vladimir(1997)는 크루즈 여행을 전혀 고려하고 있지 않거나, 원하지 않는 사람들을 대상으로 인터뷰를 실시하여, 잠재 크루즈 여행객이 크루즈 여행을 기피하는 5가지 요인을 발견하였으나, Ward(2001)는 다음과 같은 이유로 위 요인들에 반대하고 있다. 우선 크루즈는 합리적인 가격과 가격 대비 높은 품질을 가진다. 크루즈 여행 형태는 모든 사람들이 즐길 수 있도록 확대되고 있다. 이처럼 크루즈 여행은 가족 단위 여행객, 1인 여행객, 회의 참가자, 장년층 여행객, 활동적인 여행객, 그룹 단위 여행객 등 모든 고객을 위한, 그러나 다른 곳에서는 경험할 수 없는 것들을 제공하는 양면성을 가지고 있다. Ward는 과거 크루즈 여행이 실버계층을 중심으로 어필하고 있었으나, 최근 들어 최초의 크루즈 여행 경험자들의 평균연령이 40세 이하라는 사실에 유념해야한다는 것을 주장하였다.

표 1-1 관광객이 선호하는 해외 도시

'Observer/ Guardian's Travel Awards가 선정한 '가장 가보고 싶은 해외 도시' (Anon, 2003a) 중 크루즈로 접근이 가능한 도시		
시드니	싱가포르	레이캬빅
멜번	바르셀로나	뮌헨
도쿄	로마	베로나
케이프타운	쿠알라룸푸르	세르빌
벤쿠버	샌프란시스코	코펜하겐
리우데자네이로	라스베가스	시에나
시카고	오클랜드	하바나
두바이	비엔나	방콕
오슬로	스톡홀름	짤츠부르크
올랜도	베이징	빌바오
뉴욕	부다페스트	마드리드
퍼스	토론토	마라케쉬
베니스	브뤼헤	그라나다
홍콩	플로란스	워싱턴
베를린	헬싱키	보스턴
프라하	리스본	푼샬
볼로냐	이스탄불	

표 1-2 잠재 크루즈 여행객이 크루즈 여행을 선택하지 않는 요인

요 인	이 유
비용	크루즈 상품은 비쌀 것이다.
독점성	크루즈는 부유한 엘리트층의 사교를 위한 자리이다.
가족동반금지	크루즈는 가족보다 노년커플을 위한 것이다.
폐쇄공포증	배는 밀폐되어 있는 조용한 공간이다.
배멀미	배멀미에 대한 걱정이 앞선다.

(Dickinson & Vladimir(1997)에서 인용)

2 | 크루즈의 역사 A History of Cruising

크루즈 여행에 대한 역사를 한눈에 볼 수 있는 차트는 크루즈 여행에 대한 컨셉이 어디에서부터 어떻게 시작되었는지에 대한 것 뿐 아니라, 향후 동향을 추측

하는데도 많은 도움을 줄 수 있다. [표 1-3]은 크루즈의 전반적인 역사를 나열했다기 보다, 지난 200년 동안 주목할 만한 순간 · 업적 등을 중심으로 작성되었다.

최근 현대 초대형 크루즈의 크기가 많이 거론되고 있다. [표 1-3]에 소개된 초대형 크루즈 선박의 좋은 예로 최근 건조된 퀸 메리2호 Queen Mary2(QM2)호를 들 수 있다. 세련된 선상 시설과 한층 강화한 상품 등을 갖춘 크루즈 선박이 관광 목적지가 될 수 있는 이유는 대형 크루즈 선박 건조시 발생하는 규모의 경쟁과 관련이 있다(Kontes, 2003). 크루즈 여행의 이러한 면은 대중의 이목을 집중시키게 하며, 정치 · 경제 · 사회 · 기술 · 환경 · 법률, 그리고 환경적 이슈와 밀접한 관련을 가지고 있기 때문이다. 이러한 사안에 대해서는 본서의 마지막 부분에서 언급하고자 한다. 한편, 기본적인 관점에서 크루즈 선박의 사이즈는 흥미로운 비교거리를 만들어낸다([그림 1-1] 참고).

현재까지 건조된 가장 큰 선박은 4,000여 명의 고객을 수용할 수 있으며, 가장 작은 규모의 선박은 약 100여 명의 고객을 수용할 수 있다. 큐나드사 Cunard의 퀸 엘리자베스 2호 Queen Elizabeth II는 70,327GT[2)]이며, 2004년 1월에 처녀취항을 한 퀸 메리2호 Queen Mary2는 150,000GT이다. 프린세스 크루즈사 Princess Cruises의 그랜드 프린세스호 Grand Princess는 108,806GT, 헤브리딘 아일랜드 크루즈사 Hebridean Island Cruises의 헤브리딘 프린세스호 Hebridean Princess는 2,112GT이다. 로열 캐리비안사 Royal Caribbean의 프리덤 오브 더 씨호 Freedom of the Sea는 158,000GT로 2006년 4월 첫 출항식과 함께 출항하였다. 크루즈 선박의 규모는 목적에 따라 달라진다. 이글 클래스 Eagle-Class와 같은 초대형 크루즈 선박은 앞서 언급한 바와 마찬가지로 많은 수의 승객을 수용할 수 있고, 선상위에서 여러 가지 다양한 프로그램을 승객들에게 제공 할 수 있다. 상대적으로 규모가 작은 크루즈 선박은 보다 아늑한 분위기로, 수심과 선박의 물리적인 제약으로 인해 대형 크루즈가 접근할 수 없는 여행지를 방문할 수 있다. 승객 1인당 승무원 비율, 승객 1인당 승객 공간 비율, 객실과 공공장소의 비율 등은 크루즈 승객의 종류에 따라 달라진다. 승객 1인당 공간 비율은 선박의 총톤수를 최대 탑승 승객수로 나누어 계산하며 입방피트(ft^3)로 나타낸다. 최

2) Gross Registered Tonnage(GRT : 총톤수) : 선체 및 갑판상의 제실까지 산입한 선박전체의 내실적에 대해 100 CuFt(2.832 m^3)를 한 단위로 표시한 것이다. 총톤수는 각국의 선박통계, 입거료, 등록세, 선박 검사료, 도선료 등의 계산기준이 된다. 과거 GRT로 표기되었던 총톤수에 대한 표기는 최근 IMO 협약에서 GT로 통일되었다. 따라서 본서에서 표기되는 GRT는 GT로 표기하도록 한다.

근 QM2호는 승객에게 1인당 가장 높은 비율의 공간을 확보하여 승객 1인당 $57ft^3$ (150,000GT/2,620명)의 면적을 제공하는 것으로 측정되었다. 반면, 가장 경제적인 비용으로 크루즈를 즐길 수 있는 선박의 경우, 승객 1인당 확보 공간이 $28ft^3$ 로 측정되었다. 일반적으로 승객 대비 승무원의 비율은 프리미엄 선사인 경우, 2:1(승객 : 승무원)이며, 호화 선박인 경우에는 1.5:1의 비율이 적용된다.

표 1-3 크루즈의 역사

년 도	내 용
1801	예인선 샬롯 던다스 Charlotte Dundas의 서비스 시작과 동시에 최초의 실용증기선으로 기록.
1818	블랙볼사-Black Ball Lines에서 424 GT([그림 1-1] 참고)급 사바나호 Savanah 진수. 8명의 승객을 태우고 영국 리버풀에서 미국 뉴욕까지 첫 대서양 횡단에 성공한 최초의 선박. 총 28일 동안 항해.
1835	쉐틀랜드와 오크니스 지역에서 최초의 크루즈 광고 실시. 이 크루즈는 실제로 운행되지 않았음. 노스 오브 스코틀랜드 해운사 North of Scotland와 쉐틀랜드 Shetland · 오크니스 해운사 Orkneys가 단기 크루즈를 실시하였던 1886년까지 크루즈선의 운항은 없었음.
1837	페닌슐라 기선사 Peninsular Steam Navigation 설립(이후 페닌슐라 & 오리엔트 기선사 Peninsular & Oriental Steam · navigation로 변경. 현재 P&O 크루즈사의 전신)
1840	샘 큐나드 Sam Cunard가 대서양 횡단 증기선 설립.
1843	이삼바드 킹덤 브루넬 Isambard Kingdom Brunes의 3,270GT급 선박 그레이트 브리튼호 Great Britain 진수. 최초의 철제선박으로 프로펠러 동력 장치의 여객선.
1844	P&O가 런던에서 비고, 리스본, 몰타, 이스탄불, 알렉산드리아 등 SS 이베리아 지역 항해.
1858	최초의 크루즈선으로 알려진 P&O사의 실론호 Ceylon의 유료서비스 시작.
1867	작가 마크 트웨인 Mark Twain이 P&O사가 제공하는 런던-흑해 항해 서비스를 그의 소설에서 '순수한 해외여행 Innocents abroad'이라 극찬.
1881	실론호가 순수 여객선 목적으로 선박 재정비.
1910	화이트 스타사 White Star가 46,329GT급 올림픽호 Olympic 소개. 1년 후 선박이름을 타이타닉호 Titanic으로 변경. 1912년 4월 12일 빙하로 인한 침몰사건 발생.

1912	큐나드사가 라코니아호 Laconia와 프랑코니아호 Franconia를 전형적인 크루즈용 선박으로 소개.
1920-33	당시 미국에서는 불법인 담배 등의 면세품 구매와 도박 등의 목적으로 미국을 출발하여 쿠바, 버뮤다, 바하마 등을 방문하는 크루즈에 대해서는 허용.
1922	큐나드사의 라코니아호가 세계일주 항해. 이 선박은 총 20,000GT급으로 2,000명의 승객과 3개 등급의 객실을 보유.
1929	P&O사의 비세로리 오브 인디아호 Viceroy of India 소개. 이 선박은 당시 터보전기파워시스템을 갖춘 최초의 선박이었으며, 갑판 위 수영장이 있는 최초의 선박이었음. 또한 영국과 인도간의 객차화물양용의 정기선이었으며, 고급 크루즈 선박이었음.
1930s	유니온 캐슬사 Union Castle는 남아프리카공화국으로의 상품을 합리적인 가격으로 판매. 3등실 30£, 2등실 60£, 1등실 90£로 상품가격 책정.
1934	고급 크루즈 정기선 RMS 퀸 메리호 진수. 승무원 1,174명과 승객 2,000명 탑승. 승무원 : 승객 비율이 1:2 보다 낮음.
1934	유나이티드 스테이츠사 United States Lines가 SS아메리카호 SS America 건조. 화력발전 정기선이며 최대속도 25노트 knot. 이후, 1941년 군대 수송용으로 사용.
1938	83,000 GT급 SS노르망디호 SS Normandie가 뉴욕-리오데자네이로-뉴욕의 항로를 21일간 항해. 1인당 상품가격 : $395~$8,600.
1939	2차 세계대전 시작. 퀸 메리호, 퀸 엘리자베스호와 같은 크루즈선은 군대 수송용으로 사용.
1958	대서양 횡단 상업용 제트여객기 등장으로 크루즈 정기선사 시장에 큰 타격을 줌.
1966	영국을 중심으로 크루즈 산업 회복.
1970s	신규 크루즈사 설립 - 휴가계획자 중 1%만이 크루즈 여행 선택. 크루즈사는 항공사와 함께 항공-크루즈 fly-cruise 상품 개발.
1986	윈스타호 Windstar는 컴퓨터시스템을 이용한 항해를 도입한 선박으로 '항해의 로망스'라고 불리는 현대 크루즈선의 안락함을 소개.
1990s	크루즈선사의 합병과 국제화.
1999	보이저 오브 더 씨 Voyager of the Sea와 그랜드 프린세스호 Grand Princess와 같이 선박이 보다 정교하고, 대형화되고, 선박 자체가 휴가 목적지의 역할을 하는 이글타입의 크루즈 선박 소개.

2000s	보다 세분화되고 라이프스타일에 맞춘 크루즈 등장. 1980년부터 2000년까지 북미 크루즈 시장이 연간 8%의 성장 지속세를 보임.
2002	전 세계 7억만명의 관광객 중 1,030만명의 관광객이 크루즈 관광객으로 추정. 이 중 2.4%가 미국인이며, 영국인이 1.3%, 그리고 1% 이하의 유럽인이 매년 크루즈를 이용함.
2003	150,000GT급 퀸 메리2호 진수.
2003	카니발사가 P&O 크루즈 프린세스사를 인수하면서 세계 최대 크루즈 오퍼레이터로 성장.

[자료 : Dickinson & Vladimir(1997), Knotes(2003), Michaelides(2003), Dawson(2000), Cartwright & Baird(1999), Day & McRae(2001), Showker & Sehlinger(2002) and Ward(2002)]

그림 1-1 선박에 대한 측량

선박의 크기를 어떻게 측량할 수 있을까?

선박은 수용력과 면적 또는 용적톤수로 기술할 수 있다.

수용력 capacity

크루즈 선박의 수용력은 사무원, 승무원 그리고 고객의 전체수에 의해 결정된다. 크루즈 회사는 주로 버스(berth : 객실 당 침대수)를 낮게 책정하고, 이는 일부 선실에 위치한 이층침대 등을 포함한 것이다.

면적 dimensions

선박의 길이는 일반적으로 선두(船頭)에서 선미(船未)까지를 의미한다.
선박의 폭은 일반적으로 가장 넓은 선폭(船幅)이며, 흘수(吃水)는 배가 물에 떠있을 때 물에 잠겨있는 깊이를 의미한다.

용적톤수 tonnage

선박은 총용적톤수로 GRT Gross registered tonnage로 크기를 표현한다. Branch(1996)에 따르면, GRT는 선박 갑판 상하부의 모든 폐쇄공간 중 규정상 제외하는 공간을 차감한 전체용적을 입방피트인 2.83㎥당 1톤의 단위로 나타낸 수치이다.

속력 speed

속력은 노트 knot에 의해 측정된다. 1노트는 한 시간에 1해리 海里의 속력을 의미한다. 1해리는 1,852m 또는 1.15마일 mile을 의미한다.

3 | 크루즈 이미지 The Image of Cruising

크루즈 산업은 다양함으로 설명될 수 있으며 이는 크루즈 발전을 위한 미래를 나타내고 있는 것을 의미한다. 다음의 사례는 4가지의 색다른 크루즈 경험에 대해 소개하고 있다. 크루즈선의 선박등록지는 선박에 대한 법적부분과 관련되어 있으므로 중요하다(제3장에서 자세히 설명).

1) 윈드스타호 Windstar

윈드스타호 Windstar에 대한 컨셉은 1986년에 소개되었다([그림 1-2] 참고). 항해의 자유로움과 휴가의 화려함이 조화를 이루는 독특한 상품을 만드는 것이 윈드스타호의 컨셉이었다. 윈드스타 크루즈사 Windstar Cruises는 이러한 컨셉을「지친 경영진, 모험을 사랑하는 사람들, 자칭 '현실도피주의자'들을 위한 최고의 휴양지」라고 묘사하고 있다(Windstar 2003). 윈드스타호는 회사이름과 같다. 윈드스타호는 이 회사가 소유한 3척의 선박 중 하나로 카리브해에 위치한 레세르 안틸레스 Lesser Antiles, 버진군도 Virgin Islands, 플로리다 키 Florida Keys, 바하마 Bahamas와 동 · 서유럽, 지중해, 그리스와 터키 지역의 작은 섬, 발트해 연안지역과 북유럽 등의 기항지를 방문하기 위해 디자인되었다. 윈드스타호를 이용하는 기존 고객들의 평균연령은 51세, 신규 고객들의 연령은 50세로, 연간 평균 소득수준이 $120,000 이상인 것으로 조사되었다. 윈드스타 크루즈사는 윈드스타호의 고객들을 '20대에서 80대까지 전 연령층의 고객이 활동적이고 모험심이 강하며, 세련된 여행객'이라고 설명하고 있다. 윈드스타호 고객들의 주요 직업으로는 사업가, 경영자, 은퇴자, 신혼여행객, 주식중매인, 변호사, 엔지니어, 기업가, 예술가, 작가, 연구자, 의사 또는 교육자 등으로 추정하고 있다.

Ward(2001)에 따르면, 선박의 연령은 객실의 소재, 전반적인 인테리어를 통한 화려한 분위기와 전통적인 외형을 만들어낸다. 윈드스타호를 통한 크루즈 여행 경험들은 전반적으로 긍정적이며, 안락하고, 자유롭고, 스트레스가 없는 분위기가 좋았다는 의견으로 평가되었다. 크루즈 여행에서는 윈드서핑, 스키, 스킨스쿠버, 스노클링 등 다양한 활동들이 가능하였다. 이 선박은 카지노, 도서관, 소규모의 수영장, 상점, 진료실, 피아노 바, 세련되고 품위 있는 레스토랑 등의 시설을 갖추고 있다. 객실은 TV, VCR, CD 플레이어, 개인금고, 냉장고, 미니바, 국제전화용 전화기 뿐 아니라 샤워용품, 헤어드라이어, 화장품, 목욕가운이 구비된 개인 욕실이 갖추어져있다. 승무원은 '국제적'이다. 선장과 항해와 관련된 선원들은 유럽인이며, 호텔의 상급 직원들은 미국인과 유럽인, 승무원과 서비스 직원들은 필리핀인과 인도네시아인들이다. 전체적으로 윈드스타호는 아늑하고, 현대적이며, 호화스러운 분위기의 디자인을 가지고 있다. 윈드스타 크루즈사는 시설과 서비스를 모두 갖춘 소규모의 윈드스타호가 이러한 목표를 달성하는데 용이하다고 강조한다.

표 1-4 주요 크루즈선 비교

선박제원	윈드스타호	더월드호	그랜드 프린세스호	오션 빌리지호	QM2호
운영회사	윈드스타크루즈사	레지던씨사	카니발사		
건조년도	1986	2002	1998	1989 (구, Arcadia)	2003
GT	5,350	43,524	109,000	63,500	150,000
흘수(吃水)	4.1m	6.7m	8m	8.2m	10.09m
전장(길이)	134m	196.35m	292m	247m	348m
폭	15.8m	29.8m	36m	32m	45.4m
속력	14노트	18.5노트	24노트	21.5노트	26노트
추진방법	디젤 · 전기(3) 항해(6)	디젤 · 전기	디젤 · 전기	디젤 · 전기	가스터빈 디젤 · 전기
고객공간 비율 (승객1인당)	$36ft^3$	$66ft^3$	$42ft^3$	$37.5ft^3$	$56.25ft^3$
객실수	74실	스위트룸 110실 원룸 88실	1,300실	801실	1,310실
수용 고객수	148인 (2인실 기준)	656인 (평균 320인)	2,600인	1,692인	2,620인
수용 직원수	90인	320인	1,100인	514인	1,253인
마케팅 슬로건	'180 degrees from ordinary'	'When you live to travel'	'Personal choice cruising'	'For people who don't do cruises'	'The world's largest, tallest, grandest ocean liner ever'
선박 등록국가	바하마		리베리아	영국	

그림 1-2
윈드스타호 Windstar

2) 더 월드호 The World of ResidenSea3)

더 월드호 The World of ResidenSea(40,000GT급)는 독창적인 컨셉을 가지고 있다(Showker & Sehlinger, 2002). 이 선박은 전 세계를 지속적으로 항해하기 위해 노르웨이 회사인 포센야드사 Fosen Yard에 의해 건조되었으며, 전일 객실 사용을 위한 해상 주거지로서 디자인된 '세계 최초의 선박'이다. 더 월드호는 가구 및 시설 완비가 된 넓은 주거공간은 물론 가족, 친구, 비즈니스 관련 방문객이 이용할 수 있는 게스트 스위트를 갖추고 있다(Synnove Bye, 2003).

이 야심찬 프로젝트는 두 가지의 탑승 옵션이 있다. 더 월드호 내에는 개인적으로 소유하거나 렌트할 수 있는 취사시설을 갖춘 110개의 개인 아파트가 마련되어 있으며, 일반 승객도 이용이 가능한 88개의 게스트 스위트를 갖추고 있다. 일반 승객의 국적은 미국과 유럽 출신이 각각 40%, 그리고 기타 국가 출신의 승객이 20%를 차지하고 있다. 더 월드호가 선보인 개인 아파트의 소유자들은 주로 2~3인의 가족을 가진 평균 연령 55세의 건강하고 자신이 설립한 기업을 소유한

3) 본 선박의 정식명은 'The World of ResidenSea'이나, 내용상의 편의를 위해 '더월드호'로 명칭하였다.

기업가들이다. 전형적으로 이들은 활동적이고 바다 또는 항해를 사랑하는 성격의 소유자로, 자신의 프라이버시를 지키는 것을 중요시하는 성향을 가지고 있다(ResidenSea, 2003).

더 월드호는 4개의 차별화된 레스토랑과, 나이트클럽, 카지노, 극장, 아트갤러리, 스파와 피트니스 센터, 두 개의 수영장과 풀사이즈 테니스 코트, 자연 잔디로 조성된 골프 센터, 그리고 이동식 마리나(제트스키, 소형보트 등의 이동식 정박장) 등의 시설을 갖추고 있으며, 이 외에도 3개의 응급 병동을 갖추고 있다([그림 1-3] 참고).

대표적으로 40여 개국 140개의 기항지를 방문하는 것으로 연견일정이 구성된다. 더 월드호는 브리티쉬 오픈, 모나코 그랑프리와 같은 스포츠 이벤트 뿐 아니라 칸 영화제 등 세계적으로 유명한 이벤트를 목적으로 운항한다. 이 선박의 개인 아파트 구매비용은 미화 $2,255,000이다. 일반 이용을 위한 예약은 개인의 취향에 따라 달라지지만, 최소 3일의 일정부터 시작한다.

다음은 더 월드호를 소유하고 있는 레지던씨사 ResidenSea의 사보에서 발췌한 내용이다.

> 지속적으로 세계를 항해하는 최초의 혼합형 리조트 크루즈인 더 월드호는 미국공공보건국 USPH 검열에서 최초로 100점 만점을 부여한 선박이며, 미국해안경비대 USCG로부터 우수한 수준의 준수인증서 certificate of compliance를 수여하여, 업계의 새로운 기준을 마련하였다. 이러한 소식은 바하마 당국과 노르웨이 선급협회 DNV : Det Norske Veritas로부터 선박의 위생, 안전, 운영 및 건조 기준은 물론 "더 월드호는 매우 전문적인 방식으로 잘 유지 · 운영되고 있는 선박이다"라는 찬사와 함께 업계에서 국제적인 인정을 받게 되었다.
>
> 더 월드호의 이러한 성공에 기여한 것은 부유시스템에 의해서 쓰레기를 분류하는 방법인 독특한 스칸디나비안 하수처리 시스템 덕분이다. 고체 쓰레기는 건조 · 소각하고, 재는 육상에 적합한 과정을 통해 버린다. 남은 액체 쓰레기는 자외선 여과 과정을 통해 처리되며, 이 과정을 통해 발생되는 물은 선박내에서 재활용이 가능할 만큼 깨끗하게 정화된다. 뿐만 아니라 유사규모의 선박에서 사용되는 일반 경유에서 추출한 선박용 디젤을 사용하며, 이는 더 월드호가 세계에서 가장 매혹적인 기항지를 보다 많이 방문할 수 있도록 하는 원동력이 되고 있다(ResidenSea, 2003).

그림 1-3
더 월드 오브 레지던씨
The World of ResidenSea

3) 그랜드 프린세스호 Grand Princess

그랜드 프린세스호 Grand Princess는 프린세스 크루즈사 Princess Cruises가 운영하는 현대적인 컨셉의 선박 중 하나이다. 프린세스 크루즈사는 1965년 멕시코로 출발하는 한척의 배로 크루즈 업계에 뛰어들었다. 오늘날 이 회사가 보유한 크루즈선들은 매년 80만 명 이상의 승객을 운송하고 있다. 이 회사 소속의 크루즈선으로는 코랄 프린세스호 Coral Princess(2003), 돈 프린세스호 Dawn Princess(1997), 아일랜드 프린세스호 Island Princess(2003), 퍼시픽 프린세스호 Pacific Princess(1999), 리갈 프린세스호 Regal Princess(1991), 로열 프린세스호 Royal Princess(1987), 골든 프린세스호 Golden Princess(2001), 그랜드 프린세스호 Grand Princess(1998), 스타 프린세스호 Star Princess(2002), 선 프린세스호 Sun Princess(1995) 그리고 타히티안 프린세스호 Tahitian Princess(1999)가 있다. 뿐만 아니라 2006년까지 총 4척의 신규 크루즈 선박이 추가될 예정이다(Princess Cruises, 2003).

1977년 퍼시픽 프린세스호는 '사랑의 유람선 The Love Boat'이라는 새로운 TV 드라마에 출연하게 되었다. 프린세스 크루즈사에 의하면, 매주 상영되는 시리즈 드라마인 '사랑의 유람선'을 통해 원양 항해 휴가라는 새로운 컨셉이 수백만 명의 시청자들에게 소개되었고, 이 '크루즈 여행' 드라마의 대히트로 대중에게 알려지게 되었다. 또한 크루즈 선사의 이름과 퍼시픽 프린세스호의 로고인 '바다마녀 sea witch'는 크루즈 여행 역사에 필적할만한 성과를 남기게 되었다.

2003년 프린세스 크루즈사는 그랜드 프린세스호를 맞춤형 크루즈 형태인 「Flagship of Personal Choice Cruising」으로 지정하였다. 이 컨셉은 크루즈가 갖춘 다양한 활동들과 시설, 어매너티 및 서비스들 중에서 그들이 직접 선택할 수 있는 고객 고유의 권한을 부여하는 형태를 의미한다. 이런 방식의 휴가는 크루즈가 맞춤형 고객서비스를 제공하는 것으로 인식될 수 있다. 크루즈의 핵심 서비스는 여러 가지 다이닝 옵션과, 유동적이고 폭넓은 엔터테인먼트 서비스, 그리고 셔플보드에서부터 스쿠버 수료증 과정까지 광범위한 선상 활동 등을 중심으로 한다. 뿐만 아니라 이러한 활동들은 '합리적인 사치'나 '소형 크루즈의 안락함을 대형 크루즈에서'와 같이 크루즈 여행시장에서 선박의 독특함을 호소하는 마케팅 슬로건에도 반영된다.

그랜드 프린세스호는 세계적인 초대형 선박 중 하나이다. 이 크루즈선의 엄청난 규모로 고객을 위한 다양한 범위의 활동들과 선택활동의 운영이 가능하다. 710개의 객실(객실의 80%가 바다전망의 객실)은 전용발코니를 갖추고 있으며, 스위트룸과 미니스위트룸에서는 버틀러 서비스가 제공된다. 또한 이 선박은 예배당, 가상현실센터, 카지노, 3개의 다이닝룸과 3개의 쇼 라운지, 5개의 수영장(이 중 하나는 셔플보드 등이 가능한 역류 파도 풀장), 어린이 센터와 청소년 센터, 28개의 휠체어 전용 객실, 스포츠 바, 아트 갤러리, 나인홀 퍼팅 코스, 스크린 골프장, 스포츠 코트, 조깅트랙 등의 시설을 갖추고 있으며, 와인 · 캐비어 바, 스카이워커스 나이트클럽 등 다양한 스타일의 바와 라운지, 그리고 수면에서 150ft 높이에 위치한 전망대 라운지 등이 마련되어 있다. Showker와 Sehlinger(2002)는 이 정도 규모의 선박에는 2,600명의 승객과 1,100명의 승무원이 탑승할 수 있다고 설명하였다. 그랜드 프린세스호는 물리적 규모 뿐 아니라 선상 활동과 편의시설에 대한 규모 또한 갖추고 있으며, 초대형 규모에 어울리는 기술적 설비로 항해시 편안함을 느낄 수 있다.

그랜드 프린세스호는 카리브해 지역의 순회성 항로를 포함한 다양한 항해 서비스를 제공한다.

크루즈 목적지 중 선박의 규모와 수심으로 인해 접근이 불가능한 소형 리조트는 선박에 부착되어 있는 텐더보트를 활용하여, 접근성과 안전성, 그리고 효율성을 해결하고 있다. 프린세스 크루즈사는 그랜드 프린세스호의 텐더보트로 진입이 가능한 카리브 지역의 섬 중 하나인 프린세스 케이Princess Cays를 소유하고 있다. 그랜드 프린세스호가 이 섬을 방문할 때는 해안에서 떨어진 해상에 정박을 하고 승객은 텐더보트를 이용하여 프린세스 케이로 이동한다. 한편 프린세스 크루즈사는 세계 최대의 휴양회사 중 하나인 카니발사의 자회사이다.

그림 1-4
그랜드 프린세스호
Grand Princess

4) 오션 빌리지호 Ocean Village

오션 빌리지호Ocean Village는 2003년 P&O 프린세스 크루즈사가 소개한 최신 크루즈선이다. 이 크루즈의 표적시장은 젊은 중산층으로, 오션 빌리지호의 경영디렉터인 닉 라이튼Nick Lighton은 "오션 빌리지호의 고객들은 평균 연령 40세로 전통 크루즈 여행 승객보다 젊은편이며, 휴양 뿐 아니라 선상 활동을 찾는 경향이 강하다"고 설명하고 있다.

Nick Lighton은 오션 빌리지호의 젊은 중산층이 정확하게 어떠한 부류인지 파악하기 위해 크루즈 여행 후 설문조사를 실시하였다. 그 결과, 오션 빌리지호의 젊은 중산층은 33~35세의 활동적이고 현대적인 라이프스타일을 갖춘 부류로 휴식을 취할 수 있는 기회 뿐 아니라 자극적이고 색다른 경험을 원하는 것으로 나타났다. 때문에 오션 빌리지호는 누구나 쉽게 다가갈 수 있는 체험 프로그램뿐 아니라, 바하마 해변을 가로지르는 산악자전거 체험, 색다른 안티구아를 만날 수 있는 지프 트레킹, 또는 도미니카의 우림을 탐험하는 하이킹 등 '짜릿함과 도전이 있는 여행'을 제안하고 있다. 오션 빌리지호는 고객들이 원하는 시간에 원하는 사람들과 식사를 할 수 있고, 스페셜 타임을 위한 정장 드레스 코드, 그리고 전통적인 해상 엔터테인먼트 등 기존 크루즈에 대한 인식을 과감히 깨뜨리고 있다(Ocean Village, 2003).

오션 빌리지호는 지중해 서부에 위치한 마요르카 Majorca의 팔마 Palma에 근거지를 두고 있으며, 여름동안 지중해와 브릿지타운 Bridgetown, 바베이도스 Barbados를 항해하고, 겨울에는 그리고 카리브해를 항해하고 있다. 크루즈선은 항구마다 표적시장에 어필할 수 있는 두 개의 여정을 마련하여 번갈아가며 진행하고 있다. 팔마에서 출발하는 일정은「궁전과 빠에야 Palaces & Paella」또는「광장과 파스타 Piazzas & Pasta」라는 이름으로 운영되고 있으며, 바베이도스에서는「설탕과 향신료 Sugar & Spice」또는「칼립소 & 코코넛 Calypso & Coconuts」의 이름으로 운영된다. 위 일정들은 표적시장의 인구통계적 자료를 토대로 계획된 것으로, 총 7일 여정으로 이 중 하루는 바다에서, 나머지 6일은 다양한 리조트 또는 기항지에서 보내는 것으로 계획되었다.

이 크루즈 회사는 '크루즈를 경험하지 못한 사람들을 위한 크루즈'라는 모토로 선장 주최 칵테일 파티, 드레스 코드, 지정된 식사시간 등을 철저히 배제한 캐주얼한 스타일의 크루즈임을 강조하고 있다. 레저와 엔터테인먼트 활동은 활동적인 고객과 그렇지 못한 고객, 선상활동을 선호 또는 육상활동을 선호하는 고객 모두가 즐길 수 있는 다양한 관점에서 운영되고 있다. 또한 이 크루즈선은 헬스장, 두개의 풀장, 4개의 온욕조, 스파, 조깅트랙, 산악자전거(육상활동시 사용), 나이트클럽, 영화관, 서커스와 캬바레, 유명 쉐프 레스토랑(추가요금 발생), 키즈센터, 8개의 바 등의 시설이 갖추고 있다.

2003년 카니발사는 판매가격이 £499인 7박 8일 지중해 크루즈 상품과 판매가 £649인 7박 8일 카리브해 상품을 출시하였다. 고객들은 보다 상급의 객실과 음료서비스, 디너 서비스, 육상 활동, 인터넷 사용 등의 부대서비스를 이용하기 위해서는 추가요금을 지불해야 한다. 오션 빌리지호의 승무원 중 514명은 호텔 서비스 인력으로 다국적이며, 관련 사무직과 매니저는 영국인으로 구성되어 있고 승무원 1인당 3명의 승객 비율을 가진다. 이러한 독특한 형태의 크루즈는 제2의 오션 빌리지호를 탄생시켰다([그림 1-5] 참고).

그림 1-5
오션 빌리지호
Ocean Village

5) 퀸 메리 2호 Queen Mary2[4] : QM2호

2003년 1월 퀸 메리2호 Queen Mary2(QM2)호는 큐나드사의 소속이 되었다([그림 1-6] 참고). QM2호는 '세계 최대(最大)의, 세계 최장(最長)의, 세계 최고(最高)의, 세계에서 가장 호화로운'이라는 수식어가 잘 어울리는 크루즈의 대명사이다. QM2호의 넓은 공공장소와 그랜드 볼룸, 폭넓은 계단, 로비, 360° 산책용 데크 등은 QM2호가 가지는 고급스러움과 화려한 이미지 등을 잘 보여주고 있다. 이 크루즈선이 보유한 객실의 3/4은 발코니가 있으며 스위트, 주니어 스위트, 로열 스위트, 펜트하우스, 듀플렉스 등 숙박형태에 따른 옵션이 매우 다양하고, 특히 복층구조의 듀플렉스는 전용운동시설이 완비되어 있다. QM2호에서의 숙박은 다이닝과도 관련이 있다. 듀플렉스, 스위트 또는 이와 유사한 등급의 숙박시설을 이용하는 고객은 독점적으로 퀸즈 그릴 또는 프린세스 그릴에서 식사를 할 수 있

4) 일반적으로 퀸메리2호는 QM2호로 표기되므로 본 서에도 QM2호라 표기하도록 하였다.

으며, 이 외의 고객들은 브리타니아 레스토랑에서 식사를 해야 한다. 큐나드사의 최고 등급을 자랑하는 QM2호의 레스토랑은 2005 벨리츠 크루즈 가이드 Berlitz Cruise Guide에서 별 5개 등급으로 인정받았다.

이 선박에는 스포츠 시설, 점포, 바, 라운지, 5개의 풀장, 적어도 10개 이상의 레스토랑 등을 갖춘 14개의 데크가 있다. 이 외에도 QM2호 만의 특이한 스파 클럽, 카지노, 천문관, 서점, 해상대학 college-at-sea 등을 갖추고 있다. 이처럼 QM2호는 대형 스케일을 가진 크루즈선이기 때문에, 낮에는 문화 · 예술적 다양함을, 밤에는 극장식 공연, 무용, 오락 프로그램, 나이트클럽, 카지노, 가라오케 등 크루즈 여행에서 즐길 수 있는 다양한 옵션을 갖추고 있다. QM2호는 큐나드사의 선박을 대표하는 크루즈선이자 뉴욕과 사우스햄튼을 정기 항해하는 호화여객선이었던 퀸 엘리자베스 2호의 역할을 대신할 계획으로 탄생하였다. QM2호의 스케일은 선박의 물리적 규모와 경외감을 나타낼만한 통계적 수치로 웅장함과 화려함을 더해주고 있지만, 이로 인해 기항지로의 불편한 접근성에 대한 우려가 있다. Cruisemates.com(2005)에 의하면, 크루즈가 주로 정박하는 기항지의 약 50%가 해상에서 별도의 텐더보트를 운영하여 승객들을 기항지로 이동시켜야하는 일반 선박 부두이기 때문이다.

그림 1–6
퀸 메리 2호
The Queen Mary 2

21세기의 크루즈 산업은 다양한 변화와 긍정적인 성장으로 설명되고 있다(Dingle, 2003). 전통적인 크루즈들이 여전히 존재하고 이들의 고객시장들은 여전히 건재하지만(Michaelides, 2003), 고객수요의 성장은 전통시장이 신규시장보다 낮을 것이라는 예측이 있다.

크루즈 시장에 대한 이와 같은 분석이 의미하는 것은 대조적이라 할 수 있다. 전통 크루즈 고객의 수가 안정적이고 증가세를 보이고 있다고 나타나지만, 여전히 오션 빌리지호와 같은 신규시장에서 명백한 성장의 증거가 나타나고 있다. 사실 크루즈 회사들은 [표 1-5]와 같은 새로운 상황에 적응하고 다양한 거래조건을 통해 수익창출을 위한 기회 발굴에 노력하고 있다.

표 1-5 크루즈 산업의 세분화(Bjornsen, 2003)

구 분	저렴한 (budget)	현대적인 (Contemporary)	프리미엄 (Premium)	틈새 (Niche)	호화로운 (Luxury)
시장점유율	5%	59%	30%	4%	2%
운항 기간	다양	3~7일	7~14일	7일 이상	7일 이상
선박 형태	구형	신형	신형		
	소형	대형, 초대형	중형, 대형	소형	소형, 중형
크루즈 선사	마이트래블사 My Travel 톰슨사 Thomson 로열 올림피아사 Royal Olympia	카니발사 Carnival 로열 캐리비안사 Royal Caribbean NCL 프린세스사 Princess 코스타사 Coasta 로열 올림피아사 Royal Olympia 오션 빌리지사 Ocean Village 아이다사 Aida 아일랜드 크루즈사 Island Cruise 아로사사 Arosa	셀레브리티사 Celebrity 홀란드사 Holland 아메리카사 America 큐나드사 Cunard	A&K 스완 헬레닉사 Swan Hellenic 스타 클리퍼사 Star Clipper 린드블래드 익스플로러사 Lindblad Explorer 오리엔트 크루즈사 Orient Cruise Lines	크리스탈사 Crystal 실버씨사 Silversea 씨본사 Seabourn 래디슨7사 Radisson 7 Seas 씨드림 요트사 Seadream Yacht 큐나드사 Cunard 윈드스타사 Windstar 하팍 로이드사 Hapag Lloyd

주요 여행지	카리브해 지중해 발틱해	카리브해 지중해	카리브해 지중해 알라스카	전세계 대서양 그린란드 아시아	전세계
1일 평균 비용	$80~$125	$100-$150	$150~300	$200~$900	$300~$2,000
저가(低價) ◄──► 고가(高價)					

5 | 인수 · 합병 Acquisitions & Mergers

현재 크루즈 산업은 변화를 겪고 있다. 미래는 긍정적으로 예측되고 있으나, 지난 10년 동안은 인수 · 합병(M&A)에 의해 지속적인 크루즈 산업 성장과 변화에 수차례의 제동이 있었다(Bjornsen, 2003). [표 1-6]은 크루즈 선사의 인수 · 합병 중 가장 주목할 만한 예를 나타내고 있다.

먼저, 크루즈 업계에서 최대 규모인 카니발사, 로열 캐리비안 크루즈사, 스타 크루즈/NCL사는 주목할 만한 구매력을 가지고 있다. 둘째, 신규선박의 건조는 신규 또는 새로운 형태의 크루즈 기업에서 재사용 가능한 구형 선박들이 시장에 풀리게 되는 파장효과를 가지게 된다. 셋째, 크루즈 기업은 시장의 상황과 예기치 않은 사건 발생을 염두해 두어야 한다. 국제화에 대한 여론, 테러리즘의 범위, 지난 2002년 중국에서 발생한 전염 질병인 사스 SARS 등의 보건문제와 같이 세계 곳곳의 위협요인들은 고객들의 의사결정에 영향을 미칠 수 있다.

그러나 최근 크루즈 산업에 대한 의견은 크루즈 산업이 다수의 세계적인 사건 · 사고에 직면하였음에도 불구하고 뛰어난 회복력을 보이고 있다는 것이다. 미해양부 US Maritime Administration의 조사에 따르면, 2002년 상반기 대비 2003년 상반기의 상위 10개의 크루즈 선사의 북미 크루즈 상품을 이용한 승객의 수가 약 9% 증가한 것으로 조사되었다(Anon, 2003). 2003년 2분기의 크루즈 이용 고객의 수치는 다음 [표 1-7]과 같다.

표 1-6 인수 · 합병 사례(Bjornsen, 2003)

인수와 합병으로 인한 통합							
기업명	년 도						
	1996	1997	1998	1999	2000	2001	2002
카니발사 Carnival	-	코스타사 (부분) 인수	큐나드사 인수	씨본사 인수	코스타사 인수	-	P&O 프린세스사 합병
로얄 캐리비언사 RCCL	-	셀레 브리티사 합병	-	-	-	-	-
P&O 프린세스사 P&O Princess	-	-	-	-	아이다사 인수	-	카니발사와 합병
클로스터사 Kloster	NCL로 회사명 변경	-	-	카니발사에 의해 인수	스타크루즈사에 의해 인수	-	-
큐나드사 Cunard	-	-	카니발사에 의해 인수	-	-	-	-
찬드리스/셀레브리티사 Chandris/Celebrity	-	RCCL 합병	-	-	-	-	-
코스타사 Costa	-	카니발사에 의해 인수	-	-	-	-	-
에피로티키사 Epirotiki	-	로열 올림픽사와 선크루즈사의 제휴	대부분 루이스 크루즈사에 인수	-	-	-	-

표 1-7 북미 크루즈 TOP 10 브랜드 (Anon, 2003b)

크루즈 고객 통계 (2003년 2분기 시장점유율)		
크루즈 선사	고객(1,000명)	총 고객의 비율(%)
카니발 크루즈사 Carnival Cruise Line	723	36.2
로열 캐리비안 인터내셔널사 Royal Caribbean International	510	25.5
노르웨이지안 크루즈사 Norwegian Cruise Line	186	9.3
프린세스 크루즈사 Princess Cruises	156	7.8
셀레브리티사 Celebrity Cruises	153	7.6
홀란드 아메리카사 Holland America Line	141	7.0
디즈니 크루즈사 Disney Cruise Line	101	5.1
큐나드사 Cunard Line	13	0.6
코스타 크루즈사 Costa Cruises	8	0.4
크리스탈 크루즈사 Crystal Cruises	7	0.3
Total	1,998	100

6 | 크루즈 브랜드 Cruise Brands

코스타 크루즈사 Costa Cruises, 오리엔트사 Orient Lines, 셀레브리티 크루즈사 Celebrity Cruises, 프린세스 크루즈사 Princess Cruises, 사가 크루즈사 Saga Cruises, 그리고 노르웨이지안 크루즈사 Norwegian Cruise Lines 등의 크루즈 기업은 그들의 크루즈 브랜드에 대한 평가를 관리하기 위해 세심한 주의를 기울인다. Moutinho(2000)의 주장에 따르면, 관광조직 또는 기업을 위한 브랜딩은 중요한 전략적 강점을 보여주는 것으로 인식된다. 즉, 브랜드 네임은 기업, 회사, 또는 크루즈 선박을 대한 의미를 가지고 있을 수 있다는 것이다. 브랜드는 브랜드 가치를 표현하는데 선택될 수 있는 디자인과 심벌의 이름 이상의 것으로, P&O 크루즈사는 보유선박에 유사한 항해깃발을 사용하고 있다. 뿐만 아니라 역사적인 사건은 인지요인이 뛰어나므로 종종 사용되기도 한다. 예를 들어 화이트 스타호 White Star는 큐나드사의 선상교육프로그램인 '화이트 스타 아카데미 White Star Academy'를 사용한 이름이다(자세한 내용은 제10장 참고).

크루즈 선박은 브랜드 구축을 위해서도 적합하다. 크루즈 승객은 '상품' 또는 크루즈를 통해 브랜드 충성도를 형성할 수 있는 다양한 기회를 가진다. 이러한 과정은 브로셔의 멋진 이미지들, 크루즈 승선 지점에서 하는 여행상품의 예약, 항구에서 경험하는 크루즈선의 스케일과 규모에 대한 첫인상, 선상생활, 크루즈의 승·하선 등 여러 가지 크루즈 관련 경험을 통해 확장된다. 크루즈 여행의 이러한 형태는 승객과 선박, 승객과 크루즈 여행, 승객과 브랜드 간의 독특한 경험을 만들어 낸다.

브랜딩은 신규 시장의 표적화, 재방문, 그리고 특히 브랜드 충성도 형성 단계에서 중요하다(Moutinho, 2000). Law(1997)는 표적시장을 공략하기 위해 영향력 강한 브랜드 인식 캠페인을 통한 브랜드 개발을 토대로 할 수 있는 마케팅 강점과 마케팅 자원의 조합을 만들어낼 수 있는 강점을 증명하였다.

요약 및 결론 | 7

크루즈 산업은 강력하고 놀라운 산업이다. 크루즈 산업은 국제화 시대에 발맞추어 성장한 산업으로 다양한 관점에서 이 산업에 대한 강점을 찾아볼 수 있다. 크루즈 산업에서도 막강한 기업은 존재하며, 이들은 신규 선박에 대한 투자필요 시, 지속적인 필요에 대응할 수 있는 자원을 가지고 있다. 국제화의 수혜를 받는 국가들은 보다 부유해지고, 이로 인한 인구의 폭발적인 증가는 크루즈 상품 구매력을 증대시킨다. 크루즈 산업의 점진적이고 지속적인 성장은 보다 많은 자신감과 크루즈 상품개발의 혁신을 의미한다. 긍정적인 평판으로 인해 증가한 수요는 잠재 크루즈 인구의 개발로 더 많은 크루즈 수요를 만들어내는데 도움을 준다. 또한 크루즈 산업은 재방문과 높은 브랜드 충성도로부터 많은 장점을 얻게 된다.

본 장에서는 크루즈 산업의 현재 상황과 이와 관련된 크루즈 여행의 구성요인과 관광·레저분야의 성장부분을 구성하는 중요한 요소들을 확인하였다. 크루즈의 전통적인 동향은 시간의 흐름에 따라 변하는 모습과 왜 이러한 변화가 생기는지에 대한 이해를 위한 거울역할을 하고 있다. 크루즈 간의 차이점을 분석하기 위해 여러 브랜드의 크루즈가 제공하는 서비스와 스타일을 비교 · 분석하였다. 따라서 크루즈 산업의 복잡한 시장을 이해하기 위해서는 크루즈 브랜드에 대한 심도 깊은 토론이 필요할 것이다.

관련용어

- 크루즈 Cruise : 바다, 호수 또는 강을 항해하는데 관련된 휴가 형태
- 목적지 Destination : 여행객 또는 관광객의 위한 도착지점
- 갤리 Galley : 선박 내 위치한 주방
- GRT/GT[5] : 선박의 총톤수. 선박의 크기 측정에 사용되는 단위
- 용골(龍骨) Keel : 선박의 최저지점. 선박 최하단을 구성하는 부분으로 선두(船頭)와 선미(船尾)까지 이어지는 갑판
- 정기항로 Line voyage :'정기선 liner'라는 용어에서 시작되었으며, 사우스햄튼에서 뉴욕의 구간처럼 특정한 두 지점의 항로 간을 운행하는 항로
- 항만 에이전트 Port agent : 기항지를 방문하는 선박을 위해 해당 지역의 경영업무를 담당하는 전문가 또는 전문회사
- 수리 Refit : 선박의 기술적인 장비를 업데이트 하는 것으로 선박의 외형, 인테리어 또는 가구와 기타 관련 시설의 재배치. 이러한 작업은 주로 선박의 전체적인 관찰과 수리가 가능한 드라이 도크 dry dock에서 이루어짐
- 예인선 Tug : 다른 선박을 견인 또는 예인하는 고성능 특수 선박

학습문제

❶ 크루즈 여행의 시발점이 된 크루즈로 유명한 크루즈의 브랜드는 무엇인가?

❷ 세계 최대의 크루즈 회사는?

❸ GRT은 어떤 용어의 축약어인가?

❹ 승객을 위한 공간비율을 계산하는 방법은?

❺ 브랜드와 브랜드 이미지는 크루즈 회사에서 어떠한 역할을 하는가?

❻ 프린세스 크루즈사와 P&O 크루즈사의 브랜드 이미지는 무엇인가?

5) GRT로 사용되다 국제해사기구인 IMO(International Maritime Organization)의 'Tonnage 협약'으로 1983년부터 GT로 단위 통일하였다.

추천자료

- Dickinson, R., and Vladimir, A.(1997), *Selling the sea : An inside look at the cruise industry*. New York : Wiley.
- Douglas, N., and Douglas, N.(2004), *The cruise experience : Global and regional issues in cruising*. Frenchs Forest, Australia : Pearson Education.
- Ward, D.(2001), *Complete guide to cruising and cruise ships 2002*. London : Berlitz Publishing.
- CLIA(Cruise Line International Association) : www.cruising.org/
- ICCL(International Council of Cruise Liners) : www.iccl.org/whoweare/index.cfm
- IMO(The International Maritime Organization) : www.imo.org/index.htm
- PSA(Passenger Shipping Association(UK)) : www.the-psa.co.uk/

참고문헌

- Anon. (2003, Oct/Nov 2003), Top 10 lines see numbers climb 9% in the first half. Lloyd's Cruise International.
- Anon. (2005, 15 March), Full steam ahead, from http://www.cruiseindustrynews.com
- Bjornsen, P. (2003), The growth of the market and global competition in the cruise industry. Paper presented at the Cruise and Ferry Conference, Earls Court, London.
- Bond, M. (2004), Editorial, Seatrade Cruise Review Quarterly.
- Carnival (2005, January 7 2005), Carnival expected to carry record 500,000 kids in 2004, from http://www.carnival.com/CMS/Articles/kidsvirtual.aspx
- Cartwright, R., and Baird, C. (1999), *The development and growth of the cruise industry*, Oxford:Butterworth Heinemann.
- CLIA (2005, March 16), CLIA Cruise Lines ride the wave of unprecedented growth, from http://www.cruising.org/CruiseNews/news.cfm?NID=196
- Cruisemates (2005), *Queen Mary* 2. Retrieved 21 March 2005, from http://www.cruisemates.com/articles/reviews/cunard/qm2.cfm
- Dawson, P. (2000), *Cruise ships : An evolution in design*. London : Conway Maritime Press.
- Day, C., and McRae, K.(Eds) (2001), *Cruise Guide to Europe and the Mediterranean*. London:Dorling Kinderlsey.
- Dickinson, R., and Vladimir, A. (1997), *Selling the sea : A inside look at the cruise industry*. New York : Wiley.

- Dingle, D. (2003), Cruising in the 21st Century-New developments, Paper presented at the Cruise and Ferry Conference 2003, Earls Court London.
- Douglas, N., and Douglas, N. (2004), *The cruise experience : Global and regional issues in cruising*. Frenchs Forest, Australia : Pearson Education
- Ebersold, W.B. (2004), *Cruise Industry in Figures*. Washington: US Department of Transport.
- Gibson, P. (2003), Learning, culture, curriculum and college: A social anthropology, Unpublished Phd, University of Exeter, Exeter.
- Kontes, T.C. (2003), The cruise industry revolution. Paper presented at the Cruise and Ferry Conference 2003, Earls COurt, London.
- Laws, E. (1997), *Managing Packaged Tourism*. London: International Thomson Business Press.
- Lutgens, F. (1992), *Essentials of Geology*. New York: MacMillan.
- Michaelides, M. (2003), The latest developments in the Mediterranean Cruise Market;
- Challenges for the future. Paper Presented at the Cruise and Ferry Conference 2003, Earls COurt, London.
- Moutinho, L(Ed.) (2000), *Strategic Management in Tourism*. Wallingford: CABI Publishing.
- Ocean Village (2003), webpage, from www.residensea.com
- Showker, K., and Sehlinger, R. (2002), *The Unofficial Guide to Cruises 2003*. New York: Wiley Publishing.
- Synnove Bye, A. (2003), The future of cruise ships : the experience from the World of ResidenSea, Paper presented at the Cruise and Ferry Conference 2003, Earls Court, London.
- Ward, D. (2001), *Complete guide to cruising and cruise ships* 2002. London: Berlitz Publishing.
- Windstar (2003), website, from http://www.windstarcruises.com/oindexcontent.asp

2

크루즈 상품 판매
Selling Cruises and Cruise Products

학습목표

- 크루즈 산업에 적합한 마케팅의 활용
- 크루즈 상품과 서비스 범위에 대한 고찰
- 크루즈 브랜드의 상품차별화 방법, 서비스 기준 마련 방법 및 브랜드 가치 창조방법 분석

크루즈 시장 The Market | 1

시장은 수요와 공급으로 설명할 수 있다(Evans et al., 2003, p.120). Evans 외 여러 연구자들(2007)은 크루즈 시장을 크루즈 상품, 고객의 필요와 충족, 그리고 고객의 아이덴터티, 이상 세 가지의 관점에서 정의하고 있다. '제품에 중점을 둔' 회사는 규모의 경제를 실현한다는 관점에서 장점을 가지지만, 시간이 지남에 따라 점차적으로 변하는 표적시장을 간과할 수 있는 위험이 있다. '고객의 요구 충족'에 중점을 두는 회사는 고객을 이해하는데 능숙하지만, 특정 문제 해결을 위한 전략적 결정을 내리는데 있어 문제발생의 여지가 있다. '승객의 아이덴터티'에 중점을 두는 회사는 승객의 특정그룹을 표적화 할 수 있다. Evans외 여러 연구자(2003)는 대부분의 회사들이 위 세 가지의 접근방식의 장점들을 도출하기 위해 여러 개념들을 결합시킨다고 설명한다.

Knowles, Diamantis 그리고 Bey El-Mourhabi(2004a)는 2001년 미국에서 발

생한 테러 공격, 뒤이어 발생한 걸프전쟁, 당시 미국과 다른 주요국가의 경제 위기 극복과 같은 세계적인 사건이 관광·레저 산업에 활력을 불어넣은 기회라고 설명하고 있다. 잠재적 테러 행위로 인한 국제적 불안이 증가하면서, 여행의 위험성 평가를 근거로 여행 수요가 크루즈로 전환되고 있다. 이러한 시장 기회를 활용하기 위하여 크루즈 업계에서는 안전한 크루즈 일정을 기획하고 관련 사진들을 제시하여 보다 쉽게 여행할 수 있도록 하는 전략을 세우고 있다.

크루즈 회사는 특정 시장을 표적화하고 그들의 상품과 서비스를 시장의 특성이 반영된 맞춤형 디자인을 한다. 크루즈 산업의 마케터들은 크루즈 마케팅 믹스의 올바른 이해를 위해 전통적 4Ps[6]인 제품, 가격, 유통, 촉진에 서비스 기반요소인 사람 people, 물리적 증거 physical evidence, 그리고 프로세스 process를 추가한다(Aaker, 2001). 이 책에는 독자들을 위해 전통적 또는 확장형 마케팅 믹스에 대한 예를 다수 수록하였다. 본 장은 먼저 크루즈의 판매와 관련된 이해관계자(크루즈 오퍼레이터와 여행사)의 종류와 역할에 대해 설명하고, 크루즈 상품과 전반적인 크루즈 시장에 대해 알아보고자 한다.

2 | 크루즈 오퍼레이터 The Cruise Operators

앞서 논의한 바와 같이, 크루즈 오퍼레이터 또는 브랜드는 크루즈 시장에 의해 좌우된다(Berger, 2004). 크루즈 오퍼레이터들은 크루즈선을 보유 또는 용선하고 있으며, 특정 세분시장을 표적화하여 크루즈 일정과 상품을 기획한다. 크루즈 오퍼레이터들은 도매업자나 소매업자 또는 브로커와 같은 여행사로 보이기도 한다(Dickinson & Vladimir, 1997). 일반적으로 직접판매가 가능한 도매운영업자는 상품판매가 많을수록 높은 이윤 마진 또는 보다 낮은 매수가를 얻을 수 있다. 그렇기 때문에 대부분의 크루즈 오퍼레이터들은 도·소매 형태 모두를 적용하여 고객에게 직접 판매를 하기도 하며, 크루즈 상품은 시장조사, 협상, 세일즈와 마케팅에 의해 개발되고 상품화 된다.

6) 4Ps : Product(제품), Price(가격), Place(유통, 장소), Promotion(촉진)의 약자이다.

모든 크루즈 회사들은 브랜드 가치 형성과 승객의 기대에 부응하는 것에 그치지 않고 기대치 이상의 크루즈 상품을 만들기 위해 상당한 노력을 한다. 시장조사는 다양한 조사 방법으로 기존 및 잠재 승객들로부터 정보를 수집하는 것을 의미한다. 이러한 정보는 고객행동의 분석과 신제품에 대한 구매자의 반응을 예측하는데 사용될 수 있다. 크루즈 관계자들이 고객의 행동에 대한 이유를 좀 더 이해하는데 도움이 되도록 특정 표적그룹 또는 개인을 연구하기 위한 인류학자의 채용이 점점 확대되고 있다.

상품개발은 서비스와 시설의 혼합물로, 이중 일부는 추가적인 수익을 가져오는 반면 그렇지 않은 경우도 있다. 대부분의 크루즈 상품은 교통비(연료비), 음식, 노동, 항구세, 관세 등의 고정비용과 음료 또는 기항지 관광 등의 가변비용으로 상품가격이 책정된다. 크루즈 오퍼레이터는 상품의 품질에 부정적인 영향을 미치지 않는 범위 내에서 가능한 많은 비용 절감을 목적으로 한다. 협상은 품질대비 가격의 최고 비율을 성취하고, 규모의 경제와 협상 능력으로부터 이익을 달성해야 하는 것을 의미한다. 그래서 협상은 엔진 관련 부서 또는 데크에 위치한 점포부터 호텔 부서의 점포까지 소비품의 범위에서 이루어진다. 구매력의 관점에서 보면, 대기업에 의한 상당한 이익이 이러한 유통을 통해서 발생한다.

전통적으로 크루즈 회사는 직접판매 외의 주요 유통채널로 여행사를 이용한다. 유통방법 또는 유통채널과 마케팅 도구로서 인터넷의 중요성 증가에도 불구하고, 크루즈 회사들은 크루즈 상품 판매를 위해 크루즈 브로셔에 의존하는 경향이 있다. Vellas와 Becherel(1995)는 관광 오퍼레이터가 컬러 이미지, 신중하게 계획된 내용의 레이아웃, 조기예약 유도를 위한 홍보수단 등으로 브로셔를 디자인하며, 이들은 하나의 상품을 판매하기 위해 10~30부의 브로셔가 사용된다고 설명하고 있다. 가격전략은 조기예약 할인가를 고객에게 제시하여 보다 빠른 구매행동을 독려하도록 계획되어야 한다. 일반적으로 비수기 가격은 성수기보다 낮게 책정된다. 크루즈 상품의 도입 가격은 기본객실을 기준으로 책정한 것이며, 발코니형 오션뷰 객실 등을 이용하기 위해서는 추가금액을 지불해야 한다. 버틀러 서비스가 제공되는 스위트 객실과 같은 프리미엄 상품은 프리미엄 가격이 적용된다.

브로셔는 크루즈 날짜보다 미리 제작되어야 하며, 계획(또는 일정)은 가격 변동, 크루즈 오퍼레이터가 수입한 아이템의 환율과 시장상황 변화를 고려해 수립되어야 한다(Dickinson & Vladimir, 1997). 크루즈 오퍼레이터가 여러 가지 상황 변화에 따라 브로셔를 업데이트 하는 것은 일반적이다. 이러한 변화에는 최근 브로셔의 상품가격 변화, 크루즈 오퍼레이터가 통제할 수 없는 상황으로 인한 상품의 내용 변경 등이 포함된다.

인터넷은 보조적인 마케팅 수단으로 매우 유용하게 사용된다. 웹사이트는 이제까지 브로셔가 보여주지 못했던 크루즈에 대한 보다 많은 정보를 고객 스스로가 찾아내는데 편리하다(Berger, 2004).

예를 들어, 고객들은 크루즈 여행을 다녀온 승객들의 피드백 페이지를 통해 그들이 크루즈 여행에서 경험했던 내용을 공유할 수 있을 뿐 아니라 입국과 해외에서의 건강문제 등 중요한 정보를 링크페이지로 찾아볼 수 있다. 이러한 방법으로 고객은 크루즈 오퍼레이터에게 여러 목적으로 사용할 수 있는 정보를 제공하고, 여행사 또는 중간 판매자를 통한 판매과정에서 발생하는 수수료 등에 대한 비용을 절감하는데 도움을 준다. 인터넷은 입국관리와 재정관리 목적을 위한 데이터 수집에도 유용하여 관리비용절감에 잠재적인 도움을 준다.

3 | 여행사 The Travel Agent

여행사의 핵심수입원은 여행상품을 판매하여 발생하는 수수료이다. 대부분의 여행사는 여행사의 재정난으로부터 고객보호를 보증할 수 있는 전문협회에 가입이 되어 있으며, 미국여행사협회인 ASTA The American Society of Travel Agents와 영국여행사협회인 ABTA Association of British Travel Agent가 대표적인 형태이다. 여행사는 항공권과 패키지여행 등과 같은 여행상품을 판매하며, 보험, 교통편, 호텔 숙박 등의 업무도 대행한다.

그러나 전통적인 여행업의 형태가 변하고 있다(Hatton, 2004). 인터넷 중개업 또는 온라인 여행사들의 급증으로 경쟁에 직면한 여행사들은 급변하는 업계에서 그들만의 운영노하우를 찾고 있다. 항공사는 수수료를 삭감하고, 대형 여행

기업은 고객 대상으로 한 공격적인 직접 판매를 실시하고 있으며, 이로 인해 여행상품의 유통 체계에서 여행사가 점점 제외되고 있다. Hatton(2004)은 1:1 고객 맞춤형 서비스와 같은 소규모 여행사의 강점이 위와 같은 상황을 더욱 악화시키고 있으며, 이는 대형 여행기업이 고객과 직접적인 소통을 통해 브랜드 충성도를 형성하는데 일조하고 있다고 설명하고 있다. 이에 대한 해결책으로 Hatton(2004)은 소규모 여행사들이 이러한 현실을 받아들이고, 여행상품에 대한 전문적인 지식 습득을 위해 대형 여행기업과의 협력과 고객 충성도의 유지를 위해 효율적인 방법을 찾아야 한다고 주장하고 있다.

크루즈 상품을 판매하는 여행사에 대한 내용은 본서에 나와 있는 여러 예들을 통해 알 수 있다. 일부 여행사는 크루즈 전문 여행사로 운영되며, 크루즈 기업들과 협력하여 크루즈 상품 판매에 주력하고 있다. 이러한 상황에서 여행사는 크루즈 오퍼레이터가 제공하는 전문적인 세일즈 이벤트, 영업사원을 위한 교육(크루즈 오리엔테이션 포함), 그리고 맞춤형 마케팅 자료 등 수준 높은 지원을 받는다. 여객선협회인 PSA는 공인된 소매 여행사에게 정보를 제공하고 맞춤형 크루즈 상품을 통해 판매율을 높이려는 핵심 목표를 달성하기 위해 영국에 PSA 소매 대리점인 PSARA를 설립하였다.

마케팅 활동과 얼라이언스 Marketing Actions and Alliance | 4

시장은 판매자와 구매자가 비즈니스를 하는 장소이다(Evans et al., 2003). 크루즈 오퍼레이터들은 고객의 기대에 부응하기 위한 상품을 개발하고, 이를 마케팅하기 위한 계획을 세운다. 이러한 계획에는 광고, 프로모션, 머천다이징, 그리고 PR이 포함된다. 광고는 라디오, TV, 영화, 인터넷, 신문, 잡지, 포스터, 빌보드 등의 미디어를 사용하며, PR은 여행책자, 신문, 잡지의 기사 등을 통해 전달된다. 머천다이징은 크루즈 여행에 대한 정보가 담긴 펜, 마우스패드, 또는 다른 기념품 등과 같은 아이템을 구매하는 것으로 사용자에게 해당 크루즈를 연상하게 하는 역할을 한다. 프로모션은 광고와 관련된 것이거나 크루즈 탑승객을 대상으로 하는 이벤트와 함께 진행된다.

크루즈 오퍼레이터는 시너지 효과와 신규고객 창출 및 기존 고객의 충성도 유지를 위한 인센티브 제공을 위해 다른 서비스 제공자와 전략적 마케팅 제휴를 할 수도 있다. 크리스탈 크루즈사 Crystal Cruise의 경우, 실버 크루즈사 Silver Cruises, 오리엔트-익스프레스 철도&크루즈사 Orient-Express Trains & Cruises, 리딩 호텔스 오브 더 월드 Leading Hotels of the World, 플레 에 샤또 Relais & Chateaux 등(Luxury Alliance, 2005)이 회원사인 럭셔리 얼라이언스 Luxury Alliance에 가입되어 있다. 월드 리딩 크루즈 라인 World's Leading Cruise Lines에는 카니발 크루즈사 Carnival Cruises, 홀랜드 어메리카사 Holland America, 큐나드 라인사 Cunard Lines, 씨본사 Seabourne, 코스타 크루즈사 Costa Cruises, 프린세스 크루즈사 Princess Cruises, 그리고 윈드스타사 Windstar 등이 소속되어 있으며, 소속 브랜드사에 인센티브를 제공한다(World's Leading Cruise Lines, 2005).

5 | 충성도 Loyalty

충성도는 브랜드 홍보대사의 역할을 하는 고객과 이러한 고객을 유치하고자 하는 기업 모두에게 중요하다. 사실 이러한 고객들은 친구 또는 지인들에게 구전효과를 전달하는 역할을 하여 마케팅에서 매우 중요한 부분을 차지한다. 프린세스 크루즈사와 같은 기업은 '캡틴스 서클 Captain's Circle'이라고 불리는 인센티브 제도를 운영한다. 이 클럽은 크루즈 탑승횟수에 따라 골드(2~5회), 플래티넘(6~15회), 그리고 엘리트(16회 이상), 이상 세 등급으로 구분되며, 클럽 회원들에게는 특별할인, 선상에서의 스페셜 이벤트, 차별화 된 서비스 그리고 멤버십의 등급에 따른 다양한 특전을 제공한다(Princess Cruises, 2003).

6 | 크루즈 상품 The Cruise Product

다른 관광 상품들과 마찬가지로 크루즈 상품은 다음 세 가지의 경제적인 특징을 가진다(Vellas & Becherel, 1995). 크루즈 상품은 여행객에게 독특한 경험을 제공하는 다양한 요소들의 복합체로 이질성, 상품이 판매가 되지 않더라도 재고 저장이 불가능한 소멸적 특성을 가지는 비탄력성, 그리고 단독 서비스가 아닌 크루즈 경험을 형성하는 다양한 서비스로 구성되어 최적의 서비스를 구성하는 상호보완성과 같은 특징을 가진다.

크루즈 여행은 승선에서부터 특정기간 동안의 일정, 크루즈 상품에 포함되어 있는 일체의 서비스와 시설사용(식사, 오락, 레저 활동 등), 숙박형태, 그리고 추가요금이 발생하는 폭넓은 서비스로 구성된 패키지의 형태로 판매된다. 크루즈 상품이 포함하는 패키지 서비스는 크루즈 오퍼레이터의 가격 전략에 따라 유동적이다. 일부 오퍼레이터는 크루즈 패키지의 목적과 상품에 따라 차등화된 서비스를 제공하며, 크루즈 & 숙박 또는 크루즈 & 여행 패키지 상품 등이 이에 대한 대표적인 패키지 형태라 할 수 있다. 다음은 크루즈 상품을 구성하는 패키지의 구성요인으로 보다 자세한 설명을 하고 있다.

1) 숙박 Accommodation

숙박형태는 크루즈 상품의 가격을 가늠할 수 있는 가장 간단한 방법이다. 숙박형태는 크루즈 상품의 가격을 결정하는 중요한 요인으로 매우 복잡한 구조와 과정으로 계획된다. 일부 크루즈 기업들은 숙박시설을 선박용어 대신 일반객실, 미니스위트, 스위트와 같이 객실을 지칭하는 일반적인 용어를 사용하고 있다. 일부 크루즈 기업들은 주로 선박의 최상부에 위치한 펜트하우스 스위트를 최고가의 옵션 상품으로 판매한다(Mancini, 2000).

크루즈 기업은 최소 11m^3부터 85m^3이상의 다양한 객실을 보유하고 있으나 일반적으로 객실의 크기를 18m^3에서 23m^3로 소개한다. 심지어 14m^3 크기의 객실에 이층침대 등을 마련하여 2~4인의 승객이 수용가능하다고 소개한다. 이층침대는 퀸 또는 킹사이즈의 침대가 들어갈 수 있는 객실의 공간확보를 위해 옮겨질 수도 있다. 일반적으로 가장 큰 객실은 라운지가 딸린 스위트룸이다. 현대 크루즈선의 모든 객실은 화장실과 욕조가 딸린 룸, 또는 샤워실과 화장실이 딸린 룸 형태인 인스위트 Ensuite형으로 설계하는 추세이다(Dervaes, 2003).

일반적으로 객실은 호텔 객실 형태와 유사하다. 맞춤형으로 설계된 객실내부는 각 시설의 효율성을 극대화하기 위해 수납공간 디자인에 특히 주목하고 있다. 크루즈선에 있어 공간은 부가적인 수익창출을 위한 전형적인 수단으로, 선박 내 공간 효율성을 최대화할 수 있도록 설계된다. 이처럼 디자인에 대한 제한 때문에 객실은 선박 내 그 어떤 시설 보다 우선시 되고 있다. 객실은 객실 외의 특정 시설로 인한 전망과 위치에 대한 매력성에 영향을 받는다. 예를 들어, 엘리베이터 또는 기타 소음이 발생하는 시설과 근접한 곳에 위치한 객실이 있다면, 해당 객실을 이용하는 승객은 여러 가지 소음으로 인해 불만족을 나타낼 수도 있다. 크루즈선은 해상호텔의 한 형태로서 일부 객실에 대해 잠재적인 문제가 될 수 있는 선박 내 소음을 최소화하는데 노력해야 한다.

그림 2-1 객실도면

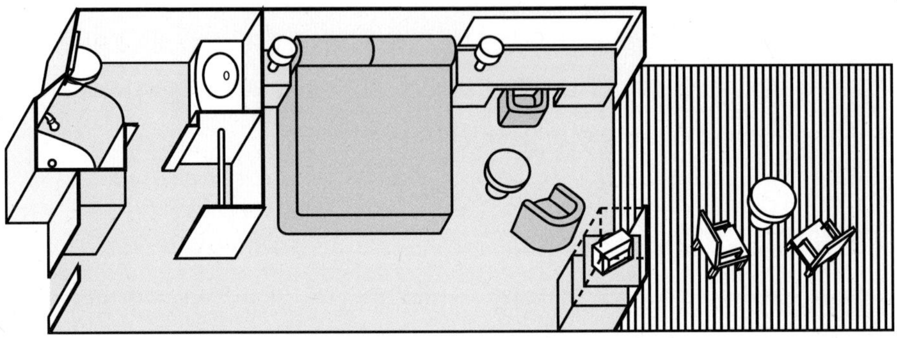

고객은 브로셔와 크루즈 브랜드 웹사이트를 통해 상품구매 선택 방법을 알 수 있다. 이러한 정보원천들은 고객 상품구매 선택시 도움되는 다양한 데이터를 제공한다. 크루즈선의 평면도는 객실의 레이아웃, 가구 및 주요 시설의 배치, 욕실 등의 위치를 3D 형식으로 나타낸 도면([그림 2-1] 참고)을 제공된다. 일반적으로 사진은 평면도 또는 웹사이트, 360° 회전 영상을 보여주는데 사용된다. 객실 내부에 대한 설명에는 보통 이러한 이미지들이 사용된다.

객실 위치를 나타내는 가장 일반적인 방법은 갑판평면도 deck plan를 이용하는 것이다. 갑판평면도는 선박의 단면도로 고객이 객실 또는 선박 내 시설의 정확한 위치를 파악하는데 도움을 주는 유용한 도면이다. 갑판평면도는 컬러로 제작되어 객실의 유형과 가격을 쉽게 알아볼 수 있다([그림 2-2] 참고). 일반적으로 크루즈 기업은 저층 데크에 위치한 객실을 상대적으로 낮게, 상층 데크에 위치할수록 가격을 높게 책정한다. 그러나 이러한 형태가 모든 크루즈 선박에서 적용되는 것은 아니다. 갑판평면도 내 객실은 다음과 같이 구분 될 수 있다.

- 내측객실 inside cabin/stateroom 환기시설, 에어컨, 거울, 인공조명 등을 사용해 자연광이 부족한 것을 보충하며, 가장 저렴한 비용의 객실인 경우가 많다.

- **외측객실** outside cabin/stateroom 이 객실은 현창(舷窓)[7] 또는 창문이 설치되어 있다. 대부분의 현대식 객실에서는 대형 액자형태의 창문을 설치하는 추세이다.
- **발코니가 딸린 외측객실** outside cabin/stateroom with a veranda/balcony 크루즈 여행이 발달함에 따라 보다 많은 객실이 사적인 공간인 개인 베란다 또는 발코니 등을 갖추는 추세이다.
- **발코니가 딸린 펜트하우스 스위트 또는 스위트** penthouse suite or suite with/without a balcony 크루즈선 내 최고가의 객실형태인 경우가 많다.
- 추가침대 extra bed가 제공되는 객실.
- 옆 객실과 연결문이 장착된 객실.
- 장애인을 위한 시설이 갖추어진 객실 또는 스위트룸.
- 샤워 또는 욕조시설이 갖추어진 객실.
- 엘리베이터, 다른 데크와 객실 등과 같은 시설과의 근접성.
- 창문 근처에 위치하여 조망권에 침해되는 구명보트 등의 장비와의 근접성.

고객은 그 어떤 조건보다 객실에 대한 기대가 높다. 수천 명의 승객과 승무원을 동시에 수용할 수 있으며 다양한 레저 활동을 제공하는 대형 크루즈 브랜드들은 고객의 사생활이 보장되는 발코니와 같은 매력적인 시설과 보다 넓은 객실을 제공함은 물론 다양한 등급의 객실을 제공하여 객실 선택의 폭을 넓히고 있다.

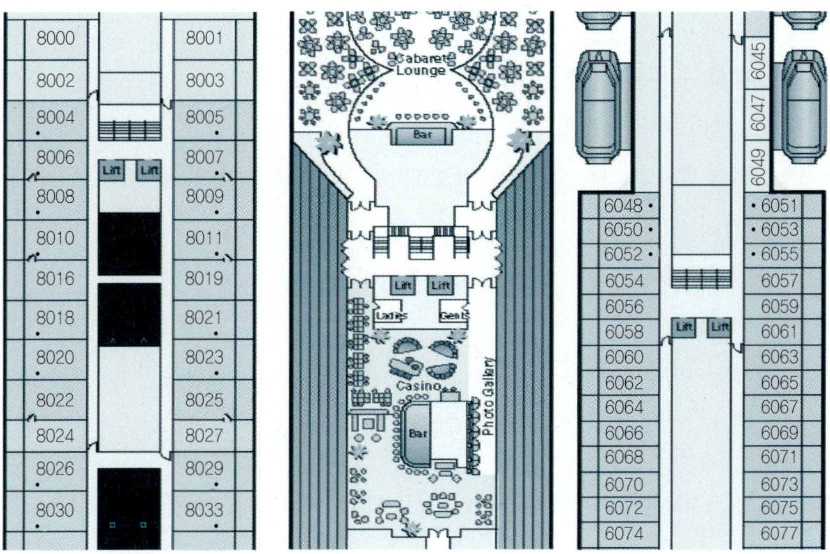

그림 2-2
데크 도면

7) 현창(舷窓) : 선실내의 통풍과 채광을 위해 외현에 만드는 둥근 창

갑판평면도를 이용하여 고객은 자신에게 적합한 객실을 선택할 수 있으며, 이는 특정 선호도 또는 요구사항을 가진 재방문 고객유치에 유리하다. 그러나 객실 업그레이드에 대한 오해가 나타나는 등의 문제가 발생할 여지가 있다. 일부 여행사는 고객들에게 객실 업그레이드에는 추가요금이 발생한다는 것을 승선 전에 공지한다. 판매 · 예약팀은 100%의 판매율을 목표로 하고 있으며, 선상의 유동성은 이러한 판매율에 의해 좌우된다. 잔여 객실은 승객이 이용하는 객실의 누수 또는 누전 등과 같은 기술적인 문제 등 객실 업그레이드가 불가피한 경우의 해결책으로 매우 중요한 자원이다.

갑판평면도를 제작함으로써, 크루즈 기업은 잠재고객들이 선택할 객실의 위치를 알려주는데 도움을 준다. 뿐만 아니라 실질적인 관점에서 갑판평면도는 승객이 선상생활을 보다 쉽게 즐기는데 유용하다. 갑판평면도는 승객들이 선상에서 쉽게 사용할 수 있도록 휴대용 접이지도 형태로 제작된다.

객실시설은 크루즈 브랜드에 따라 다양하지만, 객실에 대한 기본적인 시설은 다음과 같다.

- 퀸 또는 킹사이즈 침대로 전환할 수 있는 두 개의 침대
- 옵션으로 벽에 내장되어 있는 추가용 이층침대 2개
- 침대 협탁
- 욕실용품과 서랍이 딸린 책상, 수납공간, 거울, 의자
- 사이드 테이블 및 의자
- 리모컨용 TV 및 라디오. 영화와 TV채널 및 프로그램 리스트
- 차 & 커피 도구
- 안전용품, 헤어드라이어, 냉장고, 미니바
- 직통 전화기
- 샤워기와 변기를 갖춘 욕실
- 에어컨

일부 크루즈 브랜드는 다음과 같이 업그레이드 된 시설을 갖추고 있다.

- 인터넷

- CD, DVD, VCR과 스테레오
- 가구가 완비된 발코니
- 적절한 가구가 완비된 분리형 주방 또는 라운지
- 분리형 드레스 룸
- 온욕조
- 분리형 화장실

객실의 인테리어는 크루즈 브랜드에 따라 기준이 다르다. 실내 장식용 커튼은 카펫과 객실 분위기를 만들어내는 인테리어 소품과 조화를 이루어야하며, 컬러는 객실의 분위기, 인테리어, 가구와의 전체적인 조화를 고려하여 선정된다. 조명은 책을 읽는 곳, 편지를 쓰는 곳 등 목적에 따라 적절하게 설치되어야 한다.

객실은 객실과 관련한 상황과 주기적인 청소 및 서비스를 모니터하는 객실승무원에 의해 관리된다. 객실승무원의 일과에는 침구정돈, 타월 및 침구 교체, 청소 등 하우스키핑 업무도 포함이 된다. 또한 객실승무원은 객실의 미니바를 확인하고, 간혹 발생하는 기술적인 문제를 해결하기 위해 관련 부서 담당자와 지속적으로 협력한다. 하우스키핑 수퍼바이저와 매니저는 객실의 기본상태 유지를 위해 항상 객실을 주시하고 있다. 많은 크루즈선들은 소규모 요리사팀과 룸서비스 승무원이 식음료 객실서비스를 위해 연락을 취하는 벨 박스를 운영한다. 일부 스위트룸 또는 펜트하우스 스위트룸은 보다 차별화된 서비스를 위해 버틀러 butler가 함께하며, 버틀러는 케이터링과 파티 서비스 등을 운영하고 기타 서비스를 제공하며 승객이 원하는 서비스를 제공한다.

2) 다이닝 시설 Dining on Board

좋은 음식, 좋은 와인, 그리고 좋은 사람들과 함께하는 장소로 사용되는 크루즈선의 전형적인 모습은 전통 정기선의 전성기만큼 현대에서도 중요한 역할을 담당한다. 음식은 크루즈 상품에서 중요한 요소로 인식된다. 크루즈 상품비용에는 크루즈 여행 전일정의 기본 식사비용이 포함되어 있다. 즉, 추가비용이 발생하는 특정 레스토랑을 제외하면 메인 식사는 모두 비용이 포함되어 있으며,

이에 대한 고객들의 기대치는 매우 높은 편이다. 대부분의 크루즈 기업은 음식과 식사선택 규정을 통해 다양한 식사를 제공하는 것을 목표로 한다. 또한 이들은 크루즈 상품과 브랜드를 차별화하기 위해 특별한 요리법에 중점을 둔 메뉴 개발과 레스토랑 또는 식사장소의 인테리어와 분위기를 한층 돋보이게 하기 위해 노력한다. 따라서 어떤 크루즈선의 레스토랑은 일본요리와 같은 아시안 테마를 가지며, 또 다른 크루즈선은 이탈리안 테마를 가지게 되는 것이다. 크루즈선에서의 식사는 코퍼레이트 쉐프들 corporate chef들이 일일 식사 권장량을 토대로 메뉴를 계획함에도 불구하고, 칼로리 과다 섭취 문제로 이어질 수 있는 여지를 가진다.

일부 크루즈에서는 개인에게 매우 폭넓은 식사 선택권을 제공한다. 대형 다이닝룸에서 자유로운 아침식사와 점심식사가 가능하도록 계획하며, 저녁식사시간에는 예약을 필요로 하는 전통적인 디너형태에서 벗어남으로서, 보다 유동적인 식사시간을 희망하는 고객들에게 어필하며, 식사에 대한 패턴을 변화시킬 수 있다. 대부분의 대형 크루즈선은 500석 이상의 다이닝 좌석을 마련하고 있으며, 양쪽 사용이 가능한 배식구 또는 핫플레이트 hot plate[8]가 설치된 양면 주방을 갖춘 레스토랑을 적어도 두개 이상 갖추고 있다. 이러한 배열은 저녁식사시간에 대기행렬 없이 대규모의 승객들을 서비스하는데 매우 용이하다. 엔터테인먼트 스케줄과 함께 진행되는 디너 서비스는 고객이 별도의 이동없이 한자리에서 식사와 엔터테인먼트를 즐길 수 있는 원스톱 서비스가 제공된다. 아침식사와 점심식사를 계획하는 것은 승객들이 뷔페 또는 룸서비스 아침식사, 그리고 뷔페식 점심과 같은 대안을 선택하기 때문에 대체적으로 어려움이 덜하다. 또한 낮에는 기항지를 방문하는 크루즈 상품의 일반적인 일정이 상대적으로 원활한 식사 제공에 도움이 된다.

3) 뷔페 The Buffet

뷔페는 크루즈 상품이 제공하는 식사 형태 중 가장 융통성이 있는 옵션이다. 뷔페시설은 주로 선박 상층 데크에 위치하고 있으며, 일반적으로 동일한 메뉴가

8) 배식구 또는 핫플레이트(Servery or hotplate) : 웨이터가 완성된 음식을 가지러 가는 주방

양쪽으로 서빙되도록 디자인되어 있다. 이러한 구조는 식사시 병목현상을 줄여 주어 대규모의 승객들이 보다 용이하게 이용할 수 있게 도와준다. 뿐만 아니라 한가한 시간대와 식사시간대가 변경될 때, 한쪽은 청소 또는 음식 아이템의 교체 또는 보충을 위해 일시적인 폐쇄가 가능하도록 한다. 뷔페의 이러한 시스템은 뷔페 레스토랑의 유동적이고 경제적인 24시간 운영에 도움을 준다.

뷔페 레스토랑은 수 쉐프 sous chef의 지휘하에 소규모 쉐프팀이 서비스를 제공한다. 주방팀은 테이블 청소, 음료주문 등의 고객서비스를 진행하는 뷔페 어시스턴트 buffet assistant들과 수퍼바이저 supervisor들의 지원을 받는다. 뷔페는 정확한 온도로 음식들을 보관 · 유지하고, 승객에게 가장 매력적인 음식으로 보이도록 세팅한다. 빵, 샐러드, 드레싱, 각종 양념 등의 기본 아이템은 매일 반복적으로 제공이 되지만, 스프, 육류, 생선 앙트레[9], 차가운 요리, 디저트 등의 메인요리는 크루즈 일정과 기간에 따라 매일 달라진다. 음식 메뉴는 크루즈 일정에 포함된 기항지를 고려해 계획된다.

그림 2-3
뷔페 카운터

뷔페([그림 2-3] 참고)는 전통적인 레스토랑보다 적은 인원의 서비스 직원으로 운영되며, 단순한 테이블 배치와 음료를 위한 표준화된 공간, 적은 카펫 공간, 바

9) 앙트레(entree) : 주로 생선류와 육류사이에 제공되는 요리이다.

다 또는 항구가 바라 보이는 조망권이 필요하기 때문에 크루즈 내 타 식사공간보다 원활하게 서비스 제공이 이루어진다. 뷔페는 아침 · 점심식사시간에 레스토랑에서 발생하는 과중업무를 대신할 수 있으며, 서비스 직원들을 효율적으로 배치할 수 있고 주방이 보다 정확한 양의 요리를 제공할 수 있도록 한다. 뷔페에서는 기존 음식소비량과 효율적인 소비를 감안하여 요리를 하기 때문에 극소량의 쓰레기가 발생한다. 뷔페는 주방과 식당 중앙에 위치한 요리 카운터를 고려하여 계획되며, 테이블과 의자는 창문 근처의 외부에 세팅되며, 테이블은 보관장소로 치워진다(간혹 DJ박스로 대체되기도 함). 사용된 접시와 잔여 음식물은 카트를 이용해 식기세척기로 옮겨지며, 음식과 재료들은 매인주방에서 뷔페 주방까지 특별히 고안된 승강기를 통해 이동된다.

4) 메인 레스토랑 The Main Restaurant

메인 레스토랑은 승객들이 원하는 만큼의 식사를 할 수 있는 가장 중요한 곳이다. 승객들이 뷔페에서 접시를 직접 가져다 놓는 반면, 메인 레스토랑에서 접시는 승객이 원할 때마다 서버가 치워준다.

메인 레스토랑 또는 일반 레스토랑에서 메뉴는 크루즈 브랜드에 따라 차별화되고 다르게 제공된다. 메뉴는 승객이 미국, 이탈리아, 또는 영국에서 외식하던 형태에 맞추어 계획되며, 이는 제공되는 독특한 코스, 코스 별 이름, 코스에 포함되는 요리, 요리와 코스에 대한 설명 언어 등에 영향을 미친다.

메인 레스토랑은 유니폼을 착용한 레스토랑 총 매니저인 메트르 도텔 Maître d'hôtel[10]은 물론 수석 웨이터, 웨이터, 어시스턴트 웨이터, 소믈리에 또는 와인 웨이터와 같은 전문가가 상주하여 한층 더 격식을 갖춘 식사 경험을 제공한다. 화이트톤의 테이블보, 반짝거리는 식기와 유리제품, 신중하게 선택된 컬러와 색상들, 패브릭과 가구들, 차분한 조명이 이러한 효과를 더해주며, 배경음악(종종 라이브 음악), 연극무대를 연상시키는 분위기 등이 한층 고급스러운 분위기를 연출하는데 도움을 준다. 세팅은 고객이 서비스 직원의 응대와 다른 고객들과의 교류에 매우 중요한 역할을 한다. 음식과 와인은 고객이 레스토랑을 방문하는 핵심 이유이지만, 경험은 사회적인 요인에 의해 강화된다.

10) 메트르 도텔(Maître d'hôtel) : 대형 호텔에서 모든 레스토랑을 관리하는 중간 관리자

서비스 스타일은 크루즈의 브랜드와 승객의 기대에 따라 다양해진다. 풀 실버 서비스 full silver service는 호화로운 크루즈 브랜드에서 적용되는 것이며, 세미 실버 semi-silver service 또는 플레이티드 서비스 plated service는 컨템퍼러리 브랜드와 프리미엄 브랜드에서, 그리고 실속형 브랜드에서는 뷔페와 접시에 음식이 담겨져 나오는 플레이티드 plated service 서비스가 제공된다. 각 서비스 스타일은 서버의 기술 및 승객과 스태프의 비율과 관련이 있다. 풀 실버 서비스는 전문적인 서빙과 음식 배열에 대한 기술이 필요하며, 이는 곧 승객 1인당 담당 서비스 직원 비율이 높아야 한다. 어떠한 서비스 스타일이 사용되더라도 서비스 직원은 고객에게 어울리는 적절한 수준의 대인관계 기술을 갖추어야 한다는 공통점을 가진다. 테이블 크기는 2인에서 8인용까지 다양하며, 대형 테이블이 2인용 테이블보다 일반적이다. 많은 크루즈 브랜드들은 고객이 특정 시간 이용은 물론, 사적인 공간 또는 그룹에 조인할 수 있도록 예약이 가능한 자유로운 식사 분위기를 연출한다.

크루즈 상품이 다이닝 공간에서 격식을 갖추도록 권유하는 이유는 이러한 격식과 드레스 코드가 크루즈를 대표하는 특징이기 때문이다. 새로운 크루즈 브랜드가 비격식적 또는 캐주얼한 분위기를 강조할 때 대부분의 크루즈에서는 승객들이 서로에게 관심을 끌 수 있는 의상을 착용할 수 있는 기회를 여전히 제공하고 있으며, 이러한 크루즈 승객들은 4~5일에 한번 격식을 갖춘 의상을 착용할 기회를 가질 수 있다.

5) 기타 다이닝 옵션 Dining Options

식사는 크루즈 경험의 한 부분으로 크루즈 여행비용에 포함이 되어 있지만, 크루즈 기업은 전체적인 다이닝 경험에 가치를 더하여, 승객에게 보다 넓은 선택의 폭을 제공함과 동시에 새로운 이윤 창출수단을 만들어 내는데 주력하고 있다. 예를 들어, 스타 프린세스호 Star princess에서 승객들은 추가요금을 지불하고 고급 이탈리안 레스토랑인 사바티니 Sabatini나 텍스멕스 그릴 Tex-Mex Grill과 같은 레스토랑을 이용한다. 오션 빌리지호 Ocean Village의 비스트로 Bistro는 영국 출신의 유명 요리사가 개발한 요리를 제공하는 유료 레스토랑이며, 알 프레스코 Al Fresco는 일부 크루즈 브랜드에 입점하고 있는 레스토랑으로 승객들에게 밤하늘의 별을 보며 식사를 할 수 있는 로맨틱하고 색다른 기회를 제공한다(Princess Cruises, 2003).

피자, 햄버거, 핫도그 판매점들은 어린이와 같은 특정 승객에게 일반 레스토랑과 같이 격식을 갖춘 분위기보다 더 매력을 느끼는 대안으로 작용한다. 아이스크림 가판대 또한 수영장과 일광욕 또는 레저 공간이 위치한 데크에 설치하는 경우가 많다. 애프터눈티 Afternoo Tea 나 간단한 차와 스낵을 즐길 수 있는 하이티 Hi-tea 는 레스토랑과 뷔페에서 제공된다. 한편 승객들은 원하는 것을 선상 레스토랑에서 찾을 수 없는 경우, 룸서비스를 통해 즐길 수 있다.

6) 바 Bars

일반적으로 대부분의 바는 디너타임 이후부터 바빠지기 시작한다. 크루즈 승객들은 하고 싶은 것, 가고 싶은 곳을 스스로 찾아가서 해결하기 때문에 항해시간을 상대적으로 짧게 느낀다. 바가 가장 바쁜 시간은 저녁 10시부터지만, 승객이 음료를 구매하고, 바가 이윤을 창출할 수 있는 많은 기회들은 여러 곳에 마련되어 있다. 다음은 주류로 인한 이윤 창출 기회에 대한 예이다.

- **항해일** sailing day 기항지에서 크루즈선이 출발하면 상층 데크에서 주류판매가 시작된다. 바 근무의 핵심은 바 웨이터가 출발을 축하하는 칵테일과 주류를 판매하며 승객들과 어울리는 것이며, 분위기를 고조시키기 위해 라이브 음악이 연주된다.
- **사전 주문 디너** pre-ordering dinner 사전 와인 주문시 고려해야 할 사항은 승객이 원하는 와인을 구비해 놓아야 하는 것이다. 저녁식사 동안 와인과 음료는 주방에 위치한 카운터 바에서 이용가능하다. 와인, 꼬냑, 고급 위스키 및 기타 주류에 대한 리스트와 주류 트롤리 및 기타 물품들은 판매에 큰 도움이 되며, 소믈리에와 와인 웨이터는 승객을 돕기 위해 항시 대기한다.
- **극장** theatre 모든 엔터테인먼트 장소에서는 테이블 서비스가 가능하며 메뉴에서 '오늘의 칵테일 Today's cocktail' 과 스페셜 프로모션을 특히 강조한다.
- **바** bar 특정 고객그룹을 대상으로 한 다양한 바들이 마련되어 있으며, 스포츠 기념품이 구비된 스포츠 바 sports bar, 녹화 또는 실시간 경기가 상영되는

TV가 마련되어 있는 스크린 바 screen bar 또는 어두운 목재로 만들어진 편안한 긴 의자와 의자를 갖춘 '클럽' 느낌의 전통적인 라운지 바 lounge bar 등이 대표적인 예이다.

- **샴페인 & 캐비어바** champagne & caviar bar 특정 고객을 표적으로 한 희소가치가 높은 고품격의 바 형태이다.
- **피아노 바** piano bar 친밀하고 정겨운 분위기를 연출한다.
- **나이트클럽** nightclub 일반적으로 테이블 서비스와 칵테일 메뉴를 가지고 있으며, 탑승 승객에 따라 제공되는 서비스가 달라진다. 칵테일은 크루즈선에서 대중적인 음료이며, 대부분의 바에서 미리 술과 얼음을 흔들거나 혼합하여 장식해놓은 블랜드를 사용한다.
- **낮** during the day 선박 내 한곳의 바에서 구매할 수 있으며, 낮 동안 선데크의 풀 바 pool bar에서 판매된다. 주류는 뷔페의 이동식 바와 레스토랑에서 식사와 함께 제공되기도 한다.
- **라운지** lounges 승객은 카드놀이를 하거나 책을 읽는 등 조용한 시간을 즐기기 위해 여러 장소를 찾아간다. 이런 경우, 승객들은 바 서비스보다 차와 커피 서비스를 더 많이 이용한다. 이러한 공간으로는 도서관, 카드 또는 브릿지 룸, 라이팅룸, 전망 라운지 또는 일반 라운지 등이 있으며, 퀴즈놀이, 경연 대회, 와인 테이스팅, 소그룹 미팅 등에도 활용될 수 있다.

그림 2-4
오로라호 Aurora의 바

- **다양한 바**([그림 2-4] 참고) 다양한 바들은 예술작품 경매, 대회, 가라오케, 댄스교실, 패션쇼, 그리고 다른 엔터테인먼트 활동을 위한 장소로 사용될 수 있다. 이러한 바의 서비스 직원들은 선박 내 다양한 공간을 활용할 수 있도록 순환 근무를 하며 이러한 활동들에 참가하는 고객들에게 페어플레이를 표방한 행사진행을 위해 노력한다.

7) 엔터테인먼트 Entertainment

엔터테인먼트 직원은 크루즈 디렉터 cruise director의 감독하에 근무하며, 업무와 관련한 사항을 호텔 서비스 디렉터 hotel service director 또는 승객 서비스 디렉터 passenger service director 등에게 보고해야 한다. 엔터테인먼트 활동을 통한 판매의 증가가 간접적으로 발생하기는 하지만, 일반적으로 엔터테인먼트는 추가 이익을 발생시키지 않는다.

극장은 화려한 뮤지컬 공연, 코미디 공연, 카바레 또는 마술쇼 등을 위한 공간이다. 극장은 승객들이 가장 많이 모일 수 있는 공간이며, 이들은 응급 훈련 또는 기항지 관광활동을 위한 미팅장소로 사용되기도 한다. 대체로 매일 저녁 2~3개의 공연이 펼쳐진다. 쇼와 공연은 순환 스케줄에 의해 운영되며, 프로그램은 항상 신선하고 흥미롭고 새로워야 한다.

주간활동 프로그램은 엔터테인먼트 직원에 의해 기획된다. 주간 이벤트는 크루즈선에서 발간하는 뉴스레터지에 소개되며, 이러한 이벤트들은 모든 고객들을 만족시킬 수 있도록 다양해야 한다. 기항지에 대한 정보와 일정에 대한 소개를 하는 기항지 강사 port lecturer, 댄스 강사, 사이버 카페 또는 IT 스위트 IT suite를 위한 강사 등이 엔터테인먼트 직원에 해당된다. 또한 이들은 패션쇼, 예술 또는 공예 시연, 요리 강습, 와인 테이스팅 등을 기획하고, 경우에 따라 다른 부서의 직원들과 협력하기도 한다.

뮤지션들은 극장 공연 지원을 위해 고용되며, 쇼 바 show bar와 바 공간, 출항일, 데크 파티 그리고 피아노 바에서 근무하게 된다. 기술팀은 영화 상영 지원, 선상 컴퓨터 관련 지원, 무대 조명 · 음향 · 특수효과 관련 지원 등을 담당한다. 이들은 또한 뮤지션들이 기술적인 지원을 요청할 시, 업무협조를 해야 한다.

레저 담당 직원은 선상 골프와 제트스키, 수상스키, 스쿠버, 윈드서핑과 같은 크루즈 선박 후미에서 진행되는 수상 레포츠에 대한 지원과 업무를 한다. 크루즈 브랜드는 승객들이 해안에서 즐길 수 있도록 자전거 대여 서비스 등을 제공하기도 한다. 에어로빅, 필라테스, 요가 등과 같은 피트니스 클래스는 피트니스 스위트에서 운영된다. 이 외에도 어린이를 위한 활동을 전담하는 팀은 물론 각 연령그룹이 요구하는 사항을 만족시키기 위한 특별팀이 운영된다. 프린세스 크루즈사는 3~7세 유아를 위해 '펠리칸 클럽 Pelican Club'을, 8~12세 어린이를 위해 '파이러티어스 Pirateers'를, 13~17세의 청소년을 위해 '오프 리미트 Off Limits'를 운영한다(Princess Cruises, 2003).

8) 기항지 관광 Shore Excursions

기항지 관광은 크루즈 여행 전 또는 여행 중에 판매되며, 수익 창출이 주목적이긴 하지만 승객의 크루즈 경험에 가치를 부여하며, 기항지에서의 제한된 시간 내에 승객들의 경험을 최대화할 수 있는 가장 효율적인 방법을 모색하여 기획된다. 교통수단에 대한 선택은 기항지에 따라 광범위하며 전세버스, 자전거, 마차 또는 헬리콥터 등이 있다. 크루즈 회사를 통한 기항지 관광은 기항지 일정 도중 차량 파손 등의 응급상황이 발생했을 경우, 크루즈 회사가 이 문제에 대한 모든 책임을 지고 승객의 불편함 해결 및 안전관리 등을 해야 한다.

기항지 관광은 관광 프로그램을 공급받거나 해당 기항지 프로그램의 개발을 위해 종종 제3자인 투어 오퍼레이터에게 위탁되기도 한다(일부 크루즈 회사들은 자회사 소속의 투어 오퍼레이터를 운영하기도 한다). 승객을 위한 관광 관련 업무는 군대와 마찬가지로 계획, 군중 통제, 철저한 시간관리, 효율적인 커뮤니케이션 등을 고려해서 운영해야 한다.

9) 이 · 미용 시설 및 서비스 Beauty, Therapy and Hair Care

이 · 미용시설 및 서비스는 크루즈 기업의 주요 수입원 중 하나로, 일부 크루즈 브랜드는 이러한 시설을 임대하며(크루즈 선상에서 해당 점포를 운영하기 위한 재정적 합의 또는 계약), 다른 크루즈 브랜드들은 회사에서 직접 관련 직원을 고용한다. 스타이너 Steiners 등과 같은 유명 이 · 미용 브랜드는 이미 크루즈 선박 내에서 운영이 되고 있으며, 이 외에도 특정 크루즈선에서 운영되고 있는 독특한 스타일의 로터스 스파Lotus Spa 등이 이에 해당한다. 크루즈 기업은 점점 현대 라이프스타일의 다양한 옵션들로 웰빙 또는 스파가 성장하고 있다는 것을 인식하고 있다.

치료 또는 휴식과 관련한 트리트먼트 서비스treatment service로는 차크라 스톤 테라피, 탈라쏘 테라피, 풋 마사지, 매니큐어와 패디큐어, 헤어스타일링, 옥시저네이팅 페이싱, 바디랩, 그리고 건강과 영양 관련 강좌 등을 들 수 있다.

10) 상점 Shops

크루즈 선상 상점들은 고객들의 쇼핑욕구를 채워주기에 적합하며, 가장 매력적인 요인으로 작용한다. 사실 크루즈에서 쇼핑은 판매품목에 대해 면세가 적용된다는 것이다. 국제해상에서의 선박여행은 일반적으로 세금이 부과되지 않는다. 해상에서 제공되는 미용서비스 점포와 쇼핑시설은 임대 또는 직영으로 운영된다. 직영 점포는 해당 행정 사무관 또는 그에 준하는 직급에 의해 라인 관리형식으로 운영되는 추세이다. 점포의 범위는 보석상, 여성 · 남성 패션 스토어, 기프트 샵, 그리고 주류와 담배 등 보다 대중적인 아이템을 판매하는 점포가 대부분이다.

대개 선상의 점포들은 선박의 중앙구역에 위치하며, 대도시의 대형 쇼핑센터를 연상시킨다. 장엄한 규모의 아트리움형 쇼핑시설을 건축하는 메가크루즈 선박의 트렌드는 메인 쇼핑구역의 자투리 공간에 일시적인 가판대를 형성하여 보다 많은 편의시설을 마련하여 전체적인 상업공간을 확대시키고 활기찬 시장의 분위기를 연출한다. 점포허가는 마이애미 크루즈라인 홀딩사Miami Cruiseline Holdings, 하딩 브라더스 면세사Harding Brothers Duty Free, 뉘앙스 글로벌 선사uance Global Ships 그리고 플래그십 리테일 서비스사Flagship Retail Service Incorporated사 등과 같은 기업에 의해 관리된다.

11) 포토서비스 Photography

크루즈선의 포토그래퍼들은 마법같은 순간을 포착하기 위해 바쁘게 움직인다. 이들의 주요 활동 시간은 승선지점에서의 출항부터 마지막 기항지를 떠날 때까지 전 과정이라고 해도 과언이 아니다. 이는 승객이 전문적으로 촬영된 사진들을 구매할 수 있고 크루즈 여행을 회상할 수 있는 소중한 추억을 가질 수 있게 한다. 현대 크루즈 기업은 기항지 및 이벤트와 관련된 승객의 추억을 전문적이고 뛰어난 기술로 사진에 담아내기 위해 디지털 기술에 대규모 투자를 해왔다. 이러한 방식으로 베니스에 하선하는 모습이 촬영된 승객은 기항지와 어울리는 베네치안 배경 프레임의 사진을 가지게 되는 것이다. 포토그래퍼들은 승객들이 승선하고 칵테일 파티, 갈라 디너 그리고 격식을 갖춘 이벤트 행사장과 뱃전 사이의 좁은 통로에 나타난다. 그들은 승객들의 투어에 동반하고 승객미팅에 참석한다.

이렇게 제작된 사진들은 레스토랑에서 쇼 바show bar로 가는 승객들의 눈에 쉽게 띌 수 있도록 복도에 마련된 디스플레이 공간에 전시된다. 이는 승객들이 멈추지 않을 수 없고, 보지 않을 수 없는 상황을 연출하는 것으로, 주의 깊고 고도의 세일즈 테크닉을 발휘하여 판매를 성사시킬 수 있다. 일부 포토그래퍼들은 크루즈 브랜드에 의해 직접 고용되며, 그렇지 않은 경우는 크루즈쉽 픽처사Cruise Ship Picture Company, 이미지 포토 서비스사Image Photo Service, 오션 이미지사Ocean Images 그리고 디지털 씨 인터넷 카페사Digital Seas Internet Cafes 등과의 계약을 통해 고용된다.

12) 카지노 Casino

제임스 본드가 되고 싶은 일부 승객들의 기대를 충족시키기에 충분한 요건을 가진 선상 카지노에 대해 NCL사는'액션과 흥미로움'을 위한 장소로, 카니발 크루즈사는「당신은 당신의 인생을 가질 것이다」로 표현하고 있으며, 로열 캐리비안사는「포커 또는 슬롯머신이 던져주는 승리의 손보다 흥미로운 것은 없다」라고 표현하고 있다. 라스베이거스 스타일 카지노로 묘사되는 현란하고 매혹적인 분위기가 크루즈 선상에서 재현되고 있다. 일반적으로 겜블링은 승자에게는 오락거리로만 인식되지만, 크루즈 여행중 겜블링의 승리는 '크루즈 여행=성공'이라는 인식을 가지게 된다.

현금이 없는 선박은 크루즈 산업에서 평범해지고 있다. 승객들은 선상에서 물건 구매시 사용가능한 카드를 발급받거나 그들의 계좌(또는 어카운트)의 신용으로 구매가 가능하다. 카지노는 이러한 구매방식을 이용하여 슬롯머신을 위한 토

큰 또는 겜블링을 위한 칩을 판매한다. 일부 기항지에서는 항구에서도 카지노 개장을 허가하지만 대부분의 크루즈선내 카지노는 항해 중에만 영업이 허가된다. 특정 관할구역에서 크루즈선은 해안으로부터 3마일 이내 범위에서는 카지노를 개장할 수 없다. 카지노는 일반적으로 엄격한 규제가 적용된다. 예를 들어, 미국의 주요 기항지와 해외로 항해하는 17개 대형 크루즈사로 구성되는 비영리 무역협회인 ICCL International Council of Cruise Lines은 [표 2-1]에서 나타난 것과 같은 가이드라인을 출판하였다.

카지노는 18세 이상(알래스카와 일부 기항지에서는 21세 이상)의 고객에게만 입장을 허락한다. 대부분의 카지노는 드레스코드를 시행하고 있으며 테이블의 베팅에 대한 최저 · 최고 금액을 지정하고 있다. 선상 카지노에서 실시되는 전형적인 게임으로는 블랙잭, 크랩스, 룰렛, 캐리비안 스터드 포커, 3카드 포커, 바카라, 그리고 비디오 포커 등이 있다.

표 2-1 겜블링 가이드라인 (International Council of Cruise Lines, 2005)

ICCL은 크루즈 회사가 승객을 위해 안전하고, 재미있고 즐거운 크루즈 환경을 제공할 수 있도록 많은 기여를 하였다. 승객들의 유흥을 위해 ICCL이 관련한 서비스는 대부분의 ICCL 멤버 크루즈선에 갖추어진 카지노 시설이다. 크루즈 산업 가이드라인은 크루즈선 내 카지노를 위한 장비, 게임의 운영, 내부 통제, 그리고 고객 서비스 등을 소개하고 있다.

겜블링 가이드라인은 일반적으로 다음과 같은 목표를 제시한다.

- 멤버 크루즈선에서 이루어지는 모든 겜블링은 게임 참가자를 위해 무결점인 상황에서 공정하고 전문적인 게임 진행을 위한 정당한 규칙을 제공해야 한다.
- 승객이 공정한 겜블링 환경이라는 것을 확신할 수 있는 수준의 내부통제를 제공해야 한다.
- 고객의 요구에 부응하는 오락형태를 제공해야 한다.

13) 웨딩, 리마인드 웨딩과 축하연 Weddings, Renewal of Vows and Other Celebrations

항해 중 승객들은 선상에서 특별한 순간을 축하할 수 있으며, 일부 크루즈의 경우, 결혼식을 할 수도 있다. 크루즈선에서의 결혼은 크루즈선의 등록 국가가 다르기 때문에 각국에 대한 법률로 인해 법적으로 해당 결혼식이 유효하지 않을 수도 있다. 그러나 법이 허용되는 곳에서는 선장이 결혼식을 주최할 수 있다. 이는 승객들에게 특별한 기회이며, 크루즈 기업은 이러한 고객시장을 대상으로 결혼식 전체의 운영을 담당하는 웨딩패키지를 개발할 수도 있다. 이러한 패키지에는 샴페인, 웨딩포토, 웨딩 리셉션, 화환, 축하연, 웨딩케익, 그리고 기념품 등이 포함된다.

기혼의 승객들은 그들의 결혼 서약을 다시 한 번 재현 할 수 있는 패키지를 구매할 수 있으며, 결혼식과 마찬가지로 선장은 리마인드 웨딩을 주재한다. 리마인드 웨딩 패키지는 스파 트리트먼트, 샴페인, 그리고 격식을 갖춘 축하연을 맞춤형으로 기획한다. 그 외 허니문, 기념일, 생일 그리고 다른 특별한 축하연들도 패키지의 형태로 제공될 수 있다.

브랜드 가치 및 선박 종류 Brand Values and Vessel Classification | 7

선박의 규모는 승객들이 즐기는 크루즈 여행의 경험에 중요한 영향을 미친다. 초대형 메가라이너급 mega liner 선박은 전형적으로 여러 개의 수영장, 카지노, 스파를 갖추고 있으며 다양한 다이닝 옵션 그리고 많은 선상 활동들을 제공한다. 소형 크루즈선은 기항지에 중점을 두어 다양한 어매너티 amenity와 색다른 크루즈 경험을 제공한다. 크루즈 평론가는 승선 가능 승객의 수, 식음료 및 숙박의 품질, 그리고 전반적인 크루즈 경험에 대한 평가 등 다양한 방법으로 크루즈 선박을 구분한다. 과거 크루즈 구분에 대한 단일 기준이 없었던 것에 반해 최근 크루즈의 분류와 품질에 대한 기준이 설정되었다는 것은 크루즈를 연구하는데 매우 가치있는 일이라 할 수 있겠다. 많은 크루즈 선사들이 표적고객에게 어필하기 위해 다양한 등급의 크루즈선을 운영한다. 이러한 방식으로 크루즈 기업은 크루즈선의 규모, 제품의 범위, 표적시장 그리고 판매가격을 고려한 구체적인 일정을 기획 할 수 있는 것이다.

1) 규모별 구분 Classifications of Scale

[표 2-2]는 크루즈선의 승객 수용력 또는 특징에 의해 구분한 것이다(Spartan Travel, 2005).

표 2-2 선박 종류에 대한 정의

정 의	설 명
초대형선박 Megaliner	승객 2,000명 이상 수용
대형선박 Superliner	승객 1,000 ~ 2,000명 수용
중형선박 Midsize	승객 400 ~ 1,000명 수용
소형선박 Small	승객 400명 이하 수용
부티크선 Boutique	특별한 목적으로 운영되며, 300명 이하 승객 수용
범선 Sailing Vessel	풍력에 의한 선박
하천 바지선 River Barge	내륙 하천을 운항하는 선박

Bjornsen(2003)

2) 선박 상태와 가치별 구분 Classifications by Status and Value

Spartan Travel(2005)이 크루즈선을 크루즈 비용에 따라 실속형, 중가형, 고급형으로 구분한 반면, 다른 업계 평론가는 보다 폭넓은 시각에서 분석을 시도하고 있다. 예를 들어 CLIA는 크루즈선을 럭셔리, 프리미엄, 리조트 또는 컨템퍼러리, 니치 또는 스페셜티, 그리고 밸류 또는 트레디셔널 이상 5개의 카테고리로 구분하고 있다.

이러한 크루즈선의 분류에 대한 분석에서는 최고의 편안함과 음식 그리고 친절한 서비스를 제공하는 선박을 럭셔리 브랜드 luxury brand라고 부른다. 럭셔리 크루즈의 상품은 최고가인 반면, 예외는 있으나 선박의 규모는 대체로 작은 편이다. 숙박과 공공장소는 항상 화려하게 장식되어 있고, 발코니가 딸린 넓은 객실, 스위트룸 또는 듀플렉스룸에 상대적으로 적은수의 승객을 수용한다. 서비스는 버틀러 서비스가 포함되기도 한다. 이러한 선박은 일반적으로 5성급 서비스 품질에 준하는 시설과 서비스가 마련되어 있다. 크리스탈 크루즈사 Crystal Cruises와 같은 일부 크루즈 브랜드는 자사의 크루즈를 자신들만의 서비스 품질 등급인 '6성급'으로 표현하기도 한다.

위 등급보다 한 단계 아래인 프리미엄 브랜드 premium brand는 중 · 상품질의 음식과 서비스 그리고 어매너티가 제공되며, 발코니가 딸린 객실의 비율이 높은 편이다. 프리미엄 브랜드 선사의 목적은 어린이, 청년층, 장년층 모두를 대상으로 한 다양한 범위의 엔터테인먼트와 같은 매력요소를 제공함으로써 고객의 연령그룹을 확대하여 잠재시장에 접근하는 것이 목적이다. 럭셔리 크루즈와 마찬가지로 프리미엄 크루즈 역시 승객 1인당 공간비율이 높은 편이다.

컨템퍼러리 크루즈 contemporary cruise는 중형에서 초대형 메가라이너 또는 메가크루즈에 걸친 수용력을 가진 떠다니는 리조트 floating resort에 준한다. 이러한 선박은 현대적인 감각의 선택과 가치를 제공하며, 아이스링크, 골프레인지 또는 인공암벽 등 다양하고 특별한 선상 어매너티들을 마련하여 고객들로 하여 강한 인상을 가지게 한다. 컨템퍼러리 크루즈는 편안한 캐주얼 스타일을 지향하지만, 격식있는 드레스코드를 희망하는 승객들을 위해 공식적인 만찬 formal evening을 개최하기도 한다.

틈새 또는 스페셜티 크루즈 niche & specialty cruise는 독특한 상품 개발을 위해 목적지와 같은 크루즈 여행상품의 구체적인 요소에 중점을 둔다. 이러한 종류의 크루즈 기업은 해당 분야에서 전문가들이다. 이러한 기업들은 문화해설, 저난이도의 모험 또는 심화활동 등에 전문적인 지식을 가지고 있어 자부심이 대단하다. 때문에 이에 해당하는 크루즈 기업들은 보다 경험이 많은 크루즈 여행객을 표적으로 한다.

실속형 크루즈 budget or value cruise는 신규 메가급 선박 보다 구형선박을 리모델링한 중형급 선박을 주로 사용한다. 이 상품은 메인 다이닝 이벤트 등에서 셀프서비스를 선택하는 등 승객 1인당 서비스 직원의 비율을 낮추어 운영한다. 이 크루즈 상품은 일반적으로 전통적인 크루즈의 형태로, 가격이 저렴한 반면 크루즈에서 제공하는 여행과 다양한 프로그램에 대한 옵션은 신규 크루즈 고객에게 매력적인 요인으로 작용한다.

요약 및 결론 | 8

본 장은 세일즈, 마케팅 그리고 크루즈 산업과 관련한 다수의 이슈들을 다루고 있으며 마케팅의 활용과 크루즈 상품 판매를 위한 구조를 다양한 각도에서 알아보았다. 크루즈 시장은 다방면에 걸쳐 발전하고 있으며, 시장 표적화와 세분화에 대한 중요성과 시장의 성장과 신규 시장 개척에 대한 지속적인 관심에 대한 필요성을 보여주고 있다. 또한 크루즈 상품은 고객의 필요와 기대치를 만족시키기 위해 끊임없이 개발되고 있어 점점 다양화 되고 있다. 21세기의 크루즈선은 서비스의 중요한 부분인 인적자원에 의존하고 있으며(Evans et al., 2003), 이는 인적자원에 따라 서비스의 품질이 좌우될 수도 있음을 시사하고 있다.

본 장은 크루즈 사업에서 적용되는 도·소매 관점의 판매, 유통 옵션, 그리고 인터넷 파트와 충성도 프로그램 등 일반적인 개념에서 마케팅에 접근하였다. 크루즈 상품에 대해서는 상품에 대한 대략적인 개요와 상품 내용의 필요성에 대해 설명하고 있으며, 일반적으로 제공되는 서비스의 종류에 대해 알아보았다.

관련용어

- 브랜드 Brand : 제품 또는 서비스에 주어진 상품명
- 핫플레이트 Hotplate : 음식 담당자가 메인 음식을 가지러가는 갤리가 있는 장소
- 세미실버 서비스 Semi silver service : 웨이터가 음식을 직접 고객의 접시에 덜어주는 서비스와 고객이 직접 덜어먹어야 하는 형식이 혼용된 서비스 스타일
- 실버 서비스 Silver Service : 웨이터가 음식을 스푼, 포크 또는 다른 기술로 직접 고객의 접시에 덜어주는 서비스 스타일
- 소믈리에 Sommelier : 와인 전문 웨이터
- 수 쉐프 Sous chef : 프랑스어인 'Sous'는 '아래'를 의미함. 조리장의 부책임장

학습문제

상품으로서의 크루즈선과 크루즈 여행 경험을 형성하는 요인에 대해 생각해보자.

❶ 마케팅 믹스는 무엇인가?
❷ 크루즈 상품을 판매하는 다양한 방법은 무엇인가?
❸ 크루즈 상품 판매를 위해 여행사를 이용하는 이유는 무엇인가?
❹ 크루즈 선박을 분류하는 기준은 무엇이며, 기준 선택에 대한 이유는?

추천자료

- *Berlitz Guide to Cruising and Cruise Ships*, by Douglas Ward
- *The Unofficial Guide to Cruises*, by Kay Showker
- *The Complete Cruise Handbook*, by Anne Vipond
- http://www.oceancruiseguides.com/cruiselines/clclass.html
- http://www.onboard.com/products_promotions.asp
- http://www.geocities.com/TheTropics/Shores/5933/addresses.html#GIFT

참고문헌

- Aaker, D. (2001), *Strategic market management* (6th ed.). New York : Wiley.
- Berger, A.A. (2004), *Ocean travel and cruising : A cultural analysis*. New York : Haworth Hospitality Press.
- CLIA (2005), Plan your cruise. Retrieved 22 March 2005, from http://www.cruising.org/ planyourcruise/ crsfinder.cfm
- Dervaes, C. (2003), *Selling the sea* (2nd ed.). New York : Thomson.
- Dickinson, R., and Vladimir, A. (1997), *Selling the Sea*. New York : Wiley
- Evans, N., Campbee, D., and Stonehouse, G. (2003), *Strategic management for travel and tourism.* Oxford : Butterworth Heinemann.
- Hatton, M. (2004), "Current Issues Paper : Redefining the relationships-The future of travel agencies and the global agency contract in a changing distribution system", *Journal of Vacation Marketing*, 10(2), 101-108.
- International Council of Cruise Lines (2004), The cruise industry 2003 economic survey : Business Research and Economic Advisors.
- International Council of Cruise Lines (2005), ICCL gambling guidelines :Policy statement. Retrieved 22 March 2005, from http://www.iccl.org/policies.gambling.cfm
- Knowles, T., Diamantis, D., and Bey El-Mourhabi, J. (2004), *The globalisation of tourism and hospitality* (2nd ed.). London : Thomson Learning.
- Luxury Alliance (2005), The world's finest travel experience. Retrieved 22 March 2005, from http://www.luxury-alliance.com/
- Mancini, M. (2000), *Cruising : A guide to the cruise line industry*. Albany NY : Delmar.
- Princess Cruises (2003), Webpage, from http://www.princess.com/ships/ap/

- PSARA (2005), Benefits of PSARA membership. Retrieved 22 March 2005, from http://www.pas-psara.org/application.html
- Spartan Travel (2005), Cruising styles. Retrieved 22 March 2005, from http://spartan.travwell.net/ cruises/ choosing/style/
- Vellas, F., and Becherel, L. (1995), *International tourism*. Basingstoke : Macmillan Press.
- World's Leading Cruise Lines (2005), Anywhere you want to go, anyway you want feel. Retrieved 22 March 2005, from http://www.worldsleadingcruiselines.com/intro.html

3

해사 이슈와 법령 Maritime Issues and Legislation

학습목표

- 일반 해운업과 크루즈 산업과의 관련성 이해
- 해운업의 상업적 성격 이해
- 크루즈 산업의 법적 환경 이해
- 크루즈 운영을 위한 국제해사기구의 역할 이해

제1장에서는 크루즈 산업의 발전을 역사적인 관점에서 설명하였다. 본 장은 크루즈 산업의 맥락을 보다 심도 깊게 이해하기 위해 현대 해운업을 총체적인 관점에서 다루고자 한다. 국제해운업계에서는 특정 보호조약을 준수해야하는 지역이 다수 존재함으로 선박 운영자는 이에 따른 많은 제약을 이해해야 한다. 따라서 법적인 환경의 중요성을 강조하는 것은 당연한 이치라 할 수 있다. 법적인 사안은 법적인 체계를 개발하거나 기득권을 가진 다수의 관련 조직 때문에 무엇보다 중요하다. 이러한 이유로 주요 해사 기관의 중요성과 이에 대한 설명은 크루즈 산업과 해운산업에 있어 무엇보다 중요하다 할 수 있다.

1 | 해운산업 The Shipping Industry

크루즈 산업은 2차 세계대전 이후 제트여객기가 대서양을 횡단하는 대규모 정기 여객선을 대신하는 운송수단으로 소개되었을 때, 여행산업의 구원투수처럼 나타난 새로운 여행의 형태이다(Dickinson & Vladimir, 1997). 지난 30년 동안 크루즈 산업은 생각만큼 큰 성과를 거두지 못하였으나, 오히려 대형 크루즈 기업에게는 돈벌이에 아주 좋은 기회가 되었다. 크루즈 산업의 효율적인 운영, 공정거래, 환경주의, 그리고 안전문제 등은 해운업계에 막대한 파장을 가져왔으며 이러한 사안들은 아직까지 복잡한 문제점으로 남아 있다.

Farthing과 Brownrigg(1997)에 의하면, 해운산업은 모든 산업 중 가장 국제적인 산업이다. 이는 화물과 사람을 바다 건너 국제적으로 운송하는 것으로 선박과 선원은 주로 다국적인 특징을 가진다. 또한 해운산업은 [표 3-1]에서 나타나듯 실제로 단일 산업이라기보다 여러 산업의 복합체라 하는 것이 바람직하다(Farthing & Brownrigg, 1997).

Lloyd's Register of World Shipping(2004)에 따르면, 2003년 총 6억521만8천GT의 수용력으로 측정된 89,899척의 선박이 등록되었다. 2004년 해운경제물류기관인 ISL Institution of Shipping Economics and Logistics은 2003년 세계 크루즈 선박의 약 75%가 카니발사(41.7%), 로열 캐리비안사(2.9%), 그리고 스타 크루즈사(8.9%)가 점유하고 있다고 언급하고 있다(Ward, 2005). 글로벌 오너십 global ownership의 형태가 강화되고 있긴 하지만, 용선(傭船), 임대, 그리고 경영서비스의 위탁 등 여전히 소유경영자 owner-manager외의 해운경영 및 소유의 형태가 존재한다.

루이스 크루즈사 Louis Cruises와 같은 몇몇 기업은 다수의 선박을 소유하고 있으며, 이 중 일부는 투어 오퍼레이터에게 용선하고 있다. 또한 V 선사 V Ships와 같은 기업들은 크루즈 기업에 승무원과 경영 서비스를 제공한다(V Ships, 2005). 소형 선박의 대표적인 예인 한씨틱호 Hanseatic는 현재 독일계 크루즈 오퍼레이터인 하팍 로이드사 Hapag Lloyd에 장기 용선되고 있다(Cruises, 2005). 이러한 복잡한 소유형태와 경영방식은 현대 크루즈 산업에 다수의 오퍼레이터가 관여할 수 밖에 없는 근본적인 이유라 할 수 있다.

웨트벌크 wet bulk	유류, 화학제품, 석유 또는 그 외 탱크 또는 특정 저장공간(선박에서는 탱커 tanker라고 부름)에 수송해야하는 액체류 등의 젖은 화물을 운송.
드라이벌크 dry bulk	철광석, 석탄, 곡물, 비료, 설탕 등의 건조 원료를 운송.
화물선 cargo liners	컨테이너 또는 선적공간을 구체적인 시간계획에 따라 정기적으로 운항하는 선박.
해안 또는 단거리 해상선 coastal and short sea	도로 또는 철도를 대신해 화물을 운송하는 대체수단으로 부정기 화물선으로 불리기도 함.
크루즈선 또는 여객선 cruises ships and passenger liners	큐나드사와 같이 정기항로 서비스를 제공하기도 하지만, 크루즈선이 보다 일반화되어 있음.
페리 ferries	사람, 자동차 그리고 기타 교통수단을 운송할수있는 시설이 마련된 정기 운항선.
연안시설물 offshore operation	유류, 가스장치가 이에 해당하며, 해양 광물자원채굴을 위한 탐사활동을 지원.

표 3-1
해운업의 분류

1) 법적 환경 The Legal Environment

Farthing과 Brownrigg(1997)에 따르면, 해양자유론은 1982년 제정된 UN 해양법협약에 근거하여 1994년 11월부터 효력이 발생된 법칙에 근거하고 있다. 이 협약은 가상적으로 해상, 해중, 해저(해저 이하의 구역도 포함)에서 발생하는 모든 활동들을 위해 우산식 접근법 umbrella approach을 적용하고 있다. 법령의 중요한 역할은 해안에서 200해리[11]까지로 설정된 배타적 경제수역인 EEZ Exclusive Economic Zone를 이용할 수 있는 승인을 주는 것이다. 이러한 협약은 공해상에서의 자유로운 항해, 운송 · 통과를 배타적 경제수역의 통과와 관련된 특정한 법률 조건하에 허가한다. 위와 같은 법규는 자유기업제, 공개경쟁, 그리고 자유경제를 위한 자유 등에 대한 모든 UN 회원국의 이익을 위해 설립된 국제협약의 한 예라 할 수 있다.

2) 선박의 국적, 등록, 국기 Ship Nationality, Registration and Flag

크루즈 관련 법령에서 「국적」, 「등록」, 「국기」라는 용어는 경우에 따라 일반적으로 통용되는 의미대로 사용되지 않는다. 사실, 선박은 국적 등록에 대한 문서

11) 해리(海里, nautical mile) : 자오선(子午線)의 위도(緯度) 1°의 평균거리를 말한다. 국제단위계(SI)와 함께 잠정적으로 사용이 허용된 단위이며, 1929년에 협정된 1국제해리는 1nmile=1,852m이다.

상의 증거가 없거나 미등록이 되어 있다 하더라도 국적을 가지는 것으로 간주된다. 선박이 등록될 때, 공식적으로 해당 선박은 등록한 특정국가의 국적을 가지게 된다. 선박의 등록은 선박의 소유주, 선박의 경영자, 그리고 선원과 관련한 법적처벌에 대한 근거를 제공하는 것으로 등록국가의 법령에 따르게 된다. 공법[12)]적으로 등록은 선박을 특정 국가에 배치하고 등록국가의 사법권과 보호를 받게 되며, 등록국가의 국기를 게양할 의무가 부여된다. 사법적으로 등록은 선박 소유자의 명칭과 선박에 대한 재정권익에 대한 보호를 받게 한다. 국기는 선박의 상징이자 신원확인을 위한 표시로서 선박의 뒷부분에 게양하는 것이지만, 이보다 선박의 국적을 알리는 목적이 강하다(Farthing & Brownrigg, 1997).

앞서 언급한 법적인 측면에서 볼 때, 선박의 국적은 선박의 소유주에게 운영적 비용에 영향을 미치는 중요한 사안이다. 일부 국가에서는 선박을 등록할 경우, 선박에서 필요한 선원의 전원 또는 특정 비율을 자국민으로 해야 한다는 규정을 정하고 있다. 예를 들어, 미국은 승무규정, 선박의 건조 그리고 소유권 조건 등이 전 세계 해양국가 중 가장 까다로운 국가 중 하나이다. 현재 미국 선적(船籍)의 선박에 대한 선원관련 규정에 따르면, 모든 사무관과 항해사, 그리고 일반선원의 75%이상이 미국 시민권자 또는 거주자여야만 한다. 게다가 미국 선적 선박은 선박에서 발생하는 모든 거래를 미국 국적의 소유자와 해야 하며, 선박 또한 미국 내 조선소에서 건조해야한다는 연안무역 규정을 준수해야 한다. 이러한 선박 건조규제는 전반적인 선체(船體)[13)]와 선루(船樓)[14)], 그리고 항해와 관련한 모든 자재에도 적용된다.

크루즈 선박은 등록 국가에 따라 선박 소유주의 국가에 등록하는 것보다 더 많은 혜택을 가지게 되며, 대표적인 혜택은 다음과 같다.

- 분쟁에서 중립
- 납세의무의 축소
- 등록비 절감
- 선원 인건비 절감

---

12) 공법(公法, public law) : 국가적 · 공익적 · 윤리적 · 타율적 · 권력적 · 비대등적 관계를 규율하는 법이다.
13) 선체(船體, body) : 배의 주요부분 및 상부에 있는 구조물의 총칭이다.
14) 선루(船樓, superstructure) : 선박에서 상갑판 위에 폭 방향으로 만들어 놓은 구조물로서 선수, 중앙, 선미에 설치되며, 선수에 설치되는 것은 파도를 이겨내기 위한 목적으로 모든 선박에 설치된다.

Farthing과 Brownrigg(1997)가 언급한 파나마, 리베리아, 사이프러스, 바하마 그리고 몰타는 세계 5대 선박 등록국으로, 이들 국가는 타 국가에 비해 보다 자유롭고 경제적으로 매력적인 조건을 갖추었으며, 선박 운영자에게 보다 효율적이고 효과적인 지원을 하고 있다. 해운경제물류기관인 ISL은 세계 크루즈의 약 절반이 바하마와 파나마에 선박 등록이 되어 있다고 보고하고 있다. 바하마, 파나마 그리고 리베리아는 원래 크루즈 산업의 근원지였으나, 서아프리카 국가의 불안한 정치 상황 때문에 2003년 13척의 선박이 서아프리카에 위치한 리베리아에서 파나마로 선박 등록을 전환하였다(ISL, 2003).

국제크루즈선사협의회인 ICCL(2005)은 크루즈 선박을 위한 주요 선박 등록 국가로 영국, 리베리아, 파나마, 노르웨이, 네덜란드, 바하마, 그리고 엄격한 규제에도 불구하고 미국이라 보고하고 있으며, 위 국가들은 안전과 관련된 해양발전을 위한 핵심적인 기관인 국제해사기구인 IMO-International Maritime Organization의 회원국이라 설명하고 있다.

ICCL은 선박의 합법적인 등록을 위한 몇 가지 사항을 제시하고 있다. 우선, 선박 등록국가는 반드시 국제해사기구인 IMO의 회원국이어야 하며, 이들 국가는 IMO의 해사안전 결의안과 협정을 준수하여야 한다. 둘째, 선박 등록국가는 국내 또는 국제적으로 집행할 수 있는 능력을 갖춘 해사기관을 설립해야 한다. 주요 선박 등록국은 종합적인 해사 전문가와 행정서비스를 제공하고 있어야 하며, 매년 여객용 선박증서를 배포하기 전 안전 검사를 실시하고, 국제 및 등록국가의 모든 기준에 적합한지 선박을 모니터하기 위해 인지도 있는 선급협회를 이용하도록 되어 있다.

해양오염 Marine Pollution | 2

선박으로 인한 오염방지를 위한 국제협약인 MARPOL은 'Marine'과 'Pollution'의 축약형이다. MARPOL 협정은 미국을 비롯하여 약 90개의 회원국에 의해 인준되었다. 이 협정은 해양에서 발생하는 유류, 화학제품, 쓰레기 및 하수와 관련 있는 잠재적인 해양오염을 발생시킬 수 있는 폭넓은 범위에 적용되며, 적절한 처리 또는 배출 기준을 요구한다. 미국에서 운영되는 모든 선박은 청정수질법과 유류오염통제법을 포함한 미국의 관련 법규를 준수해야 한다. 미국에서 크루즈 산업은 미해안경비대인 USCG United States Coast Guard, 미환경보호국인 EPA Environmental Protection Agency, 그리고 이 외의 연방 · 주 관련 기관은 물론 효율적인 환경문제 해결을 위해 해양보전과 해양옹호자를 위한 센터와 같은 해양 단체와 협력한다.

표 3-2
ICCL 산업 기준
E-01-01
개정판 2(2003)

ICCL의 회원들은 해양 환경 보전, 특히 우리의 선박들이 항해하는 바다의 상태를 자연 그대로 보존하는데 헌신해야 한다. 크루즈 산업에 적용되는 환경기준은 엄격하고 포괄적이다. IMO를 통해, 미국을 비롯한 다른 해양 국가들은 모든 선박이 국제상거래에서 일관적이고 표준화 된 국제기준을 발전시켜왔다. 이러한 기준들은 선박으로 인한 오염방지 국제협약인 MARPOL에서 발표되었다. 뿐만 아니라, 미국은 해안에 투기된 유해 폐기물을 연방수질오염통제법인 FWPCA Federal Water Pollution Control Act, 선박으로 인한 오염방지법인 APPS Act to Prevent Pollution from Ships, 자원보호와 회복에 관한 법인 RCRA Resource Conservation and Recovery Act와 같은 미국 법규가 적용되는 미 해상에서 운영하는 선박들에 대해 사법권을 갖게 되며, 모든 크루즈 선박은 이를 준수해야 한다. 미해안경비대는 국제협약과 국내법을 집행한다. 환경보호에 대한 크루즈 산업의 공약은 선박에서 적용되는 폐기물 관리 기술과 절차의 전반적인 범위에 의해 증명되었다.

ICCL 회원은 다음 사항을 준수해야 한다.

- 환경에 대한 영향을 최소화하기 위한 선박의 디자인, 건조 그리고 운영을 한다.
- 환경보호를 위해 현재 준수사항을 능가하는 검증된 기술을 개발한다.
- MARPOL의 부속서 V에 명시된 갑판에서 발생하는 폐기물을 현저히 감소시키는 포괄적 폐기물 최소화 과정에 의해 명시된 고체 폐기물에 대한 무방류의 정책목표를 이행한다.
- 보다 적은 폐기물을 해안가에 배출하기 위해 재사용과 재활용의 최대화 등 폐기물 감소 전략을 확대한다.
- 유해 폐기물의 수집과 변환 과정을 개선한다.
- 선박의 안전한 운영과 오염방지를 위한 국제안전관리규약인 ISMCSOSPP International Safety Management Code for Safe Operation of Ships and for Pollution Prevention에 의거하여 선내 실무와 절차를 감시하고 모니터링 하는 포괄적인 프로그램을 강화한다.

ICCL(2005)는 MARPOL내에 크루즈 산업의 주도로 폐기물 관리법을 만들어야 한다고 주장하고 있다. 산업 폐기물 관리 기준에 대해, ICCL의 회원인 크루즈 오퍼레이터들은 다음의 폐기물 유출 관리에 대한 기준을 그들의 안전경영시스템에 도입하는데 동의하였다.

'중수'와 '오수'는 승객 또는 승무원을 운송하는 선박에 의해 만들어지는 폐수의 종류이다. 중수는 샤워, 싱크대 또는 세면대 그리고 식재료 준비 과정에서 발생하는 반면, 오수는 하수 오물이다. 크루즈 선에서 중수와 오수는 일반적으로 정부의 규정보다 까다롭고 복잡한 산업규제요건에 의거하여 처리된다([표 3-3] 참고).

표 3–3
폐기물 관리 기준 (2003)

포토 프로세싱 (X레이 인화액 폐기물 포함)	회원 선사는 관련 법규에 의해 설정된 등급 이하로 폐기물의 은염료 함량을 감소시키는 최선의 기술을 통해 해양환경에 은염료의 배출을 최소화하는데 동의한다.
드라이클리닝 액체 폐기물 및 오염물질	회원 선사는 염소처리 된 드라이클리닝액, 침전물, 오염된 필터 물질과 부산물에 의한 다른 폐기물을 자연환경에 배출하지 않는 것에 동의한다.
프린트샵 액체 폐기물	회원 선사는 프린팅 물질(잉크 등)등과 같은 유독 폐기물과 클리닝 화학제품을 자연환경에 배출하지 않는 것에 동의한다.
복사기 및 레이저 프린터 카트리지	회원 선사는 재활용을 위한 복사기 및 레이저 프린터의 카트리지의 회수를 최대화하기 위한 절차에 동의한다. 어떠한 경우에서도 이 카트리지들은 육상에서 폐기되어야 한다.
미사용 또는 유효기간이 지난 약품들	회원 선사들은 미사용 또는 유효기간이 지난 약품을 관련 법규와 환경적 요구에 효과적이고 안전하게 폐기하는데 동의한다.
형광 · 수은전구	회원 선사들은 사용한 형광 및 수은전구는 적절한 재활용 또는 다른 폐기방법을 모색하고, 자연환경에 폐기하지 않는데 동의한다.
배터리	회원 선사들은 사용한 배터리를 해양환경에 폐기하지 않는데 동의한다.
선저폐수와 잔여 유수	회원 선사들은 방출전 선저폐수[15]와 폐수의 유분 제거에 국제 규정 이상의 수준을 유지하는 것에 동의한다.
유리, 보드지, 알루미늄, 캔 등	회원 선사들은 MARPOL 부속서 V에 명시된 것처럼 해양환경에 버리는 양을 최소화 하는데 동의한다. 이는 재사용 또는 재활용 등을 통해 해결할 수 있다. 또한 해양에 어떠한 폐기물을 버리지 않는다는 것에 동의한다.

15) 선저폐수(船底廢水, bilge) : 연료유 · 윤활유가 새어나와 모인 것에 바닷물이 섞여서 생긴 것으로, 해양을 오염시키는 원인 중 하나이다.

소각재	회원 선사들은 폐기물 발생을 최소화하고 재활용을 최대화하며 남은 소각재의 발생을 감소하는데 동의한다.
중수	회원 선사들은 중수를 선박이 6노트 이상의 속도로 항해하는 동안에만 방출하는데 동의한다. 중수는 항구에서 방출할 수 없고, 해안으로부터 4해리 이내에 또는 협정구역에 따라 긴급상황이 아니라면 특정 거리 이내에서는 방출될 수 없다. 아울러 회원 선사들은 중수 방출에 적용가능한 모든 법과 규제를 지켜야하는데 동의한다.
오수	ICCL 회원들은 모든 오수의 방출전 미국 또는 국제규정에 적합한 해양위생장치인 MSD Marine Sanitation Device를 이용하여 정화하는데 동의한다. 방출은 선박이 해안으로부터 4해리 이상의 거리 또는 선박이 6노트 이상의 속도일 경우에만 가능하다.

미국 해안경비대인 USCG는 선박의 해양투기에 대한 규제를 집행한다. 미국법에서는 플라스틱 폐기물과 플라스틱이 섞인 쓰레기를 어떠한 형태의 수자원에도 투기하는 것이 금지되어 있다. 이러한 법규들은 운영되고 있는 국가 또는 장소에 상관없이(단, 다른 국가의 사법권이 독점하고 있는 수역은 제외) 모든 미국의 선박에 적용되며, 미국에서 출항 또는 배타적 경제수역인 EEZ 내에 있는 외국 선적의 선박에도 적용된다.

3 | 해상생활의 안전 Safety of Life at Sea

국제해양인명안전협약인 SOLAS International Convention for the Safety of Life at Seas는 1948년 처음 도입되었다. SOLAS는 지속적인 개정과 업데이트로 '살아있는' 문서라고 불리기도 하며, 인명구조, 화재방지, 선박의 안정성 등의 해상 안전을 다루는 국제법안 설립에 관여한다. 미해안경비대인 USCG에 따르면, 크루즈선은 다음과 같이 정부기관에 의해 안전 규제가 제정되며, 보다 자세한 내용은 [표 3-4]와 같다.

선박안전에서 미국선적의 크루즈 선박들은 미해안경비대가 마련한 안전규정의 종합편을 숙지해야 하며, 이에 대한 엄수를 미해안경비대에 의해 매년 검열 받아야 한다. 안전규정에는 선체구조, 완벽한 정비, 화재위험의 최소화를 위한 필수품, 인명구조에 대한 필수품, 소방과 선박 통제, 선박의 안전항해와 관련한 필요조건 등이 포함된다. 선박이 정기검사에서 합격할 경우, 해당 년도에 유효한 미해안경비대 검사확인증이 발급된다. 이 증서는 승객들이 볼 수 있는 곳에 전시되어야 한다.

표 3-4 미해안경비대의 안전감시 (US Coast Guard, 2004)

일부 선박들이 미국에 등록되어 있긴 하지만 최근 동향에서는 대부분의 선박들이 다른 선적 국가를 선택하고 있으며, 등록국가가 시행하는 안전감독을 받고 있다. 미해안경비대는 어떠한 배라도 미국에 입항을 희망하는 경우, 선박의 등록국가에 상관없이 SOLAS 협약을 따르도록 요구하고 있다. 미국법은 미국 내 크루즈 회사의 광고에 해당 크루즈선의 등록국가를 밝힐 것을 권고하고 있다. SOLAS는 화재방지, 소방, 인명구조 장비, 선박의 무결성과 안정성, 선박 통제, 항해안전, 선원 관리와 선원의 능력, 안전성 관리, 그리고 환경보호와 관련된 까다로운 규제들에 대한 준수를 요구한다.

미해안경비대는 미국을 처음 방문하는 모든 크루즈 선박을 대상으로 SOLAS가 제시하는 요구 항목을 엄수해야하며, 이 선박들은 위 항목들의 준수여부에 대해 분기별로 검열 또는 확인받는다.

통제확인시험인 CVE Control Verification Examinations와 관련한 보고서는 대중의 감시를 위해 이용가능하다. 감시관은 화재안전구조 확인, 인명구조장비의 이용가능성과 적정상황의 배치, 구호용 폭죽과 선박 승무원 인솔에 따른 선박 탈출법, 조향장치, 소방펌프와 구명보트 등과 같은 핵심 장비의 검열을 위해 선박에 승선한다. 미해안경비대인 USCG는 선박이 미국 내 항구에서 승객을 태우기 전, 어떠한 결함이라도 발견될 경우, 그에 대한 해결책을 요구할 수 있는 권한을 가지고 있다.

선원의 능력에 있어 미해안경비대는 미국 등록 선박이 공시한 표준이하의 근무 또는 훈련조건으로 운영되는 선박에 대해 면허증이나 선원 등록증을 일시정지 또는 취소할 수 있다. 외국선적 선박에서 SOLAS는 선원이 반드시 효율적이고 충분히 고용되도록 요구하며, 이는 통제확인시험 기간 동안 감사를 통해 확인한다. 단, SOLAS는 건강 문제에 대한 부분은 명시되어 있지 않아, 크루즈선의 전담 의사고용 여부가 법적인 조항에는 나타나 있지 않다.

SOLAS에는 선장이 주기적인 소방훈련과 구조훈련에 대한 계획을 세우고 시행하도록 명시되어 있다. 이는 선상에서의 심각한 사고 또는 응급상황에서 요구되는 승무원의 자세와 승객이 대처해야하는 핵심요령 마련을 목적으로 제정되었다. 이러한 이유로 SOLAS는 모든 승객들이 이와 관련한 훈련에 전원 참여할 것을 권고하고 있다. 이러한 훈련은 크루즈의 기간에 따라 일정이 결정된다. 1주일 여정의 크루즈의 경우, 첫 훈련은 승객들이 승선하자마자 출항하기전 즉시 실시된다. 만약 크루즈 일정이 1주일 미만이면, 훈련은 모항으로부터 출발한지 24시간 이내에 실시되어야 한다. 이 훈련에 대한 공지는 안전과 관련해 이해하기 쉬운 내용과 명확하게 볼 수 있도록 제작되어야 하며, 모든 객실에 부착되어 있어야 하고, 공지에는 다음과 같은 사항이 포함되어야 한다.

- 선박의 비상신호를 알아차리는 방법(알람과 호루라기 신호는 일반적으로 선박의 확성장치신호로 알림).
- 객실 내 승객용 구명조끼의 위치(필요시, 승무원을 통해 어린이와 같이 특별한 승객용 구명조끼가 제공됨).
- 구명조끼의 착용법과 특정 객실의 구명보트 사용법 안내에 대한 사용설명서와 사진 완비(현대 크루즈선은 다양한 구명정을 보유하고 있으며, 모든 승객이 비상시에 이용할 수 있는 만큼의 구명정 또는 구명보트가 마련되어 있음).

긴급훈련시 다른 파트의 승무원도 훈련에 관여하지만, 호텔 파트 승무원은 고객과 직접 대면하여 도와주는 역할을 하므로 구조활동 관련 과정에서 없어서는 안 될 매우 중요한 역할을 담당한다. 이와 관련한 법규는 선박 내의 승객통로와 계단에서 구명보트로 가는 길을 보여주는 방향 사인물 설치를 권고하고 있다. 각 구명보트 담당 승무원은 자신들의 보트에 배치될 승객들을 소집하여, 구명조끼의 올바른 착용법에 대한 최종 사용법을 알려준다. 승무원은 승객을 도와 줄 준비가 반드시 되어 있어야 하며, 필요시 긴급상황에 대한 대처방법을 명확하게 이해해야 한다.

공중위생과 청결 Sanitation and Cleanlines | 4

미국에서 여객용 선박의 위생상태 점검을 유지하는 책임은 미공중보건사무국인 USPHS United States Public Health Service에서 담당한다. USPHS는 미국 내 항을 이용하는 여객용 선박을 대상으로 음용수, 음식저장, 음식준비와 처리법, 그리고 일반적인 청결도가 적절한 상태를 유지하고 있는지에 대한 여부를 선박위생프로그램인 VSP Vessel Sanitation Program을 통해 일정을 통보하거나 불시에 점검을 실시한다. USPHS는 각 선박에 대한 점검 결과를 공개할 뿐 아니라 각 선박에 대한 비위생적인 상태에 대한 보고서를 작성한다. 예를 들어, 호주 검역국, 영국 항만보건국, 캐나다 공중보건국은 검열을 위해 환경보건사무관들을 임명하고 있다.

크루즈 기업은 검열을 반드시 받아야 하는 것은 물론, 크루즈 기업의 최고 관심사가 크루즈의 안전과 높은 점수를 확보하는 것이므로 검열에 매우 진지하게 임한다. 검열에 대한 자세한 사항은 제10장에서 살펴보도록 한다.

미국 해양보안시스템 MARSEC Marine Securit | 5

MARSEC은 승객과 승무원을 위한 안전한 업무실행과 환경을 책임지기 위한 훈련 및 능력검정, 그리고 당직근무 승무원의 능력 함양을 위한 법규를 재정하기 위해 발전되어 왔다. MARSEC은 2001년 9월 11일에 발생한 테러공격과 같은 잠재적인 위험에 구체적으로 대응하기 위해 소개되었다. MARSEC에 앞서, 국제해사기구인 IMO는 공해방지기준을 마련하기 위해 국제안전관리규약인 ISM International Safety Management Code을 모니터링하였으며, 2004년 7월 선박 안전에 대해 높아진 불안을 해소하기 위해 이에 대한 실행 규정이 국제적으로 공표되었다.

MARSEC은 각 선박이 보안요원을 고용해야 하며 이 요원은 선박의 보안계획에 책임을 가져야한다고 명시하고 있다. 보안요원은 선박을 경비하는 책임을 가진 선임 선원의 대우를 받는다. 이들의 담당업무에는 선박의 보안계획 개발, 직원과 승무원을 위한 적합한 훈련에 대한 확인, 선박의 보안계획 이행에 대한 확인, 그리고 국제법규 및 국내법규와 관련한 지식 정비, 현 보안상태에 대한 위협요소 파악과 보안문제와 관련한 경향 분석 등이 포함된다.

선박 보안요원은 선박과 관련 공식기관, 그리고 크루즈 기업의 육상 보안요원 간의 연락망 역할을 한다. 전형적으로 이들은 위험평가, 전략수립, 그리고 취약점의 평가와 같은 업무와 관련이 있다. MARSEC은 보안상태를 3등급으로 나누어 운영하며, 이 보안상태의 등급은 다음과 같다.

- **레벨 1** : 최소 보안 조치 단계
- **레벨 2** : 보안사고의 높은 위험성 단계
- **레벨 3** : 발생가능성이 높거나 제한시간 내 발생할 가능성이 있는 보안사고 단계

위험단계에서는 항구에서 선박으로 시기적절하게 연락되며, 이는 선박이 최선의 해결책 확보를 위한 충분한 시간을 가질 수 있게 한다. 선장은 항구에서 통보된 위험단계보다 상황이 좋지 않다고 판단을 할 경우, 위험단계에 대한 상향 결정권을 가지고 있다.

미국의 경우, 연방법령에 따라 터미널 오퍼레이터와 크루즈 선사는 해안 및 선상에서의 승객 보안에 대해 1차적인 책임을 진다. 미해안경비대인 USCG는 모든 보안계획을 사전에 검토하고, 경우에 따라 보안기준의 개선을 요구할 수 있다. 국제 항해를 위해 승선한 승객들은 탑승전 그들의 수화물에 대해 조사 또는 검색대 통과 과정을 거친다. 터미널 오퍼레이터와 크루즈 선사는 승객과 방문객에 대한 신원조회를 위해 엄격한 과정을 적용한다. 출항 전 친구 또는 지인들을 크루즈선으로 초대하길 희망하는 승객은 미리 크루즈 선사의 확인을 거쳐야 한다. 이러한 모든 보안기준은 크루즈선 미확인 무기반입 또는 사람의 입장을 방지하도록 재정되었다. 이에 대한 보다 자세한 내용은 제10장에서 알아보도록 한다.

재정적 책임 Financial Responsibility | 6

미연방해사위원회인 USFMC United States Federal Maritime Commission는 미국을 출발하는 50인 이상의 여객용 선박 오퍼레이터가 크루즈 일정을 취소하였을 경우, 고객에 대해 재정적으로 안전한 능력을 갖추어야만 한다고 명시하고 있다. 또한 위원회는 선박이 책임을 져야하는 승객의 부상 또는 사망에 대한 보상금을 지불할 능력의 증명을 요구하고 있다. 그러나 위원회는 개개인의 고객을 위해 선박의 재정적 안정을 무조건적으로 보장해야 한다는 법적인 권한은 가지고 있지 않다.

만약 크루즈 일정이 취소되었거나 크루즈 여행 중 부상사고가 발생했을 경우, 고객은 자신의 이익을 위해 크루즈 선사를 대상으로 적절한 행동을 취해야 한다. 선박을 위한 보험은 로이드 런던사 Lloyd's of London, 로이드 아메리카사 Lloyd's of America, 그리고 미국해상보험협회인 AIMU American Institute of Marine Underwriters와 같은 세계 최대 규모의 재정 또는 보험회사에 의해 제공된다.

해사기구 Marine Organizations | 7

해양산업 또는 크루즈산업과 관련된 특정 기구에 대해 이해하는 것은 매우 중요하다. 다음은 앞서 언급한 기구들 외의 주요 기구들에 대해 설명하고 있다.

1) 국제해사기구 IMO(International Maritime Organization)

과거 정부 간 해사자문기구인 IMCO International Maritime Consultative Organization로 알려져 있던 국제해사기구 IMO International Maritime Organization는 1948년 UN 산하기구로 국제해사정책과 해운산업의 법령수립을 위해 설립되었다. IMO는 해상에서의 안전과 업무를 위해 정부 간 합의점을 도출할 수 있는 권한을 가지고 있다. IMO는 관련 법규를 감시할 주요한 책임이 선박이 등록된 선적국기 또는 국가에 있다할 지라도 법규 이행에 대해 책임을 가진 국제적인 해운업을 위한 조약과 협약을 묶어주는 접착제의 역할을 한다. '항만국통제'는 외국선적 선박을 대상으로 국제적인 법규이행의 확인을 위해 검열하는 국가의 당국자가 탑승한 특정 국가의 선박의 허가에 의해 선적국의 법규를 보완하고 있다.

IMO의 슬로건인「청정해역에서 안전하고 안정적이며 효율적인 해운업을」은 이 기구의 사명선언서를 잘 표현하고 있다. 이처럼 표면상의 거대 임무에도 불구하고, IMO는 각국에 적합한 법률 이행으로 인해 상대적으로 규모에 치우치고 있다. 미해안경비대는 이 국제기구에서 미국을 대표하고 있다. 한편, IMO는 앞서 소개된 SOLAS 협정, MARPOL 협정, SOLAS와 STCW의 한 부분인 ISM 규약 등 일부 중요한 조약 또는 협약의 개발과 도입의 도구가 되고 있다.

2) 선급협회 Classification Societies

선급협회의 주요 기능은 그들이 항해에 적합한지, 선급협회의 규정에 따라 선박을 관리하고 있는지에 대한 여부를 확인하기 위해 일정한 주기로 선박을 검열하는 것이다. 또한 선급협회는 SOLAS, STCW 그리고 MARPOL과 같은 국제안전규정에 동의한 크루즈 선박을 검열한다. 주요 선급협회로는 미국선급협회 American Bureau of Shipping, 영국의 로이드선급협회 Lloyd's Register of Shipping, 노르웨이선급협회 Det Norske Veritas, 프랑스선급협회 Bureau Veritas 그리고 이탈리아선급협회 Registro Italiano Navale Group 등이 대표적이다.

(1) 국제크루즈선사협회 CLIA(Cruise Lines International Association)

국제크루즈선사협회인 CLIA Cruise Lines International Association는 23개의 크루즈 선사와 1만9천여개소의 북아메리카 여행대리점을 대변하는 마케팅 · 프로모션 기구이다. CLIA는 1975년 크루즈의 장점을 홍보하려는 목적으로 설립되었다. 뿐만 아니라 CLIA는「여행대리점을 교육하고 크루즈 휴가에 대한 가치, 열망, 경제성을 홍보하자」라는 사명을 가지고 훈련을 담당하고 있다. CLIA는 크루즈 산업에 대한 정보원천으로서의 역할을 하기 위해 2001년 크루즈선사연합인 CLC Cruise Line Coalition의 설립을 목적으로 국제크루즈선사협의회인 ICCL과 손을 잡았다.

(2) 국제크루즈선사협의회 ICCL(International Council of Cruise Lines)

국제크루즈선사협의회인 ICCL International Council of Cruise Lines은 주요 크루즈 기업과 크루즈 관련 공급업자 또는 파트너 등 협회 회원들을 대변하는 조직이다. “규정을 지키고 정책개발에 참여를 하며, 안전하고 건강한 크루즈 선박을 위해 채택된 모든 수단을 활용한다"는 사명으로 협회 회원들이 이를 실천하는데 중요한 역할을 담당하고 있다. 이러한 목적을 달성하기 위해 ICCL은 국제해운정책을 분석하고 해석하며, 회원들에게 안전, 보건, 환경적 책임, 안정성, 의료시설, 승객보호 및 법적활동 등 광범위한 사안에 대한 정보를 제공하고 있다. 이러한 역할을 수행하면서 ICCL은 주요 국내외 규제관련 조직, 정책입안자, 그리고 다른 산업의 파트너와 네트워크를 형성하여, IMO에 비정부자문기구로서 공헌한다.

크루즈 산업을 대표하는 협회로서 ICCL은 [표 3-5]에 명시되어 있는 항목 이행을 목적으로 하고 있다.

표 3-5
ICCL 개요
(International Council of Cruise Lines, 2004c)

크루즈 산업은...
• 승객과 승무원을 위해 안전하고, 건강하고, 보안이 철저하며 친절한 선상환경을 제공한다.
• 해양 또는 해상생활에서 선박 운영의 환경적 영향을 최소화한다.
• 국제 규정을 고수하고 해양 정책 및 절차를 개선하는데 앞장선다.
• 크루즈 산업의 지속적인 성장을 육성하기 위한 제도적 환경을 마련한다.
• 다양한 사람들에게 적절한 비용으로 신뢰할 수 있고 재미있는 크루즈 경험을 제공한다.

(3) 플로리다-캐리비안크루즈협회 FCCA(Florida-Caribbean Cruise Association)

FCCA Florida-Caribbean Cruise Association는 1972년 13개의 크루즈 브랜드들이 고민하는 운영적 문제에 대해 검토하기 위한 포럼에서 시작된 기구이다. FCCA는 기업과 제휴사의 상품에 대한 해결책 마련을 위한 법령, 관광개발, 항만 안전, 안정성 및 긴급사안 등을 다루고 있다. 또한 FCCA는 항구의 택시운전사를 위한 고객서비스 프로그램과 같은 구체적인 훈련 뿐 아니라 크루즈 산업의 영향에 대한 연구 위탁 등의 업무를 담당한다. 이 협회는 인본주의의 성격을 가지고 있으며, 사람들이 가장 필요로 하는 법을 개선하는데 도움을 주기 위해 자선재단을 설립하였다.

(4) 노스웨스트크루즈선협회 NWCA(North West Cruise Ship Association)

노스웨스트크루즈선협회인 NWCA North West Cruise Ship Association는 비영리기구로 하와이, 캐나다, 알래스카, 그리고 북서태평양에서 운영되는 9개의 크루즈 선사를 대변하고 있다. 이 협회는 1986년 안보의 목적으로 설립되었으나, 이후 법령과 규제사안과 관련한 정부와의 관계를 건의하기 위한 폭넓은 역할을 수행하게 되었다. 아울러 협회는 환경보호, 경제발전, 그리고 다른 산업관련 문제를 해결하기 위해 크루즈 지역과 관련된 지역사회와의 긍정적인 관계유지를 지향하고 있다.

8 | 요약 및 결론

본 장은 크루즈 선박과 일반적인 해운산업과 관련한 해양 이슈에 대해 폭넓게 다루고 있다. 또한 IMO의 중요성을 강조하였고, 승무원과 승객의 해양안전에 도움이 될 법규들에 대해 언급하였으며, 다양한 기구들이 해양산업을 지원하고 있다는 것을 소개하였다. CLIA와 같은 일부 기구는 마케팅 지원의 역할을, FCCA와 NWCA와 같은 기구는 지리적인 관점에서 특정지역에 대한 크루즈 기업의 관심도를 대변하고 있으며, ICCL은 보다 정치적인 입장에서 정부 및 IMO와 협력을 담당하고 있다.

관련용어

- 협정 convention : 대표그룹의 멤버간의 협의와 주장
- 중립 neutrality : 분쟁에서 어떠한 편에 속하지 않는 입장
- 규정 regulation : 공식적으로 성명되고 따라야만 하는 규칙
- 선루 superstructure : 수면 위의 선박부분

학습문제

다음은 크루즈 산업에서 자주 사용되는 용어이다. 각 용어에 대한 설명과 정식용어에 대해 이해하고 문제를 풀어보자.

❶ IMO의 정식명칭은 무엇이며, 하는 일은 무엇인가?

❷ 다음 용어를 설명하시오.

a. SOLAS

b. MARPOL

c. MARSEC

❸ '선박 위생 프로그램(Vessel Sanitation Program)'의 목적은 무엇인가?

❹ ICCL, CLIA, FCCA 그리고 NWCA를 비교하여 설명하시오.

❺ '항만국 통제(Port State Control)'는 무엇인가?

추천자료

- http://www.imo.org/index.htm:IMO
- http://www.iccl.org/:ICCL
- http://www.cruising.org/:CLIA
- http://www.f-cca.com/:FCCA
- http://www.nwcruiseship.org/:NWCA

참고문헌

- Cruises (2005), Hapag Lloyd Hanseatic cruise ship overview. Retrieved 22 March 2005, from http://cruise.about.com/od/cruiseshipprofiles/ss/hanseatic.htm
- Dickinson, R., and Vladimir, A (1997), *Selling the sea : An inside look at the cruise industry*. New York : Wiley.
- Farthing, B,, and Brownringg, M. (1997), *International shipping*(3rd ed.). London : LLP Ltd.
- ICCL (2005), International maritime industry-background and facts. Retrieved 22 March 2005, from http://www.iccl.org/faq/imi.cfm
- International Council of Cruise Lines (2004), What is the ICCL? Retrieved 8 April 2005, from http://www.iccl.org/whoweare/index.cfm
- ISL (2003), Executive summary-SSMR market analysis no.6. Retrieved 22 March 2005, from http://www.isl.org/productsservices/publications/samples/cruise.shtml.en
- Lloyd's register (2004), *World Fleet Statistics* 2003. London : Lloyds.
- Louise Cruises (2005), Charters. Retrieved 22 March 2005. from http://www.louiscruises.com
- Panaydes, P.M. (2001), *Professional ship management*. Aldershot : Ashgate Publishing.
- US Coast Guard (2004), Cruise ship fact sheet. Retrieved 22 March 2005, from http://www.uscg.mil/hq/g-m/factsheetcruiseship.doc

- V Ships (2005), Leisure management, Retrieved 22 March 2005, from http://www.vships.com
- Ward, D. (2005), *Complete guide to cruising and cruise ships 2004*. London : Berlitz Publishing.

4

크루즈 목적지 Cruise Geography

학습목표

- 크루즈 산업 관점에서 지리에 대해 학습
- 1차, 2차 크루즈 지역에 대해 평가
- 각 지역 주요 크루즈 기항지에 대한 이해
- 크루즈 기항지 또는 목적지를 결정하는 중요 매력과 특징에 대해 학습

크루즈 기업은 시장의 다양한 욕구를 충족시켜주기 위해 세계 전 지역을 크루즈 여행의 목적지로 고려하고 있다. 크루즈 기업은 이러한 추세에 발맞추기 위해 다음과 같은 사항을 고려하여야 한다.

- 크루즈를 위한 계절성, 날씨 변화, 그리고 기타 최적의 조건들
- 세일즈 및 마케팅
- 물자 및 서비스의 공급과 선박의 서비스

본 장은 크루즈 산업에 미치는 지리적인 영향요인에 대해 논하고자 한다. 일반적으로 기후 및 날씨로부터 발생하는 영향요인들을 배제하고 크루즈 여행을 논하는 것은 불가능하다. 승객들의 안락함과 안전은 특정 시기에 특정 지역을 항해하는 크루즈 선박의 직접적인 영향을 받게 된다. 또한 이는 크루즈 여행이 제공하는 방문 목적지와 기항지 활동에 직접적인 영향을 주기 때문이다.

그림 4-1
세계지도
(주요 대륙 및 대양)

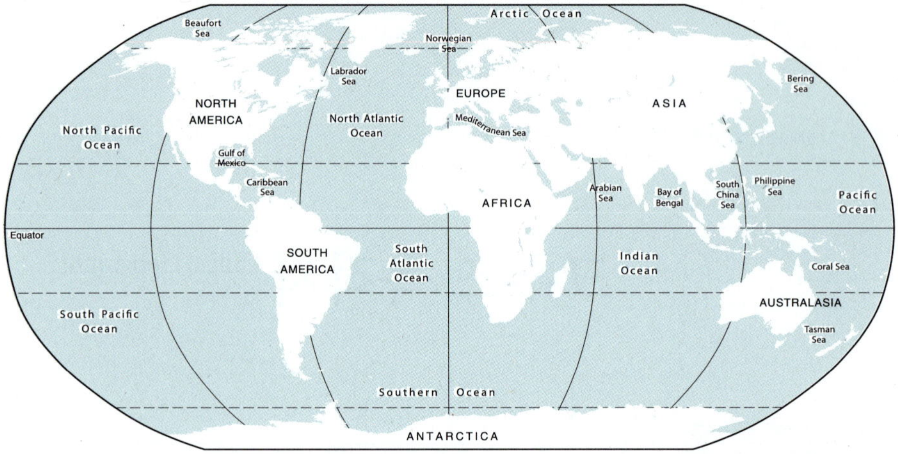

고객의 잠재적인 불편을 피하기 위해 크루즈선은 지리, 기후 그리고 계절적 변화로 인해 발생하는 까다로운 해상조건을 가진 목적지로 항해하는 것을 되도록 피하는 경향이 있다(Burton, 1995). 예를 들어, 비스케만, 희망봉, 벵갈만 그리고 북대서양 지역은 항해사들이 인정하는 까다로운 날씨조건을 가진 곳으로 정평이 나있다. 그러나 날씨에 대한 지식과 조수간만에 대한 기록은 크루즈 오퍼레이터가 크루즈 선박을 사실상 세계 모든 해양과 바다를 누비게 하고, 모든 해안의 기항지 방문을 가능하도록 한다([그림 4-1] 참고).

◎ 날씨순환 Weather Cycles

날씨순환은 복잡하다. 날씨순환은 태양광선, 지구 회전축(직각에서 23.5° 기울어져 있어, 계절적인 변화 형성), 육지의 크기와 해양, 조류와 달의 인력(조수간만의 차를 형성) 등 다양한 요소에 의해 영향을 받는다. 또한 북반구와 남반구는 태양의 공전활동으로 인해 연중 반대의 기후를 경험하게 한다(Rees, 1992).

◎ 열대지역 Tropical Zones

태양에서 가장 가까운 지구의 지점은 적도라고 알려져 있다. 북회귀선과 남회귀선은 각각 적도와 평행하게 북으로 25°, 남으로 25°를 지나는 위도선이다. 적도지역은 조용하고 안정성있는 기후를 가진 것으로 알려져 있으나, 적도를 중심으로 상 · 하지역은 나쁜 날씨와 폭풍에 의해 영향을 받는다. 바람과 바다가 잠잠한 시기의 날씨는 '무풍대 doldrums'라 알려져 있다.

열대성 사이클론은 잠열, 수분의 응축, 그리고 구름형성에 의해 발달된다. 따라서 이에 대한 사전정보는 크루즈선에 미리 통보하여 적절한 대처를 할 수 있도록 하고 있으며, 사이클론에 대한 규모와 형태에 대한 예측은 항상 모니터되고 있다. 예외적인 경우를 제외한 대부분의 현대 크루즈선은 상대적으로 온화한 조건에서 크루즈 여행을 즐길 수 있도록 계획되어 있지만, 날씨 형태에 따른 영향으로 인해 크루즈 일정에 부분적인 영향은 미칠 수 있다. 사이클론은 시간당 풍속 120km의 위력을 가지고 있다. 열대성 사이클론에 대한 명칭은 지역에 따라 다르게 사용되고 있으며(Rees, 1992), 예는 다음과 같다.

- **대서양과 동태평양** : 허리케인 hurricanes
- **서태평양** : 타이푼 typhoons
- **필리핀** : 바기오 baguios
- **오스트레일리아** : 윌리윌리 willywilly
- **인도양** : 사이클론 cyclones

◎ 관광객과 기후 Tourists and Climate

대부분의 크루즈선은 주로 따뜻하고, 온화한 기후, 그리고 조용한 바다를 중심으로 항해한다. 그러나 알래스카, 남극, 남아메리카 최남단 지역 등 지속적인 성장세를 보이고 있는 지역과 아이슬란드, 스칸디나비아, 발틱 지역의 기항지는 최근 크루즈 관광객을 위해 크루즈 상품의 폭을 확대하고 있다는 증거로 볼 수 있다.

관광객들은 항상 개인적인 상황과 새로운 정보, 그리고 이미 방문한 경험이 있는 지역에 대한 사전지식에 의존하여 세계 어느 지역을 방문할 것인가 대해 고민하고 결정한다(Bansal & Eiselt, 2004; Gibson, 2004). 이러한 결정들은 새로운 것을 배우고자 하는 열망과 개인적 동기에 대한 만족, 그리고 잠재적인 호기심을 해결, 휴양과 일상탈출의 기회 마련, 다양한 기후에 대한 경험 등 매우 개인적이다(Bansal & Eiselt, 2004).

때문에 크루즈 기업들은 휴가에 적합하고 떠나고 싶은 환경은 어디인지, 어떠한 기후가 여행객들에게 가장 편안함을 주는지에 대해 항상 고민하고 있다. Burton(1995)에 따르면, 기온, 습도, 풍량, 강수량, 구름 그리고 일조량 등의 요소를 고려한다면 다양한 관광활동을 가능하게 하는 최적의 지역을 찾아내는 것이 가능하다고 설명한다. 세계 기후에 대한 분석에 기초하여, Burton은 기후에 따른 관광객의 의복착용 형태를 다음 5단계의 모델로 제시하고 있다([표 4-1] 참고).

표 4-1 온도대에 따른 적합한 옷차림

위 도	온도대와 기후	적합한 옷차림
적 도	열대기후 : 적도, 열대, 사막	최소한의 옷차림
↑		가벼운 보호용 옷차림
	온대기후 : 지중해와 동부지역 기후	홑겹 옷차림
	냉대기후 : 난외성 및 대륙성	두겹의 옷차림
↓	한대기후	세겹의 옷차림
극지방	남극 및 북극 기후	최대한 여러겹의 옷차림

1 | 주요 크루즈 지역 : 카리브 지역 Primary Cruising Regions : The Caribbean

카리브 지역은 세계 어떤 지역보다도 매력적인 지역이다. Wild와 Dearing (2005)에 의하면, 카리브 지역에서 나타난 최근 성장세는 북아메리카 지역의 승객들이 이 지역이 가진 다양한 특성과 특히 그들의 거주지역과의 접근성이 뛰어난 크루즈 상품을 이용하였기 때문이라고 설명하고 있다. 9.11 테러 이후 3년 동안 카리브 지역은 크루즈 지역 중 1위를 고수하였으며, 이후 성장세가 느려지긴 하였으나, 여전히 상향세를 유지하고 있다.

크루즈 목적지에 영향을 미치는 승객들의 특징 분석은 다양한 방법으로 진행될 수 있다. 예를 들어, 잠재승객처리량인 PPT Potential Passenger Throughput는 {크루즈의 수 ×각 선박의 총 승객수}로 계산하고, 1박당 승객의 수는 각 기항지에서 보낸 숙박일의 수로 계산한다.

세계 최대의 운영규모를 자랑하는 카니발사가 소유한 브랜드에 의해 운영되는 선박은 로열 캐리비안사의 승객숙박일수인 PN Passenger Nights이 33%를 보이고 있을 때, 카니발사는 54%로 카리브해를 점유하고 있다(Wild & Dearing, 2005).

Wild & Dearing이 제작한 자료에 의하면, 서카리브 지역은 2005년 한 해 동안 동카리브 지역과 남카리브 지역을 합친 승객수인 220만 명보다 더 많은 275만여 명의 승객이 방문한 것으로 나타났다.

Burton(1995)은 카리브 지역([그림 4-2] 참고)을 「플로리다로부터 베네수엘라 해안까지 동쪽으로 이르는 4,000km의 원형 범위」로 묘사하고 있다. 이 제도(諸島)는 물리적인 특징과 기후, 접근성, 역사적 배경, 그리고 정치적 환경까지 매우 다양한 양상을 보이고 있다. 휴양과 수영에 적합한 따뜻한 기후, 투명한 바다, 그리고 야자수로 둘러싸인 뚜렷한 매력에도 불구하고, 카리브 제도를 찾는 많은 관광객들의 주요 활동은 쇼핑으로 낫소와 같은 항구는 「면세쇼핑의 천국」이라는 명칭을 가지게 되었다.

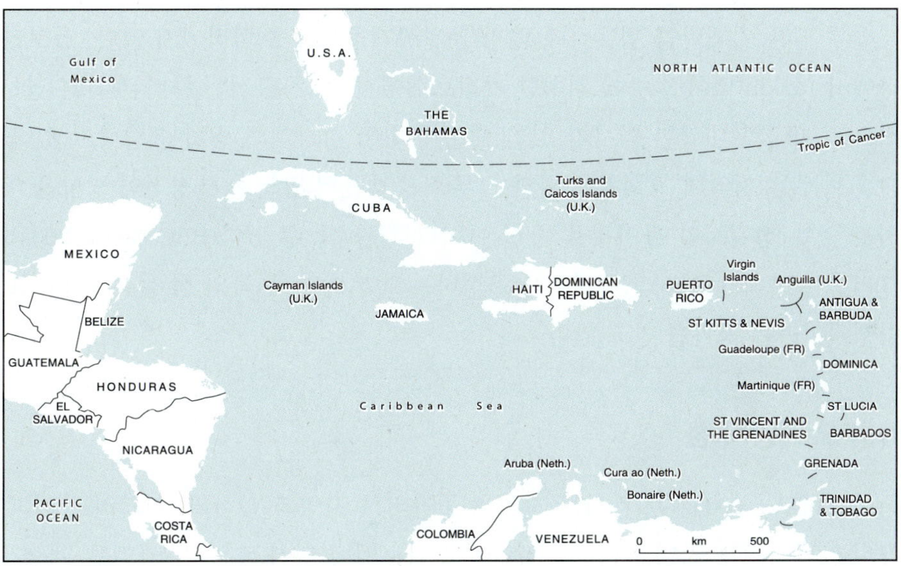

그림 4-2
카리브 지역

카리브 제도의 모양은 크루즈 기업이 특징적인 섬들을 법인화하여 다양한 일정을 만들 수 있는 기회를 제공한다. 이러한 일정은 주로 플로리다의 포트 로더데일 Fort Lauderdale, 에버글레이즈항 Port Everglades, 커네버럴항 Port Canaveral 또는 마이애미와 같은 항구를 출항지로 한다. 또는 선박들이 푸에르토리코 Puerto Rico 또는 바베이도스 Barbados와 같은 카리브 섬들에서 시작하는 일정을 만들 수도 있다. 최근 몇 년 동안 남·동 카리브 지역의 섬들을 방문하는 상품의 일정이 길게는 2주 이상부터 짧게는 4일 또는 7일 여정으로 기획되고 있기 때문에 서카리브 지역 섬들보다 비용이 저렴하다(Burton, 1995). 관광객의 지갑을 열기 위한 경쟁은 다수의 카리브 지역 섬들이 승객당 US$ 4~6 수준의 상대적으로 저렴한 항만이용료를 책정하기에 이르렀다. 이러한 방식으로, 2,500명 승선 규모의 다이아몬드 프린세스 Diamond Princess와 같은 크루즈 선박은 약 US$ 12,500의 항만이용료를 지불하게 된다. 뿐만 아니라, 일부 크루즈 기업은 회사 소유의 섬을 소유하고 있다. 로열캐리비안사의 코코 케이[16] CoCo Cay, 홀란드 아메리카사 Holland America의 하프문 케이 Half Moon Cay, 디즈니 크루즈사 Disney Cruises의 캐스타어웨이 케이 Castaway Cay, NCL사의 그레이트 스터럽 케이 Great Stirrup Cay, 그리고 프린세스 크루즈사의 프린세스 케이 Princess Cay가 대표적인 예이다. 위와 같이 크루즈 기업이 섬을 소유하여 얻게 되는 이익으로는 해변 활동으로부터 창출되는 경제적 이윤과 기항지의 물가조정이다.

일부 섬은 기대만큼 평온하지 않거나 관광객들에게 호의적이지 않다. 플로리다에서 145km 떨어진 곳에 위치한 카리브해에서 가장 큰 섬인 쿠바는 과거 정치적으로 미국과 대립한 역사가 있기 때문에 미국 관광객의 증가를 금하고 있다. 다른 예로는 지역의 경제적 상황과 크루즈 승객들의 방문에 부정적인 영향을 미치고 있는 정치적인 불안정을 가진 아이티 Haiti를 들 수 있다(BBC News, 2004). 그러나 일반적으로 카리브 지역을 구성하는 대부분의 '천국의 섬'들은 조용하고 안정적이라는 평가를 받고 있다.

◎ 주요 기항지 섬

CLIA(CLIA, 2005a)는 카리브 지역을 동카리브 지역과 바하마, 서카리브 지역, 그리고 남카리브 지역, 이상 세 지역으로 나누어 설명하고 있다. 카리브 관광기구 Caribbean Tourism Organization(2005)는 안길라 Anguilla, 안티구아 Antigua와 바부다 Barbuda, 아루바 Aruba, 바하마 Bahamas, 바베이도스 Barbados, 벨리츠 Belize, 버뮤다 Bermuda, 보네르 Bonaire, 브리티쉬 버진 제도 British Virgin Islands, 케이맨 제도 Cayman Islands, 쿠바 Cuba, 큐라소 Curacao, 도미니카 Dominica, 그레나다 Grenada, 세인트 과달루페 St. Guadeloupe, 세인트 바트 St. Barts, 마틴 Martin, 구야나 Guyana, 아이티 Haiti, 자메이카 Jamaica, 마티니크 Martinique, 몬세랏 Montserrat,

16) Cay는 Key의 영국식 표현으로 낮은 섬 또는 암초 · 산호 · 모래지형을 의미한다.

푸에르토리코 Puerto Rico, 세인트 유스타티우스 St. Eustatius, 세인트 키츠 St. Kitts와 네비스 Nevis, 세인트 루시아 St. Lucia, 세인트 마르텐 St. Maarten, 세인트 빈센트 St. Vincent와 그레나딘 Grenadines, 수리남 Suriname, 트리니다드 Trinidad와 토바고 Tobago, 투르크 Turks 와 카이코스 제도 Caicos Islands, 그리고 US 버진 제도 US Virgin Islands를 대표하는 관광기구이다. 이중 일부 섬들은 대형 규모의 크루즈 승객을 유혹하고 있다. 예를 들어, 인구 7만5천 명의 아루바(CIA, 2005)는 2003년 10월에서 2004년 4월 동안의 크루즈 시즌에 총 410,962명의 승객을 태운 228척의 크루즈선을 유치하는 성과를 이루었다(Aruba Cruise Tourism, 2005).

동 카리브해 : 바하마 지역 Eastern Caribbean : The Bahamas | 2

바하마의 섬들은 카리브 지역과 근접하지만 이 지역에 속하지 않는다(Mancini, 2000). 그러나 사우스 플로리다 연안과 동카리브 지역과의 지리적 근접성 때문에 크루즈 기획자들이 이 지역을 방문하는 기항지 옵션을 만들게 하였으며, 이는 바하마가 카리브 지역 중에서도 크루즈선들이 가장 빈번하게 드나드는 곳으로 만들었다. 바하마와 동카리브 지역은 상대적으로 미국의 마이애미, 에버글레이즈항, 커네버럴항 뿐 아니라 푸에르토리코의 산 후안으로부터 접근하기 용이하다. 하지만 이러한 일정의 누적거리 때문에 일부 크루즈는 7일 이상의 일정으로 계획된다. 이 지역에는 앞서 언급한 크루즈 기업이 소유한 섬을 포함하여 다양한 기항지들이 위치하고 있다(Caribbean Tourism Organization, 2005). 이 지역의 대표적인 기항 목적지들에 대한 인구, 언어, 그리고 통화에 대한 정보는 [표 4-2]와 같다.

1) 바하마 Bahamas

뉴프로비던스 제도 New Providence Island의 낫소 Nassau와 프리포트 Freeport는 바하마의 주요 기항지이다. 2004년 낫소는 '세계에서 가장 방문하고 싶은 목적지'에서 6위를, 프리포트는 16위를 차지하였다(Wild & Dearing, 2004a). 바하마라는 이름은 '좁은 바다'라는 의미의 스페인어인 'Baha Mar'의 축약형으로, 태양, 바다 그리고 백사장이 어우러진 자칭 '천국의 섬'인 이 지역은 700여개의 섬으로 이루어져 있다. 바하마는 높은 평가를 받고 있는 백사장 뿐 아니라 하얀 또는 핑크빛 모래사장 뒤에 위치한 다양한 볼거리를 갖추고 있다. 이 지역은 세계에서 3번째로 큰 산호지대를 가지고 있으며, 고래와 돌고래 등 다양한 해양 생태계를 가지고 있다. 약 302,000명의 인구(약 70%가 뉴프로비던스 섬에 거주)를 가진 바하마는 인구의 약 50%가 GDP의 50%를 차지하는 관광산업에 종사하거나, 관광상품 또는 서비스를 판매하여 생활하고 있다. 바하마 지역은 역사적으로 영국과 밀접한 관계를 맺고 있으며, 이는 다수의 자동차가 좌측운전대로 생산되지만 영국과 마찬가지로 우측차량 운행을 고수하고 있는 것에서 알 수 있다(Bahama Tourism Office, 2005). 이 지역에서 관광객들은 쇼핑, 골프 및 갬블링을 즐길 수 있다(Bervaes, 2003). 바하마는 2004년 매년 개최되는 월드 트래블 어워드[17] World Travel Awards에서 카리브의 주요 여행지로 선정되는 영광을 가지게 되었다(World Travel Awards, 2004).

2) 푸에르토리코 Puerto Rico

산후안 San Juan은 푸에르토리코의 기항지이자 출항지이다. 이러한 역할을 하는 산후안은 '세계에서 가장 방문하고 싶은 목적지'에서 17위를 차지하였다(Wild & Dearing, 2004a). 푸에르토리코는 전형적인 열대 해변의 풍경, 다양한 자연 매력물 그리고 풍부한 문화적 유산까지 다양한 관광자원을 가진 '마법의 섬'으로 묘사되고 있다. 섬주민들은 아프리카, 스페인, 토착민 그리고 미국의 영향을 받은 다양한 문화가 융화된 모습을 하고 있다. 푸에르토리코의 인구는 약 400만 명으로, US달러를 통화로 사용하고 있으며, 영어와 스페인어가 사용되고 있다(Puerto Rico Tourist Office, 2005).

3) 세인트 토마스 섬, 미국령 버진제도 St. Thomas, US Virgin Islands

세인트 토마스섬 St. Thomas Island과 US 버진 제도 US Virgin Islands의 출항지인 샬롯 아말리 Charlotte Amalie에는 쇼핑매니아들에게 잘 알려져 있는 지역이다. 지난 몇 년 동안

17) 월드 트래블 어워드(World Travel Awards) : 전 세계 200개국의 여행사들의 투표에 의해 최고의 여행목적지에 대해 수상하는 대회

이 섬은 손꼽히는 면세천국이 되었으며, 아름다운 경치의 자연적인 매력과 이 지역만의 독특한 매력으로 크루즈 관광객들을 유혹하는 강력한 흡입력을 가지게 되었다(US Virgin Islands Tourism Authority, 2005). 그 결과, 이곳은 세계에서 8번째로 크루즈 선박의 입출항이 많은 항구가 되었다(Wild & Dearing, 2004a). 이 섬을 방문하는 크루즈 여행객들은 선착장 옆에 위치한 쇼핑몰을 이용하기 매우 편리하고 스노클링, 스쿠버다이빙과 같은 수상스포츠와 다양한 육상활동을 즐길 수가 있다(Dervaes, 2003).

4) 세인트 마르텐 섬 St. Maarten

세인트 마르텐섬 St. Maarten의 입출항지는 필립스버그 Philipsburg이다. 섬의 절반은 네덜란드, 다른 절반은 프랑스(St. Martin으로 사용함)의 소유인 이곳은 두 국가의 특성을 모두 가지고 있다. Wild와 Dearing(2004a)의 조사에 따르면, 이 지역은 세계에서 가장 방문하고 싶은 기항지 9위를 차지하였다. 크루즈 여행객은 이 섬에서 수상활동과 문화체험들을 즐길 수 있다.

5) 안티구아 섬 Antigua

안티구아 Antigua는 세계에서 가장 방문하고 싶은 기항지 18위를 차지하였다(Wild & Dearing, 2004a). 초록의 열대섬인 안티구아는 넬슨조선소와 18세기 영국함대들의 흔적을 간직한 역사적인 매력물이 있는 곳이다(Mancini, 2000). 스노

표 4-2 동 카리브해 지역의 크루즈 목적지 현황

목적지	국 가	지 역	화폐단위	언 어	인구(명)
낫소	바하마	동카리브	바하마달러	영어	302,000
산 요한	푸에르토리코		미국달러	영어 스페인어	3,916,000
세인트 토마스	미국령 버진제도			영어	108,000
세인트 마르텐 (세인트 마틴)	네덜란드 프랑스		유로	네덜란드어/영어 프랑스어/영어	73,000
안티구아	안티구아		동카리브달러	영어	68,000

클링과 스쿠버다이빙으로 유명한 이곳은 동카리브 지역에서 가장 일조량이 풍부한 곳 중 하나이며, 영어를 제1 언어로 사용하고 있다.

이 외 동카리브 지역의 주요한 크루즈 입출항 지역으로는 토톨라 Tortola, 도미니카 Dominica, 세인트 루시아 St. Lucia, 마티니크 Martinique, 그리고 세인트 키츠 St. Kitts 등을 들 수 있다.

3 | 서카리브해 Western Caribbean

서카리브 지역은 미국의 플로리다 Florida, 휴스턴 Houston, 갤버스턴 Galveston 그리고 뉴올리언즈 New Orleans에 접근하기 가장 편리한 곳이다(Mancini, 2000). 이 지역의 크루즈 일정은 코주멜 Cozumel(세계에서 가장 방문하고 싶은 기항지 3위), 칸쿤 Cancun, 베라크루즈 Veracruz, 그리고 탐피코 Tampico와 같은 대표적인 여행지를 추가 방문할 수 있다는 것이다(Wild & Dearing, 2004a).

1) 키 웨스트 Key West

키웨스트 Key West는 미국의 가장 남부에 위치한 곳이다. 콘치공화국 Conch Republic으로 알려진 키웨스트는 예술가, 유명인, 대통령은 물론 어니스트 헤밍웨이와 같은 문학의 영웅들이 즐겨찾았던 곳으로 유명하다(Florida Key & Key West Tourism Association, 2005). 플로리다키 Florida Key와 키웨스트는 1980년대 경제 · 사회적 재기를 통해 관광객이 드나드는 곳으로 변모하게 되었다. 키웨스트 지역은 '세계에서 가장 방문하고 싶은 기항지'에서 10위를 차지한 곳이다(Wild & Dearing, 2004a). 이곳의 주요 기항지와 프로그램으로는 어니스트 헤밍웨이와 테네시 윌리엄스의 생가, 미국 전 대통령인 해리 트루먼의 백악관 등의 유명지 뿐 아니라, 쇼핑, 멕시코만에서의 낚시 등 다양한 활동들을 들 수 있다.

2) 케이맨 제도 Cayman Islands

그랜드 케이맨 Grand Cayman에 위치한 조지타운 George Town은 케이맨 제도 Cayman Islands의 주요 기항지로 '세계에서 가장 방문하고 싶은 기항지'에서 5위를 차지하였다

(Wild & Dearing, 2004a). 이 지역은 다양한 관광매력물과 체험활동으로 각광받고 있으며, 특히 거대한 가오리와 함께하는 수영이 가장 유명하다. 케이맨 제도는 마음껏 즐길 수 있는 산호지역에서 멋진 다이빙을 즐길 수 있는 최적의 장소로 평가받고 있다. 그랜드 케이맨섬은 세계 최초의 바다거북농장이 설립된 곳으로 석회암과 산호지형이 아름다운 헬 비치 Hell Beach와 세븐마일비치 Seven Mile Beach가 유명하다(Cayman Islands Department of Tourism, 2005).

3) 자메이카 Jamaica

카리브 지역에서 두 번째로 큰 자메이카 Jamaica와 자메이카의 크루즈 출입항인 오초 리오스 Ocho Rios는 Wild와 Dearing의 조사에서 15위를 차지한 곳이다(Wild & Dearing, 2004a). 자메이카는 던스 리버폴 Dunn's River Falls과 같은 자연의 경이로움이 펼쳐진 곳이다. 이곳에서 크루즈 승객들은 폭포등반, 블루마운틴 탐험, 그리고 잠수투어 또는 동굴탐사 등을 할 수 있다(Visit Jamaica, 2005). 이 지역이 가지는 자연자원과 문화의 다양성은 크루즈 승객들에게 다양한 즐길거리를 제공한다. 또한 자메이카는 레게의 본고장이며, 풍부한 역사적 유적지를 자랑하고 있다.

목적지	국 가	지 역	화폐단위	언 어	인구(명)
키웨스트	미국	서카리브해	미국달러	영어	24,800
케이맨 제도	케이맨 제도		케이맨달러		44,200
킹스턴	자메이카		자메이칸달러		2,731,800

표 4-3
서카리브해 지역의 크루즈 목적지 현황

남카리브 지역 Southern Caribbean | 4

남카리브 지역은 남아메리카의 베네수엘라 Venezuela와 근접한 섬들이기 때문에 보다 이국적인 정취를 느끼게 한다. 이 지역의 크루즈 일정은 주로 바베이도스나 아루바와 같은 지역을 모항으로 한다. 남카리브 지역의 많은 크루즈들은 동카리브 지역의 산후안으로부터 출발하며 크루즈 승객들은 동카리브와 남카리브의 다양한 일정을 즐길 수 있다. 또한 이 지역에서는 카리브의 청명한 기후를 즐길 수 있다.

1) 바베이도스 Barbados

남카리브 지역의 동단에 위치한 바베이도스 Barbados의 출입항은 조지타운 Georgetown이다. 바베이도스의 교외 지역은 완만한 능선지형인 반면, 다른 지역은 전형적인 화산지형의 모습을 하고 있다. 바베이도스는 과거 영국의 식민지로 1966년 완전한 독립을 하였다. 럼팩토리 투어, 주변섬 투어, 수상스포츠 그리고 아름다운 해변에서의 수영 등이 이 지역의 대표적인 즐길거리이다.

2) 큐라소 Curaçao

큐라소 Curacao의 수도는 윌렘스태드 Willemstad이다. 큐라소는 네덜란드령 안틸제도 Dutch Antilles의 주요섬이다. 큐라소 지역의 건물에서 알 수 있듯이 이 지역은 네덜란드의 유적이 가득하다(Curacau Tourist Board, 2005). 크루즈 승객들을 위한 즐길거리로는 쇼핑센터, 수중공원과 씨아쿠아리움 그리고 타조농장 등이 있다.

이 외에도 남카리브 지역에는 보네르, 트리니다드, 그리고 토바고가 위치하고 있다. 남카리브 지역의 크루즈 일정은 카라카스 Caracas 또는 베네수엘라의 관문인 라 구아이라 La Guaira와 카르타제나 Cartagena와 같은 베네수엘라항이 포함된다.

표 4-4 남카리브해 지역의 크루즈 목적지 현황

목적지	국 가	지 역	화폐단위	언 어	인구(명)
바베이도스	미국	남카리브해	바베이도스 달러	영어	279,200
큐라소	네덜란드령 안틸레스	남카리브해	네덜란드 안틸레스 길더	네덜란드어 영어	192,000

5 | 유럽과 지중해 Europe and the Mediterranean

9.11 영향으로 인한 크루즈 여행의 형태변화로 카리브 지역이 특수를 맞이하는 동안 유럽과 지중해 지역 역시 여행에 대한 긴장 완화로 기하급수적인 성장세를 보이고 있다(Wild & Dearing, 2004b). 스페인의 바르셀로나와 팔마, 그리고 이탈리아의 베니스 Venice는 서지중해 또는 아드리아해 일정에서 빠지지 않고 등장하는 곳으로 남유럽에서 가장 방문하고 싶은 기항지의 상위권을 차지하고

있다(Wild & Dearing, 2004c). 영국의 사우스햄튼 Southampton 은 다양한 일정을 제공할 수 있는 적합한 위치에 자리잡은 북부지역의 선두 출입항이다. 뿐만 아니라 이 지역은 승객을 위한 효율적인 서비스와 크루즈 선박이 필요로 하는 사항들을 충족시킬 수 있는 시설들에 근접하다는 장점을 가지고 있다(Wild & Dearing, 2004c).

북유럽 Northern Europe | 6

북유럽 지역은 크루즈 지역으로서 많은 장점을 가진다. 미국 승객들은 문화, 지리, 그리고 이 지역의 주요 도시가 제공하는 관광매력물에서 친숙함을 느낀다. 유럽 승객들에게는 모항으로부터 가까운 지리적 위치가 장점으로 작용하는

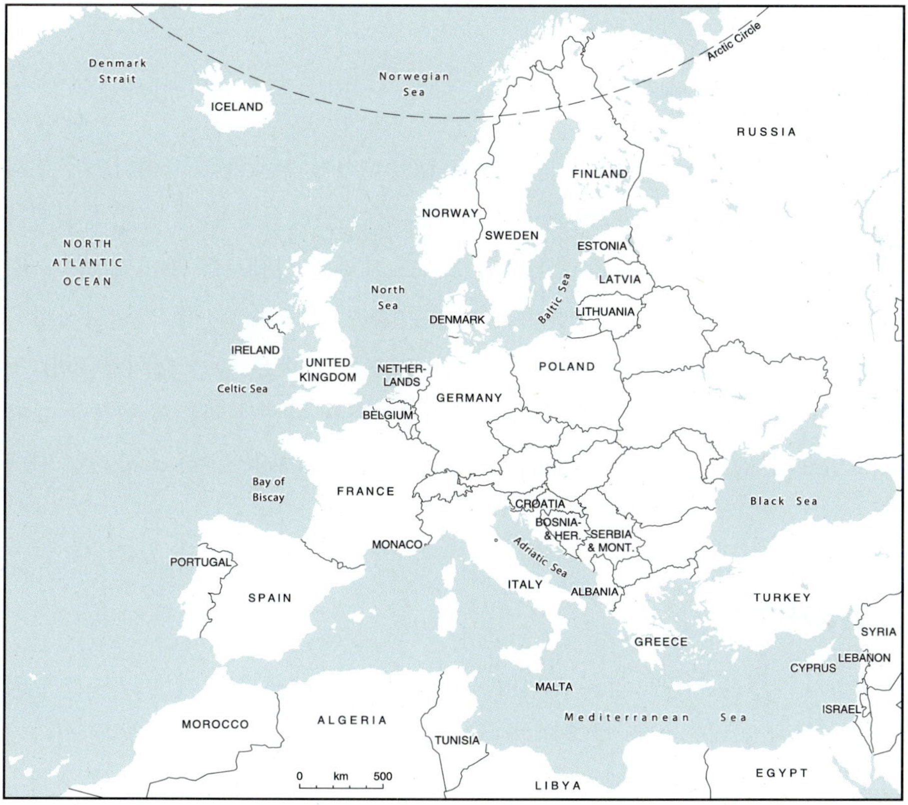

그림 4-3
유럽과 지중해

곳이다. 이 지역의 국가와 출입항들은 크루즈에 필요한 요소가 잘 정비되어 있을 뿐 아니라(Cruise Europe, 2005), 대형 크루즈선의 입항시 발생하는 복잡한 사항에 대처할 수 있는 충분한 능력을 갖추고 있다. 사우스햄튼의 큐나드 라인과 P&O 크루즈와 같은 많은 크루즈 브랜드들은 이 지역에 전통적인 항로를 가지고 있다. 더욱이 역사적으로 영국은 크루즈의 시발점이기도 하다.

북유럽에서 크루즈를 위한 시즌은 상대적으로 짧지만, 이 지역의 출입항들이 인기가 있어 이 기간 동안 크루즈 항해가 집중적으로 이루어진다(Wild & Dearing, 2004c). Wild와 Dearing(2004c)은 북유럽의 크루즈 여행을 가장 많이 이용하는 승객으로 미국, 2위가 영국, 3위가 독일이라고 언급하고 있다. 북유럽에서 크루즈를 마케팅할 때 크루즈 기업들은 영국제도 British Isles, 발틱해 the Baltic, 아이슬란드 Iceland, 북극과 노스케이프 North Cape, 노르웨이의 피오르드 Fjords, 그리고 서유럽에 중점을 두고 있다(Wild & Dearing, 2004b:17). 다음은 북유럽 지역의 핵심 기항지에 대해 설명하고 있다.

1) 사우스햄튼 Southampton

사우스햄튼 Southampton은 긴 역사를 가진 해양유적이 위치한 도시이다. 이 도시는 일반적인 해운산업과 크루즈 산업의 역사적인 발전으로 인해 성장과 쇠퇴를 모두 경험하였으며, 현재 해운산업과 크루즈 산업은 성장세를 보이고 있다. 런던에 위치하고 있는 사우스햄튼은 뛰어난 운송망과 크루즈 선박의 필요사항을 서비스할 수 있는 인프라가 뛰어나다. 따라서 사우스햄튼 항은 대서양(횡단 또는 여행), 지중해, 그리고 북유럽의 다른 기항지들을 여행할 관문의 역할을 담당하고 있으며, Wild와 Dearing(2004c)은 사우스햄튼을 북유럽 제1의 항으로 선택하였다.

2) 헬싱키 Helsinki

헬싱키 Helsinki는 핀란드의 수도이다. 크루즈의 관점에서 헬싱키는 크루즈 일정 계획에 있어 전략적으로 편리한 발틱해에 위치하고 있다. 헬싱키 항은 성수기의 경우, 매일 40여 편의 페리가 출항하여 매우 북적이며, 이 지역을 보다 매력적으로 돋보이게 하는 것은 항구가 시내중심가와 근접하고 있다는 것이다(Cruise Europe, 2005). 핀란드는 다음 두 가지의 이유로 다른 스칸디나비아 국가와는 다르다 할 수 있다. 우선, 이웃하고 있는 스칸디나비아 국가들과는 달리 러시아어, 에스토니아어와 유사한 언어를 사용한다는 것이다. 둘째, 러시아 국경을 접하고 있기 때문에 핀란드는 이웃 국가들과 다른 역사와 문화를 가지고 있다. 이 도시는 국토의 2/3가 울창한 숲이며, 1/10을 내륙호수가 차지하고 있어 핀란드 관광청이 자연과 환경을 강조하고 있다(Boniface & Cooper, 2005). 헬싱키 항구는 제2의 기점항일 뿐 아니라 기항지 또는 목적지이다.

3) 코펜하겐 Copenhagen

스칸디나비아에서 가장 작은 국가 덴마크의 수도인 코펜하겐 Copenhagen은 헬싱키에 이어 '북유럽에서 방문하고 싶은 기항지' 3위를 차지하고 있다(Wild & Dearing, 2004c). 코펜하겐은 생동감있는 나이트클럽과 바로 유명하며, 주요한 문화 목적지이다(Boniface & Cooper, 2005). 코펜하겐은 칼스버그 양조장의 고향으로 관광지 뿐 아니라 맥주제조공정센터로도 유명하며, 유럽 최고(最古)의 놀이공원이자 세계적으로 유명한 티볼리 정원이 위치하고 있다. 덴마크에는 크리스찬 안데르센의 동화 '인어공주'의 캐릭터를 형상화한 동상인 '리틀 머메이드 Little Mermaid'의 모습을 한 다양한 기념품들이 있다. 덴마크는 2004년 월드트래블어워드에서'유럽에서 가장 방문하고 싶은 크루즈 목적지'로 수상하였다(Cruise Europe, 2005).

4) 상트페테르부르크 St. Peterburg

러시아에 위치한 상트페테르부르크 St. Petersburg는 지난 5년 동안 크루즈 승객수에서 눈에 띄는 성장을 보였다. 이 지역을 방문한 크루즈선의 수는 2003년 263척에서 2004년 313척으로 성장세를 보였다. 상트페테르부르크는 러시아에서 가장 아름다운 도시로 불린다(Boniface & Cooper, 2005). 이 지역에는 역사 · 문화적인 매력물이 많으며, 대표적인 예로 에르미타쥬 미술관, 전 러시아황제의 궁 Czar Palace, 마린스키 극장, 세계적으로 알려진 키로프 발레, 교외에 위치한 황제의 여름별장, 러시아 최대 규모의 예배당인 세인트 아이작 성당 등이 유명하다(Cruise Europe, 2005).

5) 탈린 Tallinn

탈린 Tallinn 은 세계교육과학문화재단인 UNESCO United Nations Educational, Scientific & Cultural Organization 에 등록된 유적지이다. 에스토니아 Estonia 의 수도인 탈린은 과거의 모습이 그대로 보존된 몇 안 되는 도시 중 하나라는 사실에 대해 자부심을 가지고 있다. 탈린은 10세기경부터 항구도시의 역할을 하였으며, 3,500년 전의 정착생활의 증거가 고스란히 남아있다. 이 도시는 공원, 유적지, 궁전 그리고 박물관 등 수많은 관광매력물을 가지고 있으며(Cruise Europe, 2005), '북유럽에서 가장 방문하고 싶은 기항지' 5위를 차지하였다(Wild & Dearing, 2004).

6) 스톡홀름 Stockholm

스톡홀름 Stockholm 은 유럽의 6번째로 유명한 기항지이며(Wild & Dearing, 2004c), 유럽에서 가장 광대하고 훼손되지 않은 자연을 가지고 있는 국가인 스웨덴의 수도이다(Boniface & Cooper, 2005). 스톡홀름은 말라렌 호수의 한쪽 끝에 위치한 수많은 연결된 섬에 위치하고 있다. 이 도시는 박물관, 왕궁, 유적지와 같은 관광매력물로 관광객을 유혹하고 있다.

북유럽 지역은 늦가을부터 초봄까지 이어지는 혹한의 날씨 때문에 여행할 수 있는 기간이 짧은편이지만, 기항지로서 여전히 인기있고 관광객에게 우호적인

표 4-5 북유럽 지역의 크루즈 목적지 현황

목적지	국 가	지 역	화폐단위	언 어	인구(명)
사우스햄튼	영국	북유럽	파운드	영어	217,500
헬싱키	핀란드		마르카	핀란드어	1,163,000
코펜하겐	덴마크		덴마크 크로네	덴마크어	1,785,000
상트페테르부르크	러시아		루블	러시아어	4,645,000
탈린	에스토니아		크루니	에스토니아어	430,000
스톡홀름	스웨덴		스웨덴 크로네	스웨덴어	1,500,000

평가를 받고 있다. 스톡홀름이 기항지로서 각광받을 수밖에 없는 이유는 백야, 오로라, 피오르드 등을 찾아 항해하는 독특한 일정 때문이다.

남유럽 Southern Europe | 7

크루즈 관점에서 이 지역은 동·서지중해에 둘러싸여 있으며 다양한 출입항을 통해 여러 국가로 접근이 용이하기 때문이다. 건조하고 햇볕이 내려쬐는 긴 여름을 가진 지중해 기후는 휴가 목적지로는 최고의 조건을 가지고 있다(Boniface & Coopers, 2005). 이 지역은 유적지, 세련된 도시, 그리고 넓은 해변 등 크루즈 여행의 특징을 충족시킬 수 있는 다양한 매력물을 가지고 있다(Mancini, 2000). 출입항과 관광지와의 지리적 거리는 크루즈 상품 기획자가 최적의 시간계획, 경제적인 연료소비 그리고 고품질의 자재공급 네트워크 확보의 장점을 가진 크루즈 일정을 계획하는데 도움을 준다.

지중해는 많은 크루즈 승객에게 인기가 있는 지역이다. 미국 승객들은 자유로운 국경 진입, 언어 문제의 최소화와 편안함을 유지하면서 그랜드 투어의 방식으로 유럽을 방문할 수 있는 장점을 가지게 된다.

다만, 이 지역을 방문하는 크루즈 승객 중 가장 높은 비율을 차지하는 미국 승객들이 크루즈 출항지로 접근이 용이한 다양한 항공서비스가 제공되기는 하지만 이 지역의 크루즈선에 승선하기 위해 긴 항공여행을 감안해야 한다는 것이다. 미국 승객들이 걱정하는 또 다른 요인 중 하나는 지중해와 근접한 지역 또는 국가의 정치적 불안정이다. 그러나 크루즈 목적지에 대한 승객들의 걱정은 일정 변경으로 쉽게 바꿀 수 있으며, 이는 크루즈의 인기 상승을 이끄는데 도움이 된다.

반면, 영국과 유럽의 승객들은 상대적으로 지중해에 접근하기 쉽다. P&O 크루즈사, 큐나드사, 사가 크루즈사 그리고 기타 다른 크루즈 브랜드들은 영국에서 출발하는 다양한 크루즈 상품을 운영하고 있기 때문이다.

지중해에서 출발하는 다른 크루즈들은 해당 공항에서 보통 1~2시간 이내의 항공시간으로 이용가능하다.

1) 바르셀로나 Barcelona

서지중해 지역에 위치한 스페인의 바르셀로나는 '남유럽 지역에서 가장 방문하고 싶은 도시'가 되었다(Wild & Dearing, 2004c). 또한 주요 거점항으로서 이 도시는 이 지역만의 정취를 만들어내는 다양한 관광매력물을 가지고 있다. 바르셀로나는 안토니오 가우디가 설계한 관광객의 발길이 끊이지 않는 미완성 성당인 사그라다 파밀리아와 같은 독특한 건축물 등으로 지역의 매력을 발산하고 있다.

람블라스 거리는 시내 중심부를 관통하는 대표적인 보행자거리로 구 바르셀로나의 중세풍 분위기를 자아내는 바르셀로나 고딕지구 Garrio Gotico 로 이어진다(Boniface & Cooper, 2005). 한편 바르셀로나의 거점항은 현대적인 시설과 승객과 크루즈를 위한 서비스 네트워크를 갖추고 있다(MedCruise, 2005).

2) 팔마, 마요르카섬 Palma, Majorca

팔마 Palma 는 서지중해에 위치한 스페인의 도시이다. 마요르카 Majorca 섬은 발레아레스 제도 Balearic Islands 의 하나로 스페인의 남부해안에 위치하고 있다. 이 외 발레아레스 제도의 주요 섬으로 이비자 Ibiza 와 미노르카 Minorca 를 들 수 있으며, 이 지역들 역시 크루즈선이 자주 기항하는 곳이다. 마요르카는 휴양지로 잘 알려져 있으며, 최근 몇 년 동안 이곳은 항공-크루즈-숙박의 패키지 상품화로 유명해졌다(MedCruise, 2005). 마요르카는 패키지 여행상품에 적합한 다양한 등급의 리조트와 숙박시설을 갖추고 있다. 마요르카의 시내인 팔마는 전형적인 스페인의 분위기를 머금고 있는 매력적인 도시로, 장엄한 성당, 다양한 쇼핑시설과 해변과 다른 관광지로의 근접성 등을 갖춘 곳이다.

3) 베니스 Venice

사실 베니스 Venice 는 지중해가 아닌 아드리아해에 위치한다. 이탈리아 북부도시인 베니스는 자연과 시간에 싸워온 험난하고도 긴 역사를 가지고 있지만, 운하, 차량없는 도로와 같은 독특한 생활환경이 이 도시를 더욱 특별하게 만들고 있다. 초대형급의 크루즈가 세인트마크 광장을 지나가며, 도게스 궁전과 바실리카 성당과 같은 고대 건축물들과 부조화속 조화를 이룬다. 해상무역의 중심지였던 베니스는 수준 높은 해양문화를 가지고 있으며, 늘 바다와 함께 하는 삶을 꾸려왔다. 베니스의 뛰어난 터미널 시설로 입출항의 용이함은 물론 관광지로의 이동이 쉽다(MedCruise, 2005). 한편, 이 지역은 최근 도시의 해저침하(100년에 2cm씩 침하)와 바다의 수위상승으로 인한 홍수문제에 대응하기 위해 조수제방 건설안이 제기되고 있다(BBC News, 2003).

4) 나폴리 Naples

이탈리아 로마 남부에 위치한 나폴리 Naples는 베수비우스 산맥으로 둘러싸여 있는 도시이다. 이 거대한 휴화산은 나폴리의 장엄한 병풍역할을 하고 있으며, 유적 발굴로 세상에 알려져 세계적인 관광지가 된 폼페이 Pompeii와 헤르쿨라네움 Herculaneum과 같은 로마제국의 파괴된 도시를 세상 밖으로 선보이게 되었다. 나폴리는 '지중해의 가장 방문하고 싶은 도시' 4위를 차지하고 있다.

5) 치비타베키아 Civitavecchia

타 지역에 비해 알려져 있지 않은 이탈리아의 출입항인 치비타베키아 Civitavecchia는 로마로 가는 관문이다. 로마는 유럽을 방문하는 여행객들에게 '반드시 봐야' 하는 도시이다. 이 도시는 현대 생활상과 잘 어우러지는 공공광장, 콜로세움, 바티칸 성당과 성베드로 대성당과 같은 고대 로마시대의 잔재와 건축물들이 대표적인 자랑거리이다. 치비타베키아에서 로마를 방문하기 위해서는 정기적으로 운항하는 열차를 이용할 수 있는 기차역이 있긴 하지만 보통 택시나 장거리 버스를 이용한다. 치비타베키아의 출입항은 불규칙하게 확장된 형태의 지역이며, 크루즈선은 항구 입구에서 다소 먼 거리에 정박한다. 이러한 거리감은 도심행 장거리버스, 셔틀버스 또는 택시 등을 이용하여 불편함을 해소할 수 있다.

6) 사보나 Savona

이탈리아 북부의 리구리아 Liguria에 위치한 사보나 Savona는 지중해 지역에서 7번째로 방문하고 싶은 기항지이다(Wild & Dearing, 2004c). 카니발사의 크루즈 브랜드인 코스타 크루즈는 이 도시의 현대적 시설을 갖춘 터미널 빌딩을 임대하여,

크루즈 운영에 필요한 지원시설들을 잘 활용하고 있다. 이탈리아의 아름다움 해안도시인 리비에라 Riviera의 중심부에 위치한 사보나는 멋진 해안선과 폭넓은 관광매력물을 가지고 있다.

7) 리보르노 Livorno

리보르노 Livorno는 이탈리아의 투스카니 Tuscany 지역에 에워싸인 크고 붐비는 화물 · 여객 · 크루즈선 중심의 항구도시이다. 크루즈 터미널은 시내 중심에서 약 0.5km 정도 떨어진 곳에 위치하고 있다. 그러나 많은 승객들은 크루즈 터미널이 핵심명소인 플로렌스에서 약 88km 떨어져 있어 크루즈 항구로 적절하지 않다는 의견을 보이기도 한다. 그러나 리보르노는 해변은 물론 유명한 와인 생산지와 피사 Pisa, 루카 Lucca, 산지미냐노 San Gimignano, 볼테라 Volterra 그리고 시에나 Siena와 같은 매력적인 지역으로 쉽게 이동할 수 있다.

8) 두브로브니크 Dubrovnik

두브로브니크 Dubrovnik는 크로아티아의 주요도시이자 출입항이다. 1991~1992년에 걸친 세르비아-크로아티아 전쟁동안 엄청난 폭격에도 불구하고, 이 유명한 성벽도시는 방문객이 고대시대의 거리분위기를 느낄 수 있도록 하기 위해 완벽히 재건되었다. 두브로브니크는 방문객에게 대조적인 경험을 제공한다. 이 도시는 고대 성벽의 누벽과 요새, 좁은 보행로와 역사가 가득담긴 시내 건물 등 많은 흥밋거리를 가지고 있다. 교외지역과 해안지역 주변은 지리, 문화, 레저활동이 잘 어우러져 풍부한 볼거리를 제공한다.

9) 피라에우스 Piraeus

피라에우스 Piraeus는 '아테네의 치비타베키아'로 불리는 그리스의 항구도시이며, 오랫동안 아테네로 가는 관문의 역할을 담당한 생동감있고 북적거리는 분위기의 도시이다. 항구지역이 넓어 크루즈선, 화물선, 여객선 그리고 아테네와 그리스에서 떨어진 섬들과 본토를 이어주는 수중익선 등 다양한 선박의 입출항이 빈번하게 이루어지고 있으며, 2004년에 개최된 그리스 올림픽으로 아테네와 교외지역의 사회하부구조개선에 막대한 규모를 투자하였다.

아테네는 크루즈 승객을 위한 또 다른 핵심 목적지이다. 아테네는 아크로폴리스, 파르테논, 아크라 또는 시장 등 관광객을 유혹하는 많은 유물들을 가지고 있다(Boniface & Cooper, 2005). 아테네는 피라에우스에서 택시, 노선버스, 그리고 지하철로 접근할 수 있다.

10) 산토리니 Santorini

산토리니 Santorini는 에게해의 키클라딕 제도 Cycladic Island group에 위치한 그리스 섬으로 피라에우스에서 약 210km 떨어진 곳에 위치하고 있다. 산토리니는 바다쪽으로 넓게 펼쳐진 반달형 대륙 건너편에 위치하여 고지대로부터 내려다보이는 장엄한 경치가 일품이다. 이 섬은 원래 화산이었으나, 화산이 바다로 붕괴되면서 특이한 지형을 남기게 되었다. 일부에서는 산토리니가 잃어버린 도시 '아틀란티스'의 무대라고 주장하기도 한다.

11) 로도스 Rhodes

'장미의 섬'이라는 구절에서 따온 이름의 로도스 Rhodes는 고대 역사와 현대적인 해변, 태양을 즐기는 휴가와 조화를 이루는 매력적인 그리스의 섬이다. 또한 로도스는 성요한기사단[18]과 역사적으로 강하게 연결된 중세풍의 도시이기도 하다.

12) 미코노스 Mykonos

미코노스 Myknos는 에게해에 위치한 또 다른 그리스 섬이다. 인구 1만 5천명의 작은 섬인 미코노스는 여름 기간동안 이 지역의 호텔, 게스트하우스 그리고 기타 숙박시설을 채우는 80만 명의 관광객이 다녀가는 곳으로 변한다. 미코노스의 매력은 구불구불한 뒷골목, 하얀 페인트 옷을 한 건물들 그리고 아름다운 섬의 경치를 가진 마을들이다.

지중해는 방문할 가치가 있는 특별한 목적지와 항구가 많다. 이 지역의 매력

18) 성요한기사단(Knight of St. John) : '성스러운 땅'인 '홀리랜드(the Holy Land)에서 발발한 전쟁에 참여하기 위해 기원전 17세기에 창설된 종교적인 군대이다.

뿐 아니라 역사 · 문화적인 가치는 다양한 범위의 크루즈 승객들을 강하게 유혹한다. 바다와 관련된 조상이 있는 사람들, 배움과 문화적 풍부함을 찾는 사람들, 경치와 교외지역의 아름다움에 매혹된 사람들, 그리고 쾌적하고 따뜻한 기후를 즐기고 싶은 사람들이 항상 찾아드는 곳이다.

표 4-6 남유럽 지역의 크루즈 목적지 현황

목적지	국 가	지 역	화폐단위	언 어	인구(명)
바르셀로나	스페인	서지중해	유로	스페인어	1,500,000
팔마	마요르카				325,000
베니스	이탈리아	아드리아해		이탈리아어	63,000
나폴리		서지중해			1,000,000
치비타베키아					50,100
사보나					62,000
리보르노					170,000
두브로브니크	크로아티아	아드리아해	쿠나	크로아티아어	43,770
피라에우스	그리스	동지중해	유로	그리스어	182,671
산토리니					10,000
로도스					100,000
미코노스					11,000

8 | 북아메리카 North America

북아메리카에는 미국 고객들은 물론 외국의 항공-크루즈 승객들이 크루즈를 승선할 수 있는 많은 승선지가 위치하고 있다. 이 중 일부 항구들은 미국 선박과 크루즈 기업을 위한 모항의 역할을 한다. 또한 크루즈 일정은 문화적 · 지리적 매력에 대한 승객의 필요를 충족시키기 위해 미국과 캐나다의 항에서 시작하기도 한다. 크루즈선의 선적 또는 등록국가와는 상관없이 미국항만보건법령에 의해 미국 내 항구[19]를 방문하는 모든 선박은 항만보건을 위한 관점에서 중요한 의미를 가진다.

19) 미국내 항구는 세계 어느 국가보다 보건법령이 까다롭다.

그림 4-4
미국

북아메리카는 세계 최대의 크루즈 시장이다. 해외여행안전에 대한 걱정 때문에 미국항에서 크루즈를 이용하는 승객의 수는 주목할 만한 성장을 보이고 있다.

'세계크루즈기항지 Top5'에서 마이애미가 1위를, 에버글레이즈항이 2위를 차지하였으며, 커내버럴항이 4위를 차지하였다(Wild & Dearing, 2004a). 앞서 언급한 기항지들은 모두 플로리다에 위치하고 있다. 크루즈 기업은 미국 내에서 운영적 지원을 강화하고 통합 브랜드의 지원 네트워크를 활용한 규모의 경제를 실현하여 이윤을 창출해왔으며 수직 · 수평적으로 운영부분을 통합해왔다. 크루즈 산업에서 수평통합은 다양한 세분시장을 충족시키기 위해 전략적으로 다른 브랜드를 이용하는 형태를 의미한다. 수직통합은 기항지 관광, 여행사, 터미널 운영, 그리고 기타 관련 분야 등 평형적 운영의 소유권으로부터 시너지를 창출하고 이윤을 발생시키는 형태를 의미한다. 다음은 북아메리카 지역의 주요 항구들의 특징을 간략하게 소개한다.

1) 마이애미 Miami

닷지 아일랜드 Dodge Island의 마이애미항은 미국에서 가장 분주한 항이다. 마이애미항은 카니발 크루즈선사, 노르웨이지안 크루즈선사, 로열캐리비안 인터내셔널, 오셔니아 크루즈사 Oceania Cruises, 윈드재머베어풋 크루즈사 Windjammer Barefoot Cruises가 모항으로 이용하고 있다. 이 항은 최신식 설비를 갖추고 있으며, 선박의 종류에 따라 변형이 가능하도록 설계된 정박시설을 갖춘 8개의 터미널이 있다. 뿐만 아니라, 크루즈 승선 예정인 승객을 맞이하기 위해 마이애미항은 마이애미에 도착한 승객들에게 다양한 견학옵션을 제공한다. 이러한 프로그램은 당일 승선 승객뿐 아니라 출발일전에도 이용가능하다(Port of Miami, 2005). 이 지역의 크루즈들은 여러 크루즈 목적지를 대상으로 출발하지만, 주요 타겟은 카리브해 지역이다.

2) 에버글레이즈항 Port Everglades

에버글레이즈항 Port Everglades은 주로 카리브 지역을 여행하기 위한 크루즈 승객들이 상대적으로 쉽게 입국할 수 있는 포트 로더데일공항과 근접해 있다. 세계 크루즈항 2위인 포트 에버글레이즈는 카니발, 셀러브리티 Celebrity, 코스타 Coasta, 크리스탈 Crystal, 큐나드, 홀란드 아메리카, 임페리얼 마제스티 Imperial Majesty, 메디터래니언 쉽핑 Mediterranean Shipping, 오리엔트 Orient, 프린세스 Princess, 레디슨 세븐씨 Radisson Seven Seas, 리갈 Regal, 로열캐리비안인터내셔널, 로열 올림픽 Royal Olympic, 씨본 Seabourn 그리고 실버씨 Silverseas와 같은 많은 크루즈 브랜드를 호스트하고 있다. 에버글레이즈항은 이 지역을 둘러볼 수 있는 다양한 기항지 프로그램을 제공하고 있다(Port Everglades, 2005).

3) 커내버럴항 Port Canaveral

커내버럴항 Port Canaveral은 공사중인 두 개의 터미널을 포함하여 총 6개의 크루즈 터미널을 보유하고 있다. 이 항은 카니발 크루즈사, 디즈니 크루즈사, 로열캐리비안인터내셔널사, 스털링 카지노선사 Stering Casino Lines, 산크루즈 카지노 San Cruise Casino, 홀란드 아메리카사 그리고 노르웨이지안 크루즈사의 모항이다. 커내버럴항은 플로리다의 스페이스 코스트 Space Coast에 위치하고 있으며, 방문객들은 케네디

스페이스 센터 투어 또는 다양한 범위의 활동들을 자유롭게 즐길 수 있다(Port Canaveral, 2005).

4) 주노 Juneau

주노항 Juneau은 알래스카의 계절적 매력(5월-9월)을 느낄 수 있는 크루즈 목적지이다. 주노는 알래스카의 수도가 된 골드러시의 현장이다. 크루즈 목적지로서 이 도시는 채광유적지, 야외활동, 빙하투어, 고래관찰, 개썰매 등을 즐길 수 있는 기회를 제공하고 있다. 빙하투어는 헬리콥터를 이용해야 가능하다. 주노에는 단순히 자연환경이 주는 즐거움 뿐 아니라 세련된 분위기의 아트갤러리와 수준 높은 레스토랑들이 많이 위치해 있다. 미국 승객들을 대상으로 하는 주요 크루즈 브랜드들의 대부분은 주노를 항해한다.

5) 캐치칸 Ketchikan

캐치칸 Ketchikan은 알래스카의 최남단에 위치한 도시이다. 이 지역은 높은 강우량에도 불구하고 카약, 트레킹, 국립공원 · 호수 · 숲 탐사 등의 다양한 야외활동이 가능하다. 캐치칸은 원주민 문화의 중심지로 관련 박물관 및 관광자원이 풍부하다.

6) 로스앤젤리스 Los Angeles

로스앤젤리스 Los Angeles는 1977년에서 1986년까지 방영된 TV시리즈 '사랑의 유람선 The Love Boat'의 실제무대이다. LA는 헐리우드, 디즈니랜드와 유니버셜 스튜디오와 같은 관광지로 유명하다. LA의 월드크루즈센터는 초대형 크루즈 선박들의 출입항 업무를 처리할 수 있는 수용력을 갖추고 있다(Cruise the West, 2005).

7) 롱비치 Long Beach

롱비치 Long Beach는 근거리에 위치한 LA의 운영규모를 급속하게 따라잡고 있다(Wild & Dearing, 2004). 카니발사는 이 지역에 전용 터미널을 소유하고 있으며, 다수의 크루즈 브랜드가 롱비치를 출항지와 모항으로 이용하고 있다. 주요 항로로는 바자 캘리포니아 Baja California, 멕시칸 리비에라 Mexican Riviera 그리고 알래스카 등이다.

8) 탬파 Tampa

탬파 Tampa는 마이애미항을 이용하는 승객의 1/4 규모를 처리한다(Wild & Dearing, 2004a). 플로리다에 위치한 탬파는 급속도로 성장하고 있으며, 카니발 크루즈사, 홀란드 아메리카사, 로얄캐리비안 크루즈사 그리고 셀러브리티 크루즈사를 포함한 업계 유수의 크루즈 기업을 유혹하고 있다. 탬파항은 잘 정비된 관광객 친화적인 도심 워터프런트 지역으로 승객들의 경험을 넓혀줄 수 있는 많은 시티투어 프로그램을 제공한다.

북아메리카의 다른 주요 크루즈항으로는 밴쿠버 Vancouver, 뉴올리언즈 New Orleans, 갤버스턴 Galveston, 스캐그웨이 Skagway/Alaska, 뉴욕 New York, 뉴저지 New Jersey, 보스턴 Boston, 샌프란시스코 San Francisco, 필라델피아 Philadelphia 그리고 시애틀 Seattle 등에 위치하고 있다.

표 4-7 북아메리카 지역의 크루즈 목적지 현황

목적지	국 가	지 역	화폐단위	언 어	인구(명)
마이애미 (플로리다)	미국	북아메리카	미국 달러	영어	3,876,000
포트 에버글레이즈 (플로리다)					40,000
포트 커내버럴 (플로리다)					15,000
주노 (알래스카)		알래스카			30,850
캐치칸 (알래스카)					8,000
로스앤젤리스 (캘리포니아)		북아메리카			3,800,000
롱비치 (캘리포니아)					461,500
탬파 (플로리다)					303,500

9 | 오세아니아와 남태평양 Oceania and the South Pacific

오스트랄래시아[20]를 포함하는 오세아니아는 바다와 육지가 넓게 흩어져있다.

20) 오스트랄래시아(Australasia) : 호주, 뉴질랜드, 아시아 그리고 태평양 제도를 통칭하는 지역명이다.

이 크루즈 지역은 인도네시아, 말레이시아, 필리핀, 싱가포르, 태국, 인도, 베트남, 중국, 홍콩, 일본, 스리랑카 그리고 몰디브와 같은 아시아의 문화적 색채가 강하고 이국적인 크루즈 목적지는 물론 타히티 Tahiti, 피지 Fiji, 파푸아뉴기니 Papua New Guinea, 뉴칼레도니아 New Caledonia, 바누아투 Vanuatu, 사모아 Samoa, 통가 Tonga, 쿡 제도 Cook Islands와 같은 열대섬 지역까지 엄청난 다양성을 제공한다. 호주는 시드니, 멜번 그리고 프리멘틀과 같은 도시의 매력과 해안, 해안 리조트 그리고 교외지역의 독특함을 제공한다(Cruise Down Under, 2004). 뉴질랜드는 3부작으로 제작된 영화 '반지의 제왕'의 성공으로 아직까지 이 영화로 인한 후광을 누리고 있다. 장편영화의 홍보는 여행 목적지에 대한 흥미로움을 강조하게 되고, 이는 곧 뉴질랜드의 오클랜드와 웰링턴의 항을 방문하는 크루즈의 수가 증가한 것으로 증명할 수 있다.

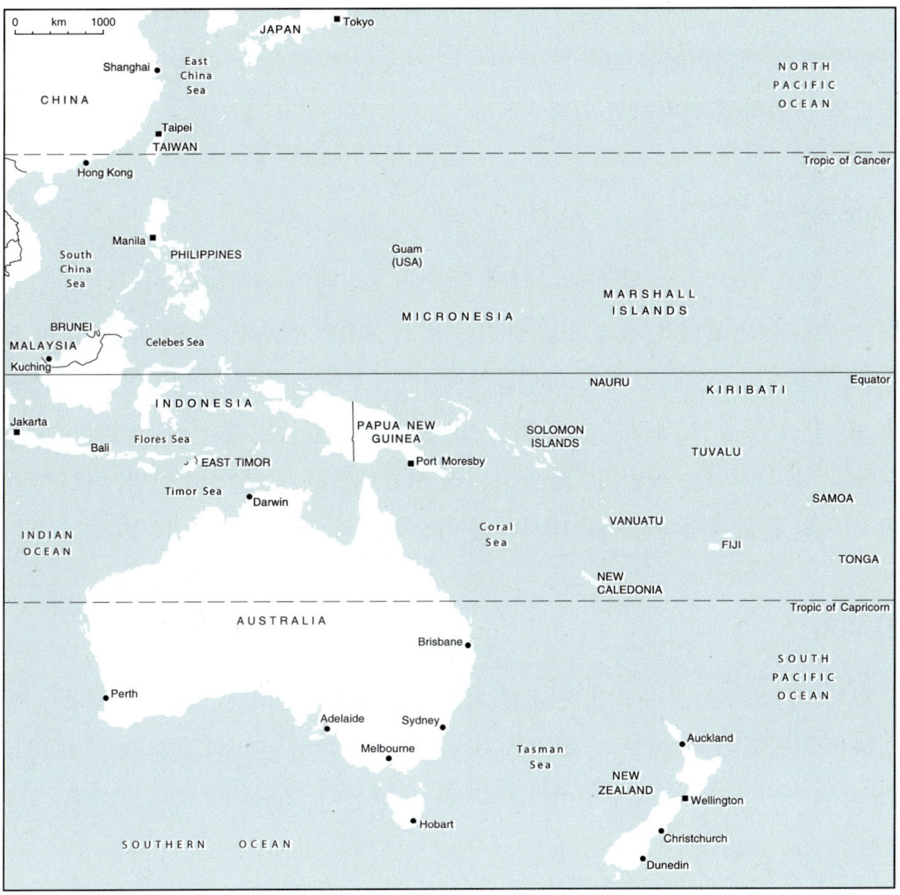

그림 4-5
오세아니아와 남태평양

이 지역은 남반구에 위치하여 북반구에서 인식하고 있는 것과는 정반대의 계절을 가지고 있다. 그 결과 호주와 남태평양의 여름 크루즈 시즌은 11월에서 4월까지이다(Mancini, 2000). 지리적으로 광활한 이 지역은 신규 고객시장과 상대적으로 접근성이 우수한 기회의 시장이자 신흥경제국인 중국과 인도의 등장으로 지속적인 성장을 경험하고 있다.

1) 시드니 Sydney

시드니 Sydney는 호주의 수도[21)]는 아니지만 세계에서 호주를 대표하는 가장 유명한 도시이다. 이 도시는 달링하버, 오페라하우스, 그리고 화려한 뉴밀레니엄 이벤트로 세계 미디어를 떠들석하게 한 하버브릿지가 위치한 곳으로 그림같은 모습을 가지고 있다. 시드니는 써큘러키에 위치한 오버시스 여객터미널과 와프8 달링하버 여객터미널을 크루즈 터미널로 사용하고 있으며, 이는 시드니의 관광명소와 근접하게 위치하고 있다.

2) 오클랜드 Auckland

오클랜드 Auckland는 뉴질랜드 북섬에 위치한 뉴질랜드 최대의 도시이다. 오클랜드는 섬들과 아름다운 풍경으로 둘러싸인 목가적인 모습을 가지고 있다. 이 도시는 화산지역, 우림, 그리고 해변을 둘러보는 투어는 물론 승객들이 쉽게 접근할 수 있는 도심의 매력물을 갖추고 있어 국제적인 분위기와 자연적인 분위기 모두를 즐길수 있는 곳이다. 뿐만 아니라 오클랜드는 사람들, 지역명, 역사 그리고 지역의 문화유적에서 폴리네시안과 마오리족의 문화를 엿볼 수 있다.

3) 피지 Fiji

피지 Fiji는 89만 3천여 명의 인구를 가진 남태평양에 위치한 300개의 섬들을 통칭하는 지역명이다. 이중 피지의 인구는 80%가 거주하는 비티 레부 Viti Levu와 바누아 레부 Vanua Levu가 가장 큰 섬이다. 피지는 열대섬이 갖추어야 하는 모습을 그대

---

21) 호주의 수도는 캔버라(Canberra)이다.

로 간직하고 있다. 피지에는 수많은 종의 물고기와 해양 생물들, 하얀 백사장, 산호지대와 맑은 바다, 열대 우림과 원주민 마을 등이 있다. 현대적인 피지의 모습으로는 수도 수바 Suva에 매력적인 쇼핑시설과 현대적인 호텔, 그리고 다양한 종류의 레스토랑과 여행객을 위한 나이트라이프를 들 수 있다.

4) 뉴칼레도니아 New Caledonia

뉴칼레도니아 New Caledonia는 호주와 피지의 중간에 위치한 프랑스령 섬이다. 누메아 Noumea가 수도인 이 섬은 뉴질랜드와 파푸아뉴기니에 이어 태평양에서 세 번째로 큰 섬이다. 프랑스와 태평양 멜라네시아 지역[22]의 영향은 이 섬의 흥미로운 문화적 배경을 형성하였다. 뉴칼레도니아의 지형은 매력적인 모래해변과 이 지역을 감싸고 있는 대형 산호지대, 산 그리고 우림과 같은 열대지역 특징이 잘 보여주고 있다.

5) 홍콩 Hong Kong

홍콩 Hong Kong은 과거 영국의 보호령이었으나, 1997년 중국에 반환되었다. 홍콩은 동 · 서양의 문화혼재와 역동성이 공존하는 도시이다. 이 도시는 스스로를 '쇼핑의 천국'이라 홍보하고 있지만 크루즈선으로 홍콩을 방문하는 서양 방문객들에게는 홍콩의 독특한 풍경과 소리들의 조화가 더욱 매력적으로 다가간다 (Hong Kong Tourism, 2005).

6) 싱가포르 Singapore

싱가포르 Singapore는 63개의 작은 섬으로 에워싸인 하나의 도시국가이다. 경제적인 성공을 거둔 이 섬은 현대적인 감각, 다양한 문화 그리고 친숙함을 자랑스러워한다. 방문객들은 정원, 마천루, 유명한 래플스 호텔[23], 강력한 패션센스 그리고 최첨단 사회 등을 경험할 수 있다.

---

22) 멜라네시아(Melanesia) : 뉴칼레도니아가 속해있는 태평양지역의 이름이다.
23) 래플스 호텔(Raffles Hotel) : 세계적으로 유명한 칵테일 「싱가포르 슬링(Singapore Sling)」의 탄생지이다.

표 4-8 오세아니아와 남태평양의 목적지 현황

목적지	국 가	지 역	화폐단위	언 어	인구(명)
시드니	호주	호주	호주달러	영어	3,879,400
오클랜드	뉴질랜드	뉴질랜드	뉴질랜드달러		367,700
피지	피지	남태평양	피지달러		893,000
뉴칼레도니아	뉴칼레도니아		퍼시픽프랑	프랑스어	216,400
홍콩	중국	동남아시아	홍콩달러	중국어(광동어) 영어	6,898,600
싱가포르	싱가포르		싱가포르달러	북경어, 말레이어, 영어, 호키엔어, 광동어 등	4,425,700

10 | 기타 크루즈 목적지 Other Cruise Destinations

앞서 언급한 지역의 간략한 설명은 크루즈 일정을 계획하기 위한 표면적인 정보이기 때문에 해당 지역을 자세히 이해하기에 부족함이 없지 않다. 본 장에서 언급하지 않는 위 기항지에 대한 자세한 연구가 당연히 이루어져야함에도 불구하고 크루즈 일정기획에서 없어서는 안 될 중요한 부분만을 설명하였다. 본 장의 마지막 부분에서 이러한 이해에 도움이 될 사례를 추가하였다.

아래의 지역들은 크루즈 목적지로 충분히 가치가 있는 곳으로, 지리적인 이유로 인해 앞서 언급하지 못하였다. 예컨대, 아프리카 대부분의 지역과 카나리아 제도, 모리셔스, 그리고 세이셸과 같은 인근의 섬에 대한 언급은 하지 않았다. 남아프리카공화국 역시 다양한 관광매력물과 대륙의 가치 있는 흥밋거리가 많음에도 앞선 설명에서 제외되었다. 앞서 언급하지 못한 일부지역의 잠재력을 알리기 위해 아래와 같이 설명하고자 한다.

1) 대서양 제도 Atlantic Islands

대부분이 화산섬인 이 지역의 많은 섬들은 북반구의 크루즈 일정의 한 부분을 차지하고 있다. 이 지역의 대표적인 섬들로는 카나리아 제도 Canary Islands, 마데이라

Madeira 그리고 아조레스 제도 Azores를 들 수 있다. 테네리페 Tenerife의 카나리아 제도, 그랜 카나리아 Gran Canaria, 그리고 푸에르텐벤투라 Fuertenventura는 유럽연합인 EU의 사법권이 적용되진 않지만 스페인령에 속한다. EU에 등록된 크루즈 선박은 면세주류 판매가 허용되지 않는다. 따라서 EU 회원국을 크루즈의 기항지 또는 목적지로 일정을 계획한 EU 등록 크루즈 선박은 위와 같은 판매행위가 금지된다. 마데이라와 아조레스 제도는 포르투갈령 섬이다. 카나리아 제도는 상대적으로 북아프리카와 근접하여 연중 온화한 기후를 가지고 있다. 마데이라 역시 이와 비슷한 기후로 신록의 경치와 이 섬의 수도인 푼샬 Funchal의 매력을 즐기고자 하는 승객들에게 인기있는 크루즈 목적지이다. 한편, 아조레스 제도는 이와 다른 형태의 목적지이다. 아조레스 제도는 외딴 곳에 위치하며 고요함이 매력이다. 이 섬은 대서양 횡단의 항로에서 편리한 정박지의 역할을 하였으나, 물류적 관점에서 경유횟수가 감소하였기 때문에 현재는 정박지의 기능이 쇠퇴하였다(Boniface & Cooper, 2005).

2) 리우데자네이루 Rio de Janeiro

브라질의 주요 도시인 리우데자네이루 Rio de Janerio는 이 도시의 시민을 바라보고 있는 세계적으로 유명한 거대 예수상이 위치한 슈가로프산의 이미지를 떠올리게 한다. 코파카바나 해변과 이파비마 해변 또는 지역민과 관광객이 즐겨 찾는 곳으로 잘 알려져 있다. 리우데자네이루는 끊임없이 흘러나오는 음악, 춤, 그리고 축제에 볼 수 있듯이 브라질의 윤택함을 대변하고 있다.

3) 부에노스아이레스 Buenos Aires

부에노스아이레스 Buenos Aires는 아르헨티나의 수도이다. 이곳은 예부터 알려진 것처럼 긍정적이고 긍지를 가진 도시이다. 이곳의 건축 유적들은 영국, 프랑스, 이탈리아 그리고 스페인의 영향을 받은 유럽식이다. 이 도시의 박물관, 극장, 그리고 아트갤러리는 지역색을 간직하고 있다. 부에노스아이레스의 많은 것들은 국가와 열정, 드라마로 표현된 춤인 탱고 간의 관계로 만들어진다.

4) 갈라파고스 제도 The Galapagos Islands

갈라파고스 제도 Galapagos Islands는 태평양에 위치한 에콰도르령의 섬이다. 이 섬의 대부분이 불모지임에도 불구하고, 이 지역만의 독특한 생태환경은 이곳을 유명한 크루즈 목적지로 만들었다. 적도에 위치하였지만 차가운 수온으로 인해 다양한 수륙 생물들이 서식하고 있다. 갈라파고스 제도에는 자연적인 천적이 없어 자이언트 바다거북, 바다 이구아나, 펭귄, 바다사자 등의 토착동물들이 사람을 경계하지 않는다. 이 지역은 극도로 예민하기 때문에 크루즈 선박과 승객들은 환경적 영향의 최소화를 위해 매우 세심한 주의를 기울여야 한다(Boniface & Coopers, 2005).

5) 케이프타운 Cape Town

케이프타운 Cape Town은 남아프리카공화국의 수도이다. 케이프타운은 대서양과 남극해의 해류로 인한 한 · 난류의 교차지점에 위치하고 있다. 케이프타운은 친근한 지역주민, 테이블 마운틴의 멋진 풍경, 유명한 지역와인 재배지와 해변 등 크루즈 여행객을 위한 다양한 옵션을 가진 훌륭한 기항지를 만드는 자연의 항구이다.

6) 세이셸 Seychelles

인도양에 위치한 세이셸 Seychelles은 진정한 아름다움이 있는 아주 멋진 섬이다. 깨끗한 모래해변, 투명한 바다, 야자수 그리고 화강암 절벽으로 둘러싸인 해안가는 크루즈 일정계획에 있어 편안함을 주는 기항지로 평가받고 있다. 이 섬의 동식물들은 육지로부터의 거리 때문에 독특하다. 크루즈 승객들은 주로 본섬인 마에 Mahe를 방문한다.

7) 파나마 운하 Panama Canal

파나마 운하 Panama Canal는 원래 크루즈 목적지는 아니지만 대서양과 태평양간을 이어주는 연결로로 매우 중요하며, 크루즈 승객들에게 환상적인 경험을 제공한다. 1914년, 최초의 크루즈선이 이 지역을 이용하였다. 이때부터 1999년까지 파나마 운하는 미국에 의해 운영되었으나, 이후 파나마 정부가 운영권을 되찾게 되었다. 파나마 운하에는 각기 태평양과 대서양의 수위를 조절하기 위한 세 개의 갑문이 설치되어 있으며, 선박이 이 운하를 완전히 통과하는데 약 8~10시간이 소요된다. 파나마 운하를 통과하기 위해 선박이 갖추어야 할 조건으로는 폭 32.3m, 흘수 12m, 그리고 높이 294.1m[24]를 초과하지 않아야 한다.

8) 수에즈 운하 Suez Canal

수에즈 운하 Suez Canal는 1869년 운영을 시작한 지중해와 인도양을 이어주는 연결로이다. 이 지름길을 사용하였기 때문에 선박들은 희망봉 주변의 잠재적으로 위험하고 긴 항해를 피할 수 있었다. 이때부터 전쟁으로 인한 수차례의 폐쇄에도 불구하고 수에즈 운하는 세계에서 가장 중요한 무역로가 되었다(Boniface & Cooper, 2005). 이 운하는 15m 흘수의 150,000GT급의 선박까지 수용할 수 있으며, 2010년에는 수심 20m로 이용에 대한 제한이 확대될 계획이다.

표 4-9 기타 지역의 크루즈 목적지 현황 (인구수는 추정치)

<table>
<tr><th>목적지</th><th>국 가</th><th>지 역</th><th>화폐단위</th><th>언 어</th><th>인구(명)</th></tr>
<tr><td>카나리아 제도</td><td>스페인</td><td rowspan="3">대서양</td><td rowspan="3">유로</td><td>스페인어</td><td>1,672,600</td></tr>
<tr><td>마데이라</td><td rowspan="2">포르투갈</td><td rowspan="3">포르투갈어</td><td>245,000</td></tr>
<tr><td>아조레스</td><td>237,000</td></tr>
<tr><td>리오데자네이로</td><td>브라질</td><td rowspan="2">남아메리카</td><td>레알</td><td>5,093,000</td></tr>
<tr><td>부에노스아이레스</td><td>아르헨티나</td><td>아르헨티나 페소</td><td rowspan="2">스페인어</td><td>11,928,000</td></tr>
<tr><td>갈라파고스</td><td>에콰도르</td><td>태평양</td><td>미국달러</td><td>18,000</td></tr>
<tr><td>케이프타운</td><td>남아프리카 공화국</td><td>아프리카</td><td>랜드</td><td>줄루어
코사어
아프리카어
세페디어
영어</td><td>3,092,000</td></tr>
<tr><td>세이셸</td><td>세이셸</td><td>인도양</td><td>세이셸 루피</td><td>크레올어
영어</td><td>81,100</td></tr>
<tr><td>파나마 운하</td><td>파나마</td><td>남아메리카</td><td>발보아
미국달러</td><td>스페인어
영어</td><td>3,039,000</td></tr>
<tr><td>수에즈 운하</td><td>이집트</td><td>아프리카</td><td>이집트 파운드</td><td>아랍어</td><td>469,500</td></tr>
</table>

24) 이는 크루즈선에 적용되는 기준이며, 선박의 종류에 따라 기준이 유동적이다.

11 | 요약 및 결론

본 장은 주요 크루즈 지역에 대한 설명과 다수의 크루즈 목적지에 대한 간단한 정보를 수록하고 있다. 본서에서 언급한 크루즈 목적지 뿐 아니라 모든 기항지에 대한 정보를 수록해야 하지만 지면상의 문제로 그러지 못하였다. 따라서 독자들에게 크루즈 목적지와 크루즈 지역에 대한 핵심 이슈를 고찰할 수 있는 추가 학습을 권한다. 관광관련 웹사이트, 지리 관련 교재, 그리고 관광가이드북 등 많은 양질의 자료를 참고하기 바란다.

크루즈 산업은 여러 가지 비용이 발생하는 경우도 없지 않아 있지만 기항지 또는 목적지 또한 상당한 사업적 효과를 창출한다. 이때 비용은 특정목적지를 방문하는 사람들의 증가, 문화적 경험 훼손, 오염의 가능성 또는 환경적 영향을 의미한다. 이러한 이슈들에 대한 해결책으로 기항지에 미치는 긍정적 · 부정적 영향의 균형에 관한 심도있는 연구가 필요하다.

다음 두 가지 사례연구는 기항지에 대한 폭넓은 이해와 토론을 위해 준비하였다. 먼저 첫 번째 사례는 영국 남서부 지역의 크루즈 사업 증대를 위해 도입된 지역 이니셔티브에 대한 것이다. 두 번째 사례는 일부 크루즈 기업들의 사유섬 구매와 운영으로 인한 행동에 대해 논하고 있다.

사례연구

영국의 남서부를 팔다! *Selling the Southwest of England*

급성장하는 크루즈 현상을 이용하고자 하는 리조트는 「데스티네이션 사우스웨스트 Destination Southwest」의 사례를 통해 여러 가지를 배울 수 있다. 영국 남서부에 위치한 8개 기항지(일프라콤 Ilfracombe, 토베이 Torbay, 다트머스 Dartmouth, 플리머스 Plymouth, 포위 Fowey, 팔머스 Falmouth, 펜잔스 Penzance 그리고 씰리 제도 Isles of Scilly)의 연합을 대변하는 이 이니셔티브는 유럽 지역발전사회기금인 ERDSF과 에덴 프로젝트, 콘월의 국립해사박물관, 영국문화보호협회, 영국왕립해군대학과 항구(21개의 공 · 사립 파트너) 등과 같은 국가, 지역사회, 관광시설 및 매력물과 공동투자로 지원되고 있다. 기금은 지역 내 항을 방문하는 크루즈 선박 수의 개발과 확대를 목적으로 하는 새로운 연합을 지원하는데 도움이 되었다.

30년의 업계 경력을 가지고 있는 전문가 밥 해리슨 Bob Harrision은 「데스티네이션 사우스웨스트」를 해상 · 육상에서 운영하였다. 그는 크루즈운영디렉터로 임명되었으며, 크루즈 승객의 필요와 경험을 통한 그의 통찰력은 평가할 수 없을 만큼 중요한 역할을 하였다. 그런 그도 크루즈 일정 기획시, 크루즈사 임원들과 대면하고 그의 전략을 수행하는데 어려움을 느꼈다.

'£230,000 짜리 3년간의 프로젝트'는 2002년 2월에 착수되었다. 「데스티네이션 사우스웨스트」는 'www.destinationsouthwest.co.uk'라는 정보형 웹사이트 구축으로 시작되었다. 이 웹사이트는 방문객이 기항지 이름을 클릭하면 어떠한 크루즈선이 입항하며, 입항시기, 해양차트, 시내지도, 추천 기항지 관광코스, 일부 관광명소의 비디오 클립, 승객이 하선하는 부두의 360°파노라마 이미지, 그리고 항구와 관광명소간의 거리와 소요시간 등을 알려주는 크루즈 캘린더 등 많은 정보를 제공한다. 크루즈 일정기획자의 의사결정에 도움을 줄 수 있는 정보들은 직접판매 지원에 사용하기 편리한 참고자료와 전시 · 박람회의 기념품으로 제공하기 위한 DVD로 복사하였다. 웹사이트와 DVD는 미국과 독일 크루즈 시장을 표적화하기 위해 영어와 독일어로 제작하였다.

그러나 몇 가지 문제가 발생하였다. 뉴욕의 테러공격, 2003년 영국의 수족구병전염, 그리고 SARS의 출현과 같은 사건들이 잠재 크루즈 시장의 구매결정에 큰 영향을 미치게 되었다. 대부분의 경우, 사람들은 이러한 중대한 사건에 관해 인식이 부족하였다. 콘월에 위치한 항구로 입항한 승객들은 울스웨터 구매를 통한 수족구병 감염 여부에 대한 질문을 끊임없이 하였다.

프로젝트의 결과는 2001년 10척의 크루즈선이 입항한 것에 반해, 2004년 106척의 크루즈선 입항이 성사되는 증가세를 보였다. 이는 누가 보더라도 극적인 성장이었다. 이 지역의 일부항은 배를 옆으로 세울 수 있는 정박시설을 제안하였다. 사실 팔머스와 같은 분주한 항은 이러한 시설을 갖추고 있다. Harrison은 승객들은 하선과 관련된 행정절차가 가능한 적은 것을 선호한다고 믿었다. 이는 많은 크루즈 브랜드들이 하선관련 행정절차를 전체 크루즈 경험의 일부로 여긴다는 사실과 상반되는 의견이었다. 그의 의견은 한 크루즈에서 두 번이상의 하선 관련 행정절차는 많다는 것이다. 승객들은 시간이 지연되거나, 해상상태로 인한 불편함 그리고 보안과 운송적 요인 때문에 하선절차가 완료되어도 줄을 서서 기다려야 하는 상황에 대해 항의하기 시작한다. 「데스티네이션 사우스웨스트」가 21개의 왕복항로를 가지고 있어 이 지역의 크루즈 산업은 더욱 발전하게 되었다. 턴어라운드 항은 크루즈가 출발하고 도착하는 곳이다. 다트머스가 하나의 턴어라운드 항로를 가진 반면 플리머스항은 20개의 턴어라운드항로를 운영하고 있다. 플리머스항에서 턴어라운드항로를 이용하는 선박으로는 지중해, 카나리아 제도, 그리고 카리브해를 운항하는 반고흐호가 있다.

해리슨은 아일랜드 남부의 코크지역을 중심으로 승객의 지출에 대한 최근 연구물에 대해 설명하였다. 그는 코크지역을 기반으로 하는 크루즈와 이 지역에서 「데스티네이션 사우스웨스트」 프로그램이 통용되고 있기 때문에 이 아일랜드 논문을 인용하였다. 이 논문은 크루즈 승객은 1인당 평균 £197을 지출하였으며, 크루즈 승무원은 이보다 적은 금액을 지출하였다고 주장하였다. 그러나 지출수준에 대한 반대의견이 있으며, 일부 자료에서는 실제적으로 승무원이 일부 승객들보다 더 많은 지출을 하였다고 반박하였다. 이는 항구와 관련된 고용인의 형태로 이유를 설명하였다. 최소한의 승무원은 크루즈 선박이 안전을 이유로 항구에 정박하고 있을 때, 반드시 선상에서 대기해야만 한다. 그 결과 승무원은 매 기항마다 하선을 할 수는 없지만, 최선을 하는 경우에는 보다 많은 금액을 지출하는 경향이 있다. 해리슨은 영국의 남서부 지역에서 크루즈 승객이 £670만을 지출한 반면, 승무원은 £170만을 지출한 것으로 추정하였다. 이는 £285,000예산의 프로젝트로부터 총 £1,840만의 지출이 발생한 것으로 지역사회에 438개의 고용을 창출한 것과 동등하다 할 수 있다. 크루즈선이 팔머스에 입항하며, 지역 백화점인 마크앤스펜서는 추가 인력을 고용한다. 「데스티네이션 사우스웨스트」 프로젝트는 고품격 크루즈 선박이 제휴항구에 입항하도록 유도하였고, 이는 항구이미지 제고에 효율적이다. 월드호가 크루즈 일정의 한 부분으로 팔머스를 방문하였을 때, 2,000명의 사람들이 항구를 떠나는 모습을 보기 위해 부두에 서 있었다.

어떻게 이런 수준의 성공을 이끌어 낼 수 있었을까? 「데스티네이션 사우스웨스트」의 웹사이트가 가장 중요한 역할을 한 것으로 보인다. 정보의 질과 사용의 용이함은 기본이다. 「데스티네이션 사우스웨스트」는 크루즈 산업과 이들이 필요로 하는 것을 소리없이 이해하고 있었다. 이 프로젝트는 B to B 마케팅을 이용하였다. 크루즈 일정을 위한 의사결정자가 이 지역을 방문하도록 관계개발과 촉진활동을 위한 개인적 접촉 역시 중요하였다. 「데스티네이션 사우스웨스트」의 존재를 알리기 위해 무역과 여행, 컨벤션에 참가한 것 역시 적중하였다. 「Berlitz Guide to Cruising」의 저자 더글라스 워드 Douglas Ward는 이 프로젝트의 명예회장으로 임명되었고, 이러한 관계는 네트워킹 구축과 프로젝트의 프로필을 강화하는데 도움이 된다고 생각되었다. 이니셔티브는 크루즈 투어를 위한 지원 수준, 크루즈 승객을 위한 환영 정도, 그리고 전반적인 고객 서비스를 발전시키는데 도움이 되어 왔다. 예를 들어 토베이에서 쇼핑카트는 매우 편리하다는 평가를 받았으며, 시장은 개인적으로 크루즈 승객을 환영하는데 참석하였다. 플리머스, 팔머스와 같은 다른 항구들에서는 이동식 관광정보센터가 크루즈 승객을 상담하기 위해 마련되었다.

그러나 접안시설 이용 때문에 페리운영자와의 스케줄 조정과 특정 조류 또는 시간 동안 선박의 이동과 진입을 금지하는 항구지역의 수심제한과 같은 부정적인 영향을 주는 지역의 문제점이 있다. 이 프로젝트는 관광객 시즌을 연장하고 미국, 유럽 그리고 영국의 다른 지역으로부터 많은 관광객을 유치해왔다. 크루즈에 대한 잠재력은 지속적으로 확장되고 있다. 여객선협회인 PSA Passenger Ship Association는 2003년과 2004년 영국의 방문율이 37% 증가하였고, 세계에서 가장 빠른 속도로 증가하고 있는 시장이라 언급하였다. 영국 남서부 지역의 잠재력은 높다. 심지어 영국의 변덕스러운 날씨조차 많은 미국인들에게는 매력적인 경험으로 보여진다. 지역정부사무소는 이 프로젝트에 대한 수준은 낮지만, 많은 도움이 되는 프로젝트 참여회원들을 설득하기 위해 지속적인 노력을 하고 있다. 프로젝트 참여회원간의 협조는 주요한 이익을 가져온다. 경쟁을 하지 않는 항구들은 협력을 통해 이익을 이끌어낸다. 해리슨은 크루즈가 모두를 위한 것이며, 도전은 크루즈 시장이 어떻게 변하는지를 인식하지 못하는 이를 위해 알려주는 것이라 전하고 있다.

위 사례는 한 국가 내 지역이 크루즈 관광성장을 발전시키고 활성화시키기 위한 계획을 만들어가는 과정에 대해 보여주고 있다.

사례연구문제

❶ 이러한 이니셔티브의 핵심활동과 이들이 결과를 이끌어내는 중요한 요소에 대해 논의 해보자.

❷ 이러한 프로젝트의 위험요인은 무엇이며, 다음 사항에 대해 어떠한 방법으로 접근하였나?

a. 이웃 항구도시간의 내부경쟁.

b. 크루즈 기항지로서 항구의 매력도 유지.

c. 프로젝트 개발을 지속하기 위한 재정확보.

사례연구

기항지의 기업소유해변 Private Beaches as Port of Call

카리브해 또는 바하마 지역의 크루즈 브랜드에 의해 소유 또는 임대되고 있는 기업소유해변 private beach은 유명 기항지와 인접해 있어 매우 유용한 대안으로 보인다. 이러한 해변들은 지역 언어로 케이 Cay라고 불리는 작은 섬에 주로 위치하고 있다.

케이는 산호와 모래로 이루어진 작고 아담한 섬이다. 디즈니 크루즈사, 프린세스 크루즈사, 노르웨이지안 크루즈사, 홀란드 아메리카사, 코스타 크루즈사, 로열캐리비안 인터내셔널사(두개의 섬 소유) 그리고 래드슨 세븐씨 크루즈사와 같은 크루즈 선사는 투자의 일환으로 케이를 소유하고 있다.

그러나 기업소유해변의 유무가 어떤 장 · 단점을 가지는가? 대부분의 섬들은 시설과 위치에 의한 제약을 가지고 있어, 선박이 해안근처에 닻을 내리고 승객들은 부속선으로 섬으로 이동해야 한다. 이러한 과정은 작은 어린이나 장애인들이 불편을 느낄 수도 있지만, 크루즈 여행의 흥미로운 면을 더해주고 있다. 기업소유의 섬 또는 해변은 로맨틱함과 특권을 누릴 수 있는 생각 때문에 승객들에게 매력적일 수 있다.

케이를 방문하는 것은 주로 오전 도착, 늦은 오후 출발의 일정이 된다. 이러한 일정은 케이를 매우 효율적으로 이용하는 것은 물론 크루즈 기업이 바베큐, 수상스포츠 그리고 게임과 활동들과 같은 부가서비스를 활용할 수 있게 한다. 반대로 케이는 이러한 활동과 시설들로 이윤을 창출하는 기회를 가지게 된다. 카약, 세일링, 스노클링, 스쿠버다이빙 그리고 다양한 어린이 프로그램들이 운영된다. 뿐만 아니라 일부 크루즈 기업은 프라이빗 카바나[25]에서 마사지(Disney & Holland America)와 '서프 & 터프 Surf & Tough' 올림픽 등의 특별활동을 운영한다. 로열캐리비안은 '스페인식 범선'을 재현 · 건조하였고, 스노클링 투어와 스쿠버다이빙을 위해 소형항공기를 사유섬인 140ac[26] 규모의 코코케이 수중에 가라앉혔다.

25) 카바나(Cabana) : 호텔, 리조트 등의 부속시설로 수영장 또는 해변 내에 위치한 객실 또는 휴식공간을 의미한다.

26) ac(에이커) : 파운드법의 면적단위이다.

케이에서 제공되는 서비스들은 크루즈 기업 또는 지역 기업에 하청, 또는 계약 공급자에 의해 제공된다. 이러한 서비스들은 품질보증과 크루즈 경영의 통제 하에 이루어지며, 일부 경우에서는 선상 승무원을 해안 프로그램에 투입해 일관된 서비스를 유지한다. 그들의 '상품'을 발전시키는 이러한 방법들 외에도, 크루즈 기업은 유명한 기항지에 크루즈 기업의 직영 또는 위탁계약으로 경영 · 운영되는 '비치클럽'을 소개한다.

일부 비평가는 이러한 방법들을 비판하며(Robertson, 2004), 크루즈선과 이런 훼손되기 쉬운 섬을 방문할 때 관광객이 배출하는 쓰레기양과 환경과 관련하는 이슈들은 매우 중요하며, 보다 깊은 연구가 필요하다고 주장한다. 뿐만 아니라, 카리브와 바하마 지역과 관련한 윤리적 입장에 대한 문제가 대두되고 있다. 크루즈 기업은 상품과 서비스 판매를 통해 이 지역의 섬들로부터 많은 양의 이윤을 창출하지만, 이렇게 함으로써 카리브 지역에서 지역민과의 교역을 통한 직접적인 영향을 이 지역을 침식시키고 있다는 주장이 제기되고 있다(Robertson, 2004).

사례연구문제

❶ 크루즈 기업, 지역민, 승객 그리고 관련 관공서와 같은 다양한 이해관계자들에게 주어지는 장점과 단점은 무엇인가?

❷ 이러한 방식의 리조트 개발은 관광객을 보호하고 이들의 경험을 경영할 목적으로 특정 지역 환경에 인위적인 공간을 마련하는 폐쇄형 관광의 한 예로 비판받고 있다(Boniface & Cooper, 2005). 이러한 현상에 대한 이유와 관련 점은 무엇인가?

관련용어

- 군도 Archipelago : 다수 섬들의 집단
- 면세 Duty-free : 상품이 판매될 때 어떠한 국가의 세금도 부가되지 않는 상태
- DVD Digital Video Disk : 디지털 비디오 디스크
- 국내총생산 GDP : Gross Domestic Product : 국가에 의해 생산되는 재화와 서비스에 대한 총가치
- 항만이용료 Port fees : 크루즈 선박이 기항지에 입항할 때 승객마다 징수되는 금액
- 사스(SARS Sever Acute Respiratory Syndrome) : 중증급성호흡기증후군

학습문제

❶ 크루즈에서 가장 중요한 부분은 무엇인가?

❷ 기항지 또는 목적지를 정의하는 중요한 요소는 무엇인가?

❸ 크루즈 목적지에서 날씨는 어떠한 역할을 하는가?

❹ 크루즈의 파생적이고 가장 최근에 등장한 부분은 무엇인가?

추천자료

- http://www.cruising.org/planyourcruise/resources.cfm : 각국 관광청으로 연결
- http://www.cybercruises.com/cruiseports.htm : 각국 항만청과 협회
- http://www.port-of-call.com/Portsofcallv2/default.asp : 프랑스 기항지

참고문헌

- Antigua Barbuda Tourist Information (2005), Antigua and Barbuda. Retrieved 13 April 2005, from http://www.antigua-barbuda.org/
- Aruba Cruise Tourism (2005), Aruba Cruise Passengers. Retrieved 2 Aug 2005, from http://www.arubabycruise.com/stats/index.html
- Bahamas Tourism Office (2005), Experience the Bahamas. Retrieved 13 April 2005, from http://www.bahamas.com/bahamas/
- Bansal, H., and Eiselt, H.A. (2004), Exploratory research of tourist motivations and planning, *Tourism Management*, 25(3), 387-396.
- Barbados Tourism Authority (2005), Barbados. Retrieved 13 April 2005, http://www.barbados.org/
- BBC News (2003), Venice launches antiflood project. Retrieved 2 Aug 2005, from http://news.bbc.co.uk/2/hi/europe/302675.stm
- BBC News (3 March 2004), Crisis in Haiti, from http://news.bbc.co.uk/ 1hi/world/americas/3378671.stm
- Boniface, B., and Cooper, C. (2005), *Worldwide destinations* (4th ed.). Oxford : Butterworth Heinemann.
- Burton, R (1995), *Travel Geography* (2nd ed). London : Pitman.

- Caribbean Tourism Organization (2005), Caribbean-everything you want it to be. Retrieved 11 April 2005, from http://www.doitcaribbean.com./cruising/
- Cayman Islands Department of Tourism (2005), Cayman Island-close to home, far from expected. Retrieved 13 April 2005, http://www.caymanislands.ky/
- CIA (2005), Aruba : World Fact Book. Retrieved 2 Aug 2005, from http://www.cia.gov/cia/publicatons/factbook/geos/aa.html#People
- CLIA (2005), Bahamas and the Caribbean. Retrieved 11 April 2005, from http://www.cruising.org/planyourcruise/wwdest/destination.cfm?ID=7
- Cruise Down Under (2004), News. Retrieved 27 April 2005, from http://www.cruisedownunder.com
- Cruise Europe (2005), Webpage. Retrieved 20 April 2005, from http://www.cruiseeurope.com/
- Cruise the West (2005), Cruise partnership. Retrieved 27 April 2005, from http://www.cruisethewest.com
- Curaçao Tourism Board (2005), Curaçao. Retrieved 13 April 27 2005, from http://www.curacao-tourism.com/
- Dervaes, C. (2003), *Selling the sea* (2nd ed.). New York : Thomson.
- Florida Keys and Key West TOurism Association (2005), Florida Keys and Key West. Retrieved 13 April 2005, from http://www.fla-keys.com/
- Gibson, P. (2004), Life and learning in further education : constructing the circumstantial curriculum, *Journal of Further and Higher Education*, (28), 333-346.
- Hong Kong Tourism (2005), All about Hong Kong. Retrieved 27 April 2005 from http://www.discoverhongkong.com/eng/mustknow/index.jhtml
- Mancini, M (2000), *Cruising : A guided to the cruise line industry*. Albany NY : Delmar.
- Medcruise (2005), Cruising in the Mediterranean. Retrieved 23 April 2005, from http://www.medcruise.com
- Mott, D. (2004), Home comforts. *Lloyds' Cruise International*, 17-19.
- Port Canaveral (2005), Cruising from Port Canaveral. Retrieved 27 April 2005, from http://www.portcanaveral.org/
- Port Everglades (2005), For travel professionals. Retrieved 27 April 2005, from http://www.sunny.org/travelagents/index.cfm
- Port of Miami (2005), Cruise. Retrieved 27 April 2005, from http://www.miamidade.go/portofmiami/cruise.asp

- Puerto Rico Tourism Office (2005), Go to Puerto Rico. Retrieved 13 April 2004, from http://www.gotopuertorico.com
- Rees, R. (1992), *Mitchell Beazley's family encyclopedia of nature*. London : Michell Beazley.
- Robertson, G. (2004), Cruise ship tourism. Retrieved 29 April 2005, from http://www.lighthouse-foundation.org/
- Sydney ports (2005), Sydney ports : first port, future port. Retrieved 27 April 2005, from http://www.sydenyports.com.au/home.asp
- US Virgin Islands Tourism Authority (2005), St. Thomas. Retrieved 13 April 2005, from http://www.usvitourism.vi/en/stthomas/st_Home.html
- Visit Jamaica (2005), Explore Jamaica. Retrieved 13 April 2005, form http://www.visitjamaica.com/home/Default.aspx
- Wild, P., & Dearing, J. (2004a), Caribbean Stronghold. Lloyd's Cruise International (69), 27-38.
- Wild, P., & Dearing, J. (2004b), *Growth culture. Lloyd's Cruise International*, 17-24
- Wild, P., & Dearing, J. (2004c), *Rising stars. Lloyd's Cruise International*.
- Wild, P., & Dearing, J. (2005, December-January 2005), High achievers. *Lloyd's Cruise International*, 19-28.
- World Tourism Awards (2004), Awards. Retrieved 20 April 2005, from http://www.worldtravelawards.com

5

크루즈 일정 계획 Planning the Itinerary

학습목표

- 크루즈 목적지(또는 기항지)에 대한 정의
- 크루즈 일정 계획 관련 주요 요소에 대한 이해
- 크루즈 목적지 분석과 평가를 위한 다양한 방법 적용
- 인기 크루즈항과 기항지의 성공비결 이해
- 기항지 프로그램의 운영과 기획 고찰

앞장에서는 크루즈를 위한 계절성과 최적의 조건 등과 같은 요소와 함께 크루즈 지리와 여행지리(Burton, 1995)에 대해 알아보았다. 세일즈 및 마케팅, 크루즈선에 대한 공급과 서비스 또한 크루즈 일정을 계획하는데 중요한 요소로 간주된다.

본 장에서는 크루즈 일정을 위한 기항지 분석에 필요한 조건들에 대해 논의하고자 한다.

크루즈 목적지 What is a Cruise Destination? | 1

'크루즈 기항지는 무엇인가'라는 질문에 대한 해답을 찾기란 쉽지 않다. Davidson과 Maitland(1997)는 크루즈 관광객의 거주 지역 또는 주요 활동지역인 관광발생지역, 크루즈 관광객의 최종 목적지인 크루즈 목적지(또는 기항지), 크

루즈 목적지로 출발하기 전 크루즈 관광객이 시간을 보내는 환승지역 간의 상호작용을 도식화하였다. 이 모형에서 관광발생지역 generating region 의 크루즈 잠재 관광객은 가처분 소득, 여가시간, 동기, 의욕, 인구통계적 변화 등과 같은 다양한 푸쉬 Push 요인에 의해 영향을 받는다. 정보는 잠재 크루즈 관광객의 현지에 대한 인식을 개선하고 재방문 동기를 자극하여 그들의 관심을 크루즈 목적지에서 관광발생지역으로 돌려놓는다.

크루즈 산업은 다양한 시설을 갖춘 초대형 크루즈 선박의 건조에 따른 변화에 주목을 하며, 크루즈 여행에서 핵심 목적지는 크루즈선 그 자체가 될 수 있다고 언급하였다. [그림 5-1]의 변형된 크루즈 관광시스템모형에서 볼 수 있듯이 실제 크루즈 선박은 크루즈 관광에 있어 여행 목적지로서 중요한 역할을 담당하고 있다.

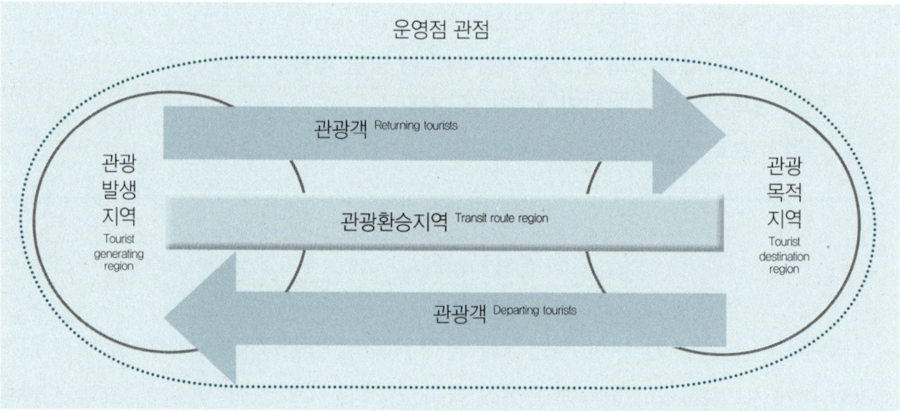

그림 5-1 크루즈 관광 시스템 (Davidson and Maitland, 1997)

이 모형은 크루즈 선박이 관광발생지역과 최종 크루즈 목적지 또는 기항지간의 중심축 역할을 하고 있다고 설명하고 있다. 어떤 의미에서는 크루즈 여행기간동안 크루즈 선박은 다양한 기항지 활동들에 대한 체험, 선택을 고민할 수 있는 정보센터의 역할뿐이거나 안전하고 친밀한 공간이 된다. 일부 승객들은 기항지에서 하선 하지 않고 크루즈 선박에서의 활동을 즐기는 경우도 있다. 정보는 크루즈 기항지에서 크루즈 선박으로, 그리고 크루즈 선박에서 관광발생지역으로 이동한다. 물론 이는 일반적으로 기항지를 방문하는 크루즈 여행에만 적용할 수 있으며 기항지를 방문하지 않고 크루즈 선박에서만 즐길 수 있는 크루즈 여행에서는 변형된 모형이 필요할 것이다.

우수 크루즈 기항지의 조건 What makes a Good Port of Call? | 2

언제나 다양한 즐길거리를 제공하는 크루즈 기항지 또는 크루즈 목적지는 사람들의 마음을 움직이게 하는 힘을 가지고 있다. 크루즈 선박들은 고객만족에 의존하는 비즈니스이다. 크루즈 관광객의 피드백은 크루즈 여행이 끝날 무렵 작성한 설문조사에 의해 수집된다.

고객들의 피드백에 의하면, 크루즈 기항지는 재미있어야 하고, 문화적으로 색달라야 하며, 안전하고 위협적인 요소가 없어야 하고, 친밀한 분위기와 접근성 그리고 고객 중심의 서비스를 갖추어야 한다. 앞서 언급한 고객 피드백의 사항들을 모두 충족시킬만한 크루즈 기항지를 찾는다는 것이 쉬운 일이 아니지만 이를 고려하여 구성하며, 고객들의 기대와 실제 경험의 인식에 대한 차이로 긍정적인 반응을 이끌어내고 있다.

크루즈 기항지는 크루즈 선박으로부터 상당한 수익을 창출하고 있으며, 이에 유명 기항지는 크루즈 관광을 위한 공격적인 마케팅을 실시하고 있다. 크루즈 인터내셔널 Cruise International의 기항지 광고분석보고서(Lloyd's, 2003a)는 크루즈 기항지의 매력요인을 [표 5-1]과 같이 설명하고 있다.

표 5-1 크루즈 기항지의 매력요인

독특한 경험	시내중심부
• 평균 35ft(10.75m)의 간조수위 • 흘수[27]가 깊고 비를 피할 수 있는 정박지 • 크루즈 기항지로의 접근성이 뛰어난 출항지 • 출항지 자체가 관광매력물 • 면세지역 • 모항, 기항지 또는 크루즈항으로 전환의 적합성 • 전문적인 서비스 • 섬 기항지의 다양한 관광매력물 • 예술적 시설을 갖춘 크루즈 터미널 • 시내관광 프로그램, 기항지 관광 프로그램 • 흥미진진한 나이트라이프	• 쇼핑 • 초대형 크루즈 선박의 수용능력 • ADA : 승객 출입용 교량 및 이동식 통로 • 편안함, 효율성, 안전성 • 이중선박터미널(dual-ship terminal) • 창고 공간(수납, 저장, 수화물 처리) • 파노라마식의 경치 • 국제항공으로의 접근성 • 연중 온화한 날씨(크루즈 기항지 포함) • 문화적 · 역사적 유물 • 수상 · 육상 스포츠

27) 흘수(draft) : 배가 물위에 떠 있을 때, 물에 잠겨있는 부분의 깊이를 표시하는 단위

마케터들은 크루즈 목적지 항구를 상품화하기 위해 트레이드 잡지, 직접판매 등의 다양한 마케팅 커뮤니케이션 활동과 전시회, 컨퍼런스 등의 행사를 이용한다. 갈수록 인터넷은 강력한 커뮤니케이션 도구가 되고 있다. 아래의 사이트들은 개별적인 크루즈 항구들과 이들과 관련된 컨소시엄 조직이 세일즈의 수단으로 인터넷을 어떻게 사용하고 있는지에 대한 좋은 예를 보여준다.

- www.cruisejamaica.com
- www.destinationuk.co.uk
- www.arubabycruise.com
- www.dubaitourism.co.ae
- www.marmariscruiseport.com

위 사이트들에 대한 비교 · 분석은 크루즈 산업에서 인터넷이 마케팅 도구로서 어떻게 활용되는지를 알 수 있는 흥미로운 학습이 될 것이다.

3 | 분석과 평가 Analysis and Evaluation

잠재적 가치를 가진 크루즈 항구를 평가 · 분석하기 위해 다양한 분석방법을 적용할 수 있다. 분석방법의 결정은 언제나 복잡한 과정으로 다수의 실제적인 요인을 고려하여 선택되어야 한다. 크루즈 브랜드를 만들기 위해서는 신뢰성 때문에 인지도에 근거한 경험과 크루즈 일정 계획으로부터 많은 정보를 얻어야 한다. 크루즈 선박에 있어 기항지를 방문한 경험은 크루즈 목적지에 대한 정보은행의 역할을 하며, 이는 효율적인 일정계획과 불확실한 상품의 품질을 확신하는데 도움을 준다. 크루즈 기항지의 입장에서 경험은 에이전트, 항만직원, 각종 관련 사업의 계약자, 관광기구, 그리고 지역주민이 방문하는 크루즈 선박과 지역정부간의 관계를 구축하고 발전시키는 역할을 할 수 있다.

Lloyd's(2003b)에 따르면 실버씨사 Silverseas와 같은 기업은 크루즈 일정 계획에 큰 영향력을 미치는 주요 이해관계자이다. 크루즈 일정과 관련된 주요 이해관계자는 선장, 영업팀 그리고 승객이다. 크루즈 승객(설문자/설문응답자)은 전 세계에 걸친 잠재 크루즈 기항지에 대한 정보에 대해 응답한다. 크루즈 기업은 고객들의 필요 · 욕구 변화와 이에 대한 개선 · 반영을 위해 절충적 접근법을 크루즈 일정계획에 적용한다. 그러므로 크루즈 일정 계획은 항공여행에 대한 두려움을 가진 사람에게 새로운 기항지가 지루하거나 부족한 여행일정으로 보이지 않게 만들어져야 한다. 기항지 투어 프로그램과 크루즈 일정 중 기항지 숙박 프로그램을 기획하고 승객의 기대를 모두 고려한 세부적인 사항까지 포함해야 한다. 실제로 실버씨사에서는 상류층 고객을 타겟으로 한 여러 가지 프로그램을 운영하고 있으며, 대표적으로 「상트페테르부르크 박물관에서의 디너」, 「시드니 오페라하우스에서 개최되는 실버씨 고객만을 위한 프라이빗 오페라」처럼 고객들의 기대 유지를 위한 특별한 순간을 만들어내는 일정을 기획 · 운영하고 있다. 또한 실버씨사는 고객들의 요청에 따라 기존에 운영되던 14~16일 코스의 크루즈 일정을 9~12일 코스로 기간 단축을 감행하였다.

크루즈 일정을 계획하며 발생하는 문제점에는 크루즈 고객을 부속선인 텐더보트를 이용해 이동시키는 텐더링과 실제적인 문제가 포함되기도 한다. 텐더링은 크루즈가 가지는 여러 가지 요인들로 인해 많은 승객들에게 인기가 적다고 할 수 있다. 승객 중 일부는 텐더링이 하선하는데 더 많은 시간이 소요되어 기항지 투어의 시간을 단축시킨다고 여기는 한편, 다른 승객들은 텐더링이 여러 가지 걱정을 유발하는 달갑지 않은 형태의 교통수단이라 말한다. 반면 텐더링에 대한 긍정적인 의견으로는 크루즈가 제공하는 스릴있는 경험으로, 이것이 크루즈 여행의 전체 경험에 추가된다는 의견이 있다. 거대한 크루즈 선박에서 작은 규모의 텐더보트로 갈아타 본 크루즈 승객들은 항구와 배에서 보는 독특한 풍경을 즐길 수 있는 기회다. 몇몇 크루즈 기항지는 크루즈선의 입항과 관련한 관리방법에 대해 평가되기도 한다. 일부 크루즈선의 선장에 따르면 입항 공지없이 입항하는 경우, 비싼 정박료를 부과하고 불필요한 예인선 서비스를 강요하여 요금을 부과하는 등 입항 관련 비용을 인상시키는 경우도 발생한다.

목적지에 대한 분석 목적은 기업의 장기목표와 지속가능한 경쟁력을 만들어내기 위해 보다 전략적이어야 한다. 이러한 관점에서 보았을 때, 표적시장을 위한 적합한 기항지와 효율적인 크루즈 일정을 만드는 요인과 방법을 결정할 수 있는 조사 자료에 대한 전략적 평가가 반드시 필요하다. 분석을 통해 전략적 의사결정과 새로운 문제 또는 위협요인으로 인한 불가피한 일정변경 같은 중기적 고민을 가진 전반적인 전략을 수립하는데 정보를 얻을 수 있다.

분석은 다른 관점에서도 접근할 수 있다. 예를 들면 관광목적지는 여행사, 투어오퍼레이터 또는 크루즈 회사가 평가할 수 있다. 이러한 관점에서 내부적 또는 외부적으로 분석할 수 있는 것이다. 내부환경분석은 핵심경쟁력(기업이 가장 잘하는 그들만의 특성)과 유·무형 자원(건물 또는 주식, 기술, 브랜드 네임)을 포함하는 강점과 약점과 같은 사안을 다룬다. 외부환경분석[28]은 본서와는 다른 관점의 주제이나 여전히 중요한 요인이며, 기회와 위협이 이에 해당한다(Evans et al., 2003).

목적지에 대한 일반적인 분석에는 재정적 회수의 극대화 또는 기항지에 대한 깊은 이해를 위해 사회적 관점을 반영하는 것과 같은 비즈니스적 사안을 포함해야 한다(Framke, 2002; Melian-Gonzalez and Garcia-Falcon, 2003). 전자의 접근법은 사업상 모험에 대한 기회와 위협요인을 실용적인 방식으로 풀어나가는 것에 보다 많은 비중을 두고 있지만, 후자의 경우, 필수적이라 할 수 있는 사회·문화적 의미뿐만 아니라 특정 지식을 가진 특정 그룹만이 사용할 수 있는 소수만이 이해하는 접근방식이다.

다음 소단원에서는 크루즈 일정 계획 시 적용가능한 다양한 분석도구를 소개하고자 한다. 이 분석도구들은 거시경제(산업전체에 영향을 미치는 광범위한 영향 요인들) 또는 미시경제(해당 사업에 즉각적으로 미치는 영향 요인들)를 살펴보는데 사용된다(Evans et al., 2003). 이러한 도구들은 목적지를 매력물 또는 관광객을 그들의 필요와 욕구로 간주하기도 한다. 첫 번째 예로 다양한 분야에 적용가능한 일반적인 분석기법을 소개한다. 그런 다음 관광과 크루즈 목적지 또는 기항지와 보다 직접적 관련이 있는 다양한 분석기법에 대해 알아보고자 한다.

---

28) 외부환경분석(external analysis) : 기업활동에 직·간접적으로 영향을 미치는 변화요소를 파악하고, 이에 대한 대응전략을 모색하는 분석기법이며, 경제적 측면, 기술적 환경, 인구통계학적 환경, 정치적·법적 환경, 사회적 환경, 국제적 환경 등이 이에 해당한다.

1) SWOT 분석 SWOT Analysis

SWOT[29] 분석은 전략적 평가를 위한 전형적인 접근법이다. SWOT 분석은 강점과 약점으로 내부분석을, 기회와 위기요인으로 외부분석을 한다(Evans et al., 2003). 이 분석은 크루즈 항 또는 목적지가 가진 본연의 특성에 대해 분석할 때 적용되거나, 크루즈 일정 계획시 크루즈 항 또는 목적지에 대한 평가가 필요할 때 중요한 분석도구로 사용된다. SWOT 분석은 향후 실행단계에 영향을 미칠 수 있는 과거, 현재 그리고 초기단계 요인에 주요 영향을 미치는 요소에 종종 적용되며, 바람직한 SWOT 분석은 논리, 비판 그리고 증거에 의해 만들어지는 것이다.

2) PESTLE 분석 PESTLE Analysis

PESTLE[30] 분석은 외부거시환경을 조사하는데 사용되는 매우 일반적인 분석방법이다.

PESTLE의 다른 형태로는 PEST, SPECLE, STEP, PEST, STEEP, SPECLE, SCEPTICAL 이 있으며, 이중 SCEPTICAL[31]은 Peattie와 Moutinho(2000)에 의해 만들어 진 것으로 관광분야에 적용가능한 형태로 변형한 것이다. 이러한 분석 방식은 위험 또는 환경변화에 따른 사안에 대한 확인, 패턴과 동향을 파악하기 위한 모니터링, 향후 환경적 변화를 계산하기 위한 예측, 그리고 파급효과 예측을 위한 기존의 동향과 앞으로의 동향에 대한 평가의 4단계로 진행된다.

비평가들은 이 분석방법이 거시환경의 핵심요소들과 관련한 사인들을 분석하는 효율적인 방법이라 하더라도 급변하는 수많은 영향요인들 또는 복잡한 관련요소를 확인하기 위한 평가의 실패로 인해 정확도가 떨어지는 결과를 초래할 수 있는 한계를 가진다는 것을 시사하고 있다.

3) 포터의 Five Forces Frameworks Porter's Five Forces Frameworks

마이클 포터(1980)는 장소계획을 위해 사용할 수 있는 경쟁력을 고려한 모델

29) SWOT : Strength, Weakness, Opportunities, Threats의 약자. 종종 TOWS, TWOS로 표현
30) PESTLE : Political, Economic, Social, Technology, Legal, Environmental의 약자
31) SCEPTICAL : Social, Cultural, Economic, Physical, Technical, International, Communication, Infrastructure, Administration, Institutional, Legal, Political의 약자

을 제시하였다. 그는 분석을 통해 아래의 다섯 가지 경쟁요소를 반영하여 경쟁력 있는 전략개발에 도움을 줄 수 있는 모형을 제시하였다.

- 신규 진입의 위협 Threats of new entrance
- 대안제품에 대한 위협 Threats of substitute products
- 바이어 또는 고객의 파워 Determinants of buyer/customer power
- 공급자의 파워 Determinants of supplier power
- 동종 비즈니스 간 경쟁 Rivalry among existing firms

그림 5-2 포터의 Five Forces Frameworks

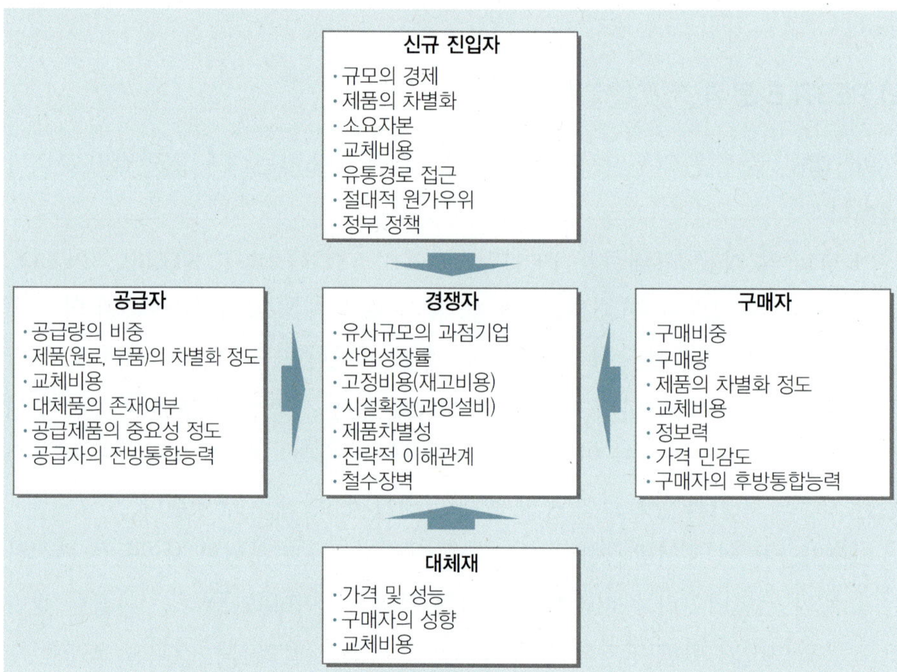

포터의 Five Forces Frameworks는 미시적 환경분석을 위한 접근법으로 크루즈 오퍼레이터가 경쟁적 환경에서 크루즈 일정을 기획할 때 적용할 수 있는 분석방법 중 하나이다.

4) 포터의 다이아몬드 분석과 관련 연구 Porter's Diamond Analysis and Associated Work

1980년대에 개발된 다이아몬드 분석(Porter, 1990)은 원래 지역 또는 국가적

차원의 경쟁력을 연구하기 위한 목적으로 개발된 것으로 크루즈 기항지 또는 목적지 연구에 적용하기에 여러모로 적합하다 할 수 있다. 이 모델은 목적지의 경쟁력 구축을 위해 도움을 주는 네 가지 요소를 다음과 같이 설명하고 있다.

- 요인조건 : 물리적 자원, 인적자원, 자본, 지적자원
- 시장구조, 조직과 전략
- 수요조건
- 관련 지원 산업

Wahab과 Cooper(2001)는 이 분석에 대한 가이드라인을 마련한 Smeral(1996)을 인용하여 포터의 다이아몬드 분석을 다음과 같이 업그레이드하였다. 이 가이드 라인은 포터의 기존 이론 중 4가지 핵심요인을 관광 관점에서 재구성하였다.

- **시장구조, 조직, 전략** : 이미지와 시장위치, 제품개발과 프로모션, 그리고 성장에 대한 열망 관련
- **수요조건** : 양질의 설비와 우수한 서비스의 유효성과 개발, 계절적 영향, 관광객 소비지출력, 재방문을 위한 노력, 관광산업을 위한 통합규정의 여부
- **정부** : 관광시장동향의 조사와 인지, 집중된 트레이닝의 유효성, 최소한의 관료체제, 폭넓은 환경적 인식과 변화에 대비한 발빠른 경영에 대한 개방적 태도

위 분석방법의 성공적인 적용방법은 최신 정보의 질과 신뢰도는 물론 각 요소들의 상호관계적 특성을 고려해야 한다는 것이 전제되어야 한다.

5) BCG 매트릭스 Boston Consultancy Group Matrix

BCG 매트릭스 Boston Consultancy Group Matrix는 제품의 포트폴리오를 고려하여 디자인된 것으로 개발에 대한 논리적 계산을 할 수 있도록 디자인되었다(Knowles et al., 2004b). 전략적 관점에서 이 접근법은 성장률, 성장 잠재력, 승객 인기도, 개발과 시설의 세련됨에 대한 장벽을 감안할 때 크루즈 목적지 또는 기항지에 적용하기 적합하다.

그림 5-3
BCG 매트릭스

6) TALC Tourist Area Life Cycle

TALC Tourist Area Life Cycle 이론(Burtler, 1980)은 리조트가 '고객 수요와 관련 점진적 단계의 연속인 제품이다'라는 것(Knowles et al., 2004b)을 전제로 하고 있으며, 여기서 언급한 점진적 단계는 다음과 같다.

- 탐험 Exploration 리조트는 소규모의 관광객이 방문하며, 접근성이 떨어질 수 있음.
- 관여 Involvement 서비스의 개선과 지역정부와의 상호관계증진으로 인해 관광객수의 증가.
- 개발 Development 개발로 인해 리조트는 프로모션 효과를 얻으며, 외부세력은 리조트의 통제력, 성수기에 지역주민과 관광객의 불균형을 초래하는 관광객수의 증가 그리고 리조트 시설의 개선.
- 협력 Consolidation 관광은 지역경제를 위한 주요 공헌자로 성장이 유지되고, 리조트는 국제수준의 평가를 획득함.
- 정체기 Stagnation 리조트는 유명세를 점차 잃게 되며, 재방문에 대한 지나친 의존, 여러 가지 사회 · 환경적 문제가 대두됨.

위 단계에 대한 대안책은 다음과 같다.

- 회복 Rejuvenation 공공 또는 기업부문과의 파트너십을 통한 마케팅과 시설투자를 통해 리조트를 리포지셔닝 하는 자극력.
- 감소 Decline 리조트는 숙박객과 방문객의 숙박형태 변화보다 당일 매출에 의존함.

이 이론은 리조트를 분석하기 위한 아이디어를 보여주고 있지만, 크루즈 여행이 리조트 또는 목적지의 라이프사이클에 담당하고 있는 역할 정도를 시험해 볼 수 있는 다른 관점의 분석 접근법을 제시하고 있다.

7) Doxey의 자극지표 Doxey's Irridex

자극지표를 뜻하는 'irridex'라는 단어는 '짜증, 짜증나게 하는 것'이라는 뜻을 가진 'irritation'과 'index'의 합성어로 Doxey(1975)가 관광산업의 특정 사안과 대면했을 때 지역사회의 인내와 지원이 잠재적으로 줄어드는 것을 시험하기 위해 만든 모델이다. Shaw와 Williams(2002)는 이 모델이 선진산업으로서의 관광산업에 대한 지역사회 반응이 지역사회에 미치는 영향을 조명할 수 있는 유용한 견해를 제공한다고 주장하였다.

Doxey의 자극지표에 대한 다수의 호평은 Burtler(1980)의 라이프사이클 단계의 개요와 유사하다. 자극지표는 희열감에서부터 무관심, 짜증 그리고 적대감의 순으로 되어 있는 반면, Burtler의 모델은 탐험, 관여, 발달 · 성장, 합동 · 합병, 정체 그리고 감소 또는 회복의 형태로 되어 있다.

8) 목적지 구성 요소 Components of the Destination Amalgam

Cooper외 여러 연구자들(1995)은 목적지를 구성하는 요소를 4As로 제시하고 있다. 이 모델의 자세한 설명은 다음과 같다.

- 관광매력물 Attraction 인공물이거나(시드니 오페라하우스, 이집트 피라미드) 또는 자연적 특성(그랜드 캐년, 알래스카 빙하) 또는 이벤트(골프 토너먼트, 올림픽게임) 등을 의미한다.
- 접근성 Access 항구 또는 항만과 연결되는 도로, 철도, 공항, 선박 등의 연계

성 분석과 방문객에게 제공되는 통합적 연결 서비스. Cooper외 여러 연구자들은(1995;85) 크루즈 목적지 또는 기항지가 갖추어야 하는 획기적인 지원과 공급의 중요성을 주장하였으며, 보행자를 위한 산책로, 자전거 도로, 말과 마차, 그리고 헬리콥터 등이 이에 해당한다.

- 어매너티 Amenity 부대시설물과 관광매력물을 구분짓는다는 것은 어렵다. Cooper외 여러학자들은(1995) 관광매력물을 '자체로서 설명이 가능한 것', '자체로서 매력을 가지는 것'으로 설명하고 있으며, 어매너티는 관광매력물을 지원하는 것으로 설명하고 있다. 따라서 레스토랑, 상점, 바, 그리고 호텔은 일반적으로 어매너티에 속한다. 크루즈 승객에 있어 어매너티는 논쟁의 여지가 있는 것으로 쇼핑센터, 싱가포르의 래플스 호텔과 같은 이미지의 호텔, 또는 유명한 쉐프에 의해 운영되는 일류 레스토랑이 이들을 매혹시키는 직접적인 매력물로 작용하기 때문이다. 그러나 일반적인 관점에서의 어매너티는 화장실, 수영장, 엔터테인먼트, 이·미용 서비스, 환전소, 보안서비스, 카지노 등과 같이 현지화 된 핵심서비스를 포함한다.
- 부대서비스 Ancillary service 이 서비스는 관광사무소, 시운영 관광부서, 여행·컨벤션센터와 같이 크루즈 목적지 또는 기항지를 운영, 개발, 마케팅하는 에이전시 또는 조직을 의미한다. 이 서비스는 목적지의 프로파일과 이미지를 보다 확고하게 하는 역할을 하는데 도움이 된다. 이러한 기구 또는 에이전시는 리더십 또는 목적지의 여러 이해관계자 간 결속을 용이하게 하고 관광객 또는 관광그룹에 정보, 서비스 그리고 조언을 제공한다.

9) VICE Visitor satisfaction, Industry profitability, Community acceptance, Environmental protection

VICE[32]는 환경친화적이면서 지속가능한 관광과 관련된 용어로(BTA, 2001) 고객만족, 기업의 수익성, 지역사회의 수용성 그리고 환경적 보호를 의미한다. 이 접근법은 관광기구가 지속가능한 개발 전략을 찾기 때문에 최근에서야 설득력

32) VICE : Visitor satisfaction, Industry profitability, Community acceptance, Environmental protection의 약자이다.

을 가지게 되었다. 이처럼 크루즈 오퍼레이터가 목적지 또는 기항지를 고려하거나, 지속가능한 개발을 적용한 규정과 실행을 반영할 경우, 이를 확인하기 위한 매우 유용한 측정방법이다.

이러한 측면에서 문화유산을 보호, 보존, 개발하기 위한 문화유산 분석과 같은 목적지의 지속성과 관련한 다양한 분석적 시도가 필요하다(Smith, 2003). 또 다른 접근법으로는 관광과 문화유산 간의 관계를 시험하는 것으로(McKercher & du Cros, 2002;16) 앞서 언급한 다양한 접근방법을 관광과 문화유산간의 관계를 증명하는데 적용할 수 있다. 자연매력물, 인공매력물, 쇼핑경험, 환대자원, 레스토랑, 오염되지 않은 환경, 공항, 날씨, 보안, 택시와 지역 내 교통시스템, 그리고 친근함과 같은 목적지의 특징을 반영한 관광자원 시리즈를 통해 적용할 수 있으며, 대부분의 경우, 이 접근법은 승객 설문조사를 실시하는 크루즈 회사가 이용한다. 그러나 Lockyer(2005)에 의하면, 이 방법은 잘못 해석될 수 있는 가능성을 가지고 있다. 이 접근법이 처리하기 쉽고, 상대적으로 실행하기 용이하나 사실에 대한 자세한 응답을 이끌어내기에는 무리가 따른다는 것이다. 다시 말해, 고객의 개인적 상황에 따라 매우 주관적일 수 있는 복잡한 요인을 근거로 고객이 판단하기 때문이다. 이런 의미에서 이 분석방법은 고객 또는 승객이 목적지에 대한 판단을 내리기전 논리적으로 적용되어야 한다.

목적지에 대한 분석의 마지막 부분은 관광객의 동기와 성향이 목적지에 대한 호불호를 결정짓는 특성을 기획자가 이해하는데 도움이 되는 방법들은 소개하고 있다. Abraham Maslow(1908-1970)는 동기이론의 핵심적인 이론가이다. 그는 인간이 불만족한 필요에 의해 자극받으며, 보다 높은 만족단계로 진입하기 위해서는 각 단계의 필요수준을 만족해야 도달할 수 있음을 나타내는 욕구 5단계 욕구이론 Five-level Hierarchy of needs Model을 제시하였다. 그의 모형은 생리적 욕구 physiological, 안전 safety, 소속과 애정 belonging/love, 자기존중 self-esteem 그리고 자아실현 self-actualization의 욕구로 설명되고 있으며, [그림 5-4]와 같은 모형으로 설명되고 있다.

그림 5-4
Maslow의 5단계 욕구이론

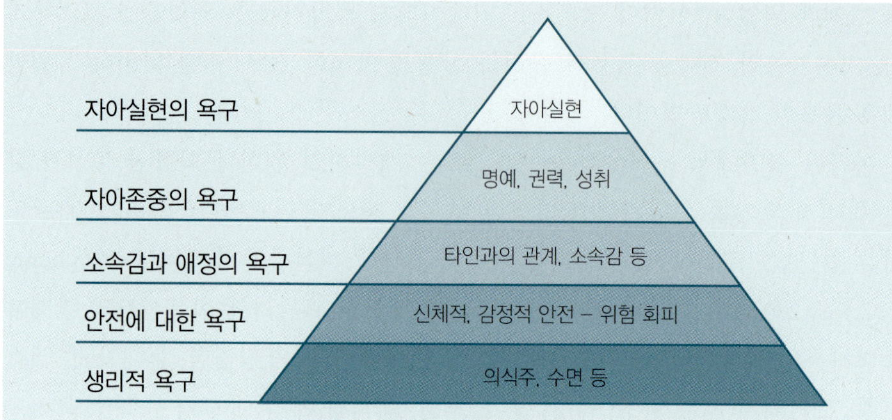

4 | 관광객 동기 Tourist Motivation

Cohen(1979)은 관광객을 다음과 같은 유형으로 구분하였다.

- 조직적 단체 관광객 organized mass tourist 패키지를 기반으로 한 관광객으로 현지 문화와의 접촉이 매우 적음.
- 개별적 단체 관광객 individual mass tourist 패키지를 기반으로 하고 있으나 개인의 선택에 따라 현지문화와의 접촉정도가 달라짐.
- 탐험형 관광객 explorer 독립적인 편안함을 추구하며 안전한 범위내에서 독특한 경험을 추구함.
- 방랑형 관광객 drifter 현지문화에 대한 몰입도가 높으며, 특별한 일정없이 여행하는 것이 특징.
- 제도화 된 관광 institutionalized tourism 관광서비스를 제공받으며 여행하는 패키지형 관광형태.

Cohen의 분류는 Plog(1987)이 여러 기초이론을 바탕으로 만들어낸 관광객의 심리적 분류를 기반으로 개발되었다. Cohen의 연구에서는 Plog(1987)이 관광객은 연속체임을 이론화하였다고 주장하고 있다. Plog의 분류는 내성적이며, 불안감을 잘 느끼고, 모험에 대한 관심도가 낮은 유형인 자기중심형 psychocentric을 시작으로 하며 이들은 비행에 대한 두려움을 느끼고, 자신의 활동영역을 벗어나는 것을 좋아하지 않으며, 일반적인 불안감을 느낀다. 중간형 mid-centric은 모형의 정중앙에 위치하며, 타인중심형 allocentric은 외향적이고 독립적이며 모험을 즐기는 유형으로 모형의 가장 마지막에 위치한다.

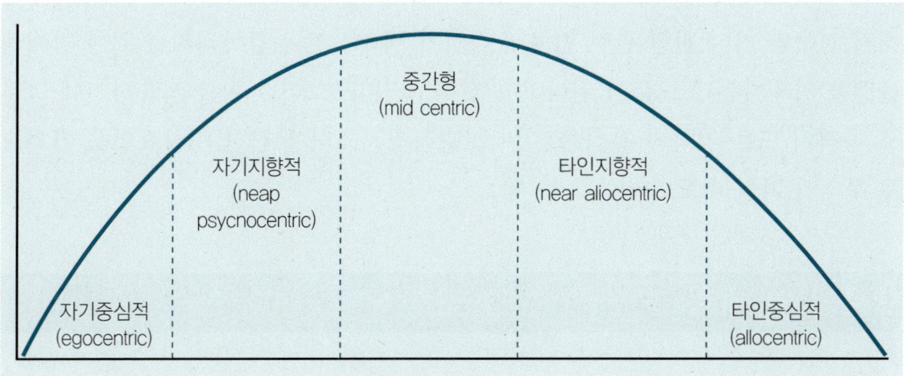

그림 5-5
Plog의 모형

[Stanley C. Plog(1970). Why destination areas rise and fall in popularity, Cornell Hotel and Restaurant Administration Quarterly. Vol.14, pp.55-58]

Plog은 대부분의 관광객들이 중간형에 해당한다고 주장하였다.

Dann(1981)은 7가지 관광동기요인에 대해 다음과 같이 설명하고 있다.

- 여행은 아직 부족하지는 않지만 원하는 것에 대한 반응이다.
- 목적지에 대한 풀 pull요인은 관광동기의 푸시요인 push에 대한 결과이다.
- 관광동기는 상상으로 존재할 수 있다.
- 관광동기는 목적으로 설명될 수 있다.
- 관광동기의 형태로는 향일성[33], 방랑벽[34] 등을 들 수 있다.
- 관광동기는 관광객의 경험에 의해 영향을 받는다.
- 관광동기는 일종의 자기 정의이자 의미이다.

Dann의 7가지 관광동기요인은 McIntosh와 Goeldner(1986)가 제시한 '관광동기의 4가지 범주'와 비교할 수 있다. 관광동기의 4가지 범주는 긴장완화와 같은

33) 향일성(sunlust) : 지중해 연안 등 따뜻한 기후와 해변을 찾아가는 여행 형태이다.
34) 방랑벽(wanderlust) : 새로운 사람과 문화를 탐구하고 새로운 경험을 얻기 위해 아프리카와 같은 색다른 지역을 찾아가는 여행 형태이다.

물리적 동기, 다른 문화에 대한 관심과 같은 문화적 동기, 새로운 사람들을 만나는 즐거움과 같은 대인적 동기 그리고 자아탐구와 향상을 목적으로 하는 지위와 명성의 동기로 설명된다.

Framke(2002)는 관광객들의 의사결정은 집에서 이루어지며, 풀요인보다 푸시요인이 더 강력하게 작용한다고 설명하고 있으며, 이러한 관점에서 보았을 때 목적지 연구와 기타 관광 관련 연구의 결과가 매력적인 관광목적지를 위한 마케팅 플랜을 기획하는데 도움이 된다고 주장하고 있다. 그러나 이를 적용하기에 크루즈 목적지 또는 기항지 분석은 일반 관광목적지보다 복잡한 영향요인을 가지므로 무리가 따를 수도 있다.

5 | 물류, 포지셔닝 및 계획 Logistics, Positioning and Planning

일정을 결정하는데 있어 고객이 필요로 하는 기항지를 발견한다는 것은 가장 중요한 부분 중 하나이다. 앞장에서 언급한 바와 같이 기항지는 안전하거나 위협적이지 않아야 하며, 접근성이 뛰어나고, 흥미로워야 하며, 문화적 자극요소가 있어야 할 뿐 아니라 일상과는 색다른 경험을 제공하고 친근한 분위기와 방문객 친화적인 분위기여야 한다. 크루즈 오퍼레이터의 관점에서 크루즈 일정은 크루즈 고객이 기항지 관광시 느끼는 크루즈 경험의 품질을 유지하도록 실제적이고 논리적인 목표를 수립 · 성취하는 것을 목적으로 한다.

다음은 크루즈 일정을 디자인하고 계획할 때 기존의 틀을 깰 수 있는 예들로, 이미 다수의 크루즈 기업에서 아래의 패턴들을 적용하고 있다.

- 크루즈 일정은 승객의 승선단계에서부터 시작하며 하선단계에서 종료되고 승하선의 지점은 다를 수 있다.
- 크루즈 여행의 기간은 7일, 10일, 14일이 가장 보편화되어 있으며, 경우에 따라서는 고객의 필요와 요구를 수용한 크루즈 여행 일정 수립이 가능하다.
- 일부 크루즈 오퍼레이터는 특정기간동안 동일한 크루즈 일정을 반복적으로 운영하는 순환식 또는 특정기간동안 같은 기항지를 이용하는 스케줄의 크루즈 상품을 번갈아가며 운영하는 이중순환식의 일정을 만든다.

- 크루즈의 규모에도 불구하고 다수의 대형 크루즈선들은 이러한 표준화된 크루즈 일정의 패턴을 준수하는 점포만을 입점하도록 하고 있다.
- 다수의 크루즈 일정들은 오전에 입항하고 오후 또는 늦은 오후에 출항하도록 계획되어져 있다.
- 크루즈 일정들은 크루즈 선박의 연료주유, 식자재, 음료, 식수 등의 공급, 그리고 쓰레기 처리 그리고 전문가(또는 기술자)의 지원이 필요할 때 크루즈항을 이용하기도 한다.
- 대부분의 일정은 기항지에서의 체류기간을 최대화하고 항해기간을 최소화한다.
- 크루즈 기업은 기항지 선택시 정박에 소용되는 비용을 매우 신중하게 고려해야한다.
- 출항항과 입항항은 여행, 보안, 터미널 시설과 수속절차와 관련한 하부구조를 고려해 선택된다.

다수의 크루즈 기업들은 크루즈 일정을 그들만의 독특함을 반영하는데 목적을 두기도 한다. 경쟁사와 차별화된 크루즈 기업이 되기 위한 요소들은 다음과 같다.

- 세계일주 크루즈, 타 크루즈 상품과는 다른 독특한 크루즈, 단기휴가 또는 맛보기 크루즈, 크루즈 선상에서 전 일정이 진행되는 기항지없는 크루즈, 출항지까지 항공으로 이동하는 항공-크루즈, 세계일주 또는 장기간 크루즈를 기반으로 한 권역 크루즈 등의 스케줄을 마련할 것.
- 이국적인 기항지, 방문빈도가 적은 기항지 그리고 입출항이 보다 복잡한 기항지를 선택할 것.
- 크루즈와 관광을 위한 연계성과 위치가 우수한 기항지 선택.

이러한 사례를 통해 알 수 있듯이, 크루즈 오퍼레이터는 크루즈 일정계획의 중요성을 반드시 인지해야 하며, 국경, 여권 관련, 입국관리, 관련 서류의 비치 등은 물론 승객과 승무원의 건강 또한 철저하게 고려해야 한다. 이에 대한 상세한 내용은 다음 장에서 설명하도록 한다. 일부 국가에서는 여행객이 박테리아 물질, 모기, 기타 벌레 등에 의한 질병, 열악한 위생환경으로 인한 음식의 부패,

그리고 현지 식수원의 오염 등에 취약할 수 있다. 이러한 문제에 대한 대비책으로는 특정 질병에 대한 예방접종이 있으며, 승객과 승무원에게 위험요소에 대한 행동방안 공지 등을 할 수 있다. 크루즈 회사는 승객에게 잠재적인 위험요소에 대한 사전 경고를 해야 하며, 보다 자세한 정보가 필요한 경우에는 승객 개개인이 주치의와 상담을 하도록 권고하거나 적절한 어드바이스를 제공해야만 한다. 일반적으로 기항지 또는 크루즈선에서 하선한 지역의 수질이 안전하지 않은 경우에는 승객들에게 밀폐된 용기에 담긴 생수를 구매하도록 하고 얼음과 해당 지역의 물로 씻은 음식은 되도록 피하도록 주의시켜야 한다.

낮은 수심, 일반적인 접근법으로는 불가능한 정박 또는 조수간만의 차이 등 선박이 부두 또는 선창에 안전하게 고정을 할 수 없는 경우, 크루즈 일정은 텐더보트로 정박해야함을 공지하고, 크루즈선을 해상에 정박하여 텐더보트를 이용해 승객들을 안전하게 항구로 이송해야 한다. 텐더보트를 이용한 정박방법은 즉각적인 하선을 원하는 승객들의 요구와 일반적인 정박방법과는 달리 승하선에 보다 많은 시간이 소요되는 특성이 있으므로 정박시 소용되는 시간을 최소화해야한다. 텐더보트를 이용한 정박방법은 해상과 육상에서 승하선이 진행되므로 이 과정을 통제하고 관리할 크루즈 관계자가 필요하다.

특정 항구로 정기적 또는 빈번한 입항을 하는 선박은 항만청 직원, 에이전트, 그리고 관련업계 종사자 등 핵심인물과의 친분을 가지는 것이 중요하다. 크루즈선의 특성상 기항지를 방문하며 쌓아온 입국관련 경험은 기항지의 도착 관련 수속, 하선, 다른 국가로 가기위한 승객의 환승, 재승선 그리고 도착 등의 업무를 담당하는 크루즈선의 사무부서에 큰 도움이 된다. 크루즈 회사는 기항지 관할의 항만 관련자를 육상기반의 조력자로 두어 크루즈선이 필요한 서비스를 제공받을 필요가 있으며, 공적업무, 입국관련 요구사항, 물자공급, 기항지 관광, 기술적 지원 그리고 특화된 서비스를 포함하는 다양한 사안들은 조율하거나 필요시 이들의 협력을 얻어야 한다.

크루즈항에 대한 친숙함은 승객들에게 현지의 상황과 그들이 기항지에 도착했을때의 기대감에 대해 미리 설명할 수 있게 하며, 크루즈 승무원이 승객들에게 해당 기항지가 재미있고 안전한 방문이 될 것이다라는 것을 확신해줄 수 있다. 일부 항구는 도착지점이 시내중심가 또는 볼거리가 밀집한 곳에서 먼 거리에 위치하고 있다. 이에 크루즈 회사는 승객들이 자유로운 활동을 할 수 있는 지점으로 신속하고 안전하게 수송하기 위해 전세버스를 계약해야 한다. 통상적으로 기항지 관광을 위해 마련된 전세버스는 승객의 하선지점에서 출발하고 관광 후 승선지점에서 하차하도록 한다.

크루즈 여행을 계획할 때에는 표적시장이 필요로 하는 것을 정확하게 간파하고 발생할 수 있는 모든 범위의 내 · 외부요인들을 고려해야 한다. 다음은 크루즈 여행계획시 고려해야하는 내 · 외부요인에 대해 자세히 알아보고자 한다.

1) 계획 The Elements of Planning

Moutinho(2000)는 관광을 위한 계획은 필요한 모든 부분을 갖춘 '완전체'가 되어야 한다고 주장하고 있으며 이는 즉, 관광계획이 다차원적이고 조직화된 접근법을 채택하여 장기적인 관점에서 성공할 수 있도록 해야 한다는 것이다. 국제적인 크루즈 기업을 운영한다고 해서 사회적 책임을 회피할 수는 없다. 사실 요즘처럼 신속한 커뮤니케이션 체제가 구축된 사회에서 기업의 사회적 책임은 비단 크루즈 기업 뿐 아니라 그 어떤 기업이라도 간과해서는 안 될 부분이다.

이러한 측면에서 크루즈 기업의 다국적 특성은 보다 복잡하다할 수 있다. 크루즈 오퍼레이터는 방문하는 국가의 정치적, 환경적, 사회적, 과학 · 기술적, 법적, 그리고 경제적 관점에서 받게 될 영향을 반드시 이해하고 있어야 한다. 각 국가는 자국으로 입국하는 관광 오퍼레이터(크루즈 기업 포함)에 영향을 미칠 자신들만의 관광정책을 가지고 있다(Goeldner & Brent Ritchie, 2003). 이 정책은 경제적 가치와 사회적 복지에 대한 균형 잡힌 시각을 가진 계획에서 비롯되어야 한다.

바람직한 관광계획은 관광산업에 필수적인 서비스의 개발, 효율적인 교통 시스템 구축, 커뮤니케이션 네트워크 구축, 그리고 상업 시설과 같이 관광객으로 인한 편의시설이 지역주민에게 장기적인 혜택으로 제공될 수 있다. 앞서 언급한 관광관련 기반시설은 물론 호텔, 레스토랑, 렌트카 서비스, 관광매력물과 같이 관광객의 필요에 의해 만들어진 관광시설 역시 지역주민에게 이익을 제공할 수 있다.

정책이 포함된 통합계획은 관광목적지 경영이 관광으로 인한 혜택을 최대화시키고 단점을 경감시키도록 한다. Laws(1997)는 '관광의 패키지화'가 다음 4가지의 결과를 초래하였다고 주장하였다.

- 리조트가 수요에 의해 표준화된 모델이 반영되어 획일화된 형태로 생겨난다.
- 환경과 생태가 개발에 의해 훼손된다.
- 관광목적지(해당 지역)가 편중된 이미지와 지역주민의 행동을 바꿀 만큼 지나치게 단순한 형태로 외부세상에 알려지게 된다.
- 고용과 상업적 기회가 증가하는 반면, 사회기반시설에 대한 수요로 인한 불이익이 발생한다.

이러한 환경 내에서 크루즈 기업은 운영한다. 초대형 선박 한척당 하선하는 승객의 수는 보통 2,000~3,000명으로 이들이 관광목적지에 미치는 잠재적 영향은 실로 대단하다. 따라서 관광 기획자는 해당 지역이 지속가능성을 유지할 수 있도록 위와 같은 요인들을 반드시 고려해야 한다. 그와 동시에 각 크루즈 오퍼레이터는 방문지역의 규제와 법을 준수하기 위해 해당 지역에 대해 학습해야 하며, 이 지역을 방문한 승객의 경험을 최대화할 수 있는 최상의 품질을 갖춘 크루즈 상품을 만들어야 한다.

2) 법규 Regulations

관광정책은 다방면에서 크루즈 오퍼레이터에 영향을 미칠 수 있다. 우선 크루즈 오퍼레이터는 복잡한 규정에 대해 충분히 숙지해야 한다. 이러한 규정들은 사람, 물품, 그리고 재화의 유동성과 보건, 안전, 관련법, 환경보호, 고객보호, 해상운송, 핵심 시설에 대한 소유권과 보안 등 광범위한 요인들과 관련이 있다.

사람, 물품 그리고 재화의 유동성(Shaw & Williams, 2004)은 크루즈 기업이 입국검색과정에서 대면하게 되는 부분이다. 이는 승객이 관광목적지 입출국시 이루어지는 것으로 여권과 비자통제, 세관, 환전 그리고 크루즈 승객의 통행허가 등과 관련이 있다.

외국 항구에서 입항한 선박은 승객이 하선하기 전에 통관수속을 반드시 마쳐야 한다. 입항과 관련한 통상적인 업무는 관련 규정과 선박의 선적국가에 따라 달라진다. 입출항 허가를 위해 크루즈 회사는 입항 국가의 항만관리국에 제출하는 승객, 승무원과 선박 내 물품, 그리고 크루즈 선박의 일정에 대한 정보를 알 수 있는 신고서를 준비해야 한다. 선박이 항구에 정박하고 있는 동안 승객의 승하선과 물품의 하역은 입출항시 이루어지는 필수단계 중 하나이다. 특정 국가에서는 항만보건국에서 선박의 위생수준을 확인하기 위해 선박을 직접 검열한다. 갈수록 입항 관련 신고는 선박내 보건 관련 및 보안 관련 위험성때문에 까다로운 확인 절차를 밟는다(International Council of Cruise Lines, 2004b).

최근 사스 SARS[35]와 노로바이러스[36]와 같은 보건 관련 이슈뿐 아니라 테러의 위협 등은 국제적인 이동을 하는 크루즈선과 승객들에 대한 항만관리국의 관리체계를 변화시켰다. 이러한 이슈에 대한 경보가 고조됨으로 보안단계의 상승이라는 결과를 초래하였다. 미국 내 항구에서는 크루즈 선박의 보안을 측정하기 위해 다음과 같은 보안체제를 적용하고 있다.

- 모든 승객의 수화물과 소지품에 대한 철저한 검사
- 승객 리스트와 신원에 대한 검사 강화
- 의심스러운 선박 또는 터미널 지역에 대한 출입 통제
- 무단입국과 불법활동을 근절하기 위한 엄중한 감시
- 미국내 항구 입항 전 사전에 공지된 미국연안경비대규정 USCG 96에 대한 인지와 승객과 승무원의 신원정보를 미 연방기관에 제출
- 크루즈 선박 주변지역을 미연안경비대가 보안지역으로 설정

[출처 : International Council of Cruise Lines(ICCL), 2004b]

1985년 EU의 15개 국가는 국경간의 통제를 풀고 여권 없이 자유로운 왕래를 허용하는 「쉥겐조약 Schengen Treaty」을 체결하였다(Eurovisa, 2001). 이는 다양한 국적의 승객들이 이용하는 크루즈선에도 영향을 미쳤는데, 이론적으로 EU 15개국의

35) SARS(중증급성호흡증후군) : 사스-코로나바이러스(SARS Coronavirus)가 인간의 호흡기를 침범하여 발생하는 질병으로, 2002년 11월에서 2003년 7월까지 유행하여, 8,096명의 감염자가 발생하였고 774명이 사망하였다.

36) 노로바이러스(Norovirus) : 미국 코네티컷주의 노워크시에서 발견된 RNA형 식중독 바이러스로 장염을 일으키는 바이러스 그룹이며, 감염시 메스꺼움과 구토, 설사, 복통 등의 증상이 나타나며, 두통, 오한, 근육통을 유발하기도 한다.

국적을 가진 승객들은 EU 지역을 방문할 때 입국절차가 생략되기 때문이다. 이로 인해 쉥겐조약의 혜택을 받는 국적의 승객과 승무원과 그렇지 않은 이들의 입국 차이 때문에 EU의 국적을 가지지 않은 승무원이 예고 없이 본국으로 송환되는 등 복잡한 상황이 연출되었다.

Eurovisa(2001)에 따르면, 쉥겐 Schengen은 룩셈부르크에 위치한 작은 마을의 이름으로 1985년 6월 유럽 내 7개 국가가 내부 국경을 없애고 자유로운 출입을 하는데 동의하는 조약에 서명하였다. 시간이 지날수록 쉥겐조약에 가입하는 국가의 수가 증가하여 현재 오스트리아, 벨기에, 덴마크, 핀란드, 프랑스, 독일, 아이슬란드, 이탈리아, 그리스, 룩셈부르크, 네덜란드, 노르웨이, 포르투갈, 스페인, 스웨덴 이상 15개 유럽 국가가 이 조약을 적용하고 있으며, 이 중 노르웨이와 아이슬란드를 제외한 나머지 국가는 유럽 연합인 EU의 회원국이다.

항만보건과 관련된 규정은 앞서 언급한 바와 같이 입항하는 선박이 안전하고 위생적으로 운영되고 있는지에 대한 여부를 확인하기 위해 선박 내 불시검문을 목적으로 방문하는 형태로 실시된다. 특히 조리실은 음식의 저장과 준비 그리고 소비가 되는 곳으로 위생상 위험도가 높아 감시에 최우선시 되는 장소이다. 때문에 대부분의 대형 선박들은 관련 규정 준수 및 최소한의 기준에 적합한 선박의 환경유지를 담당하는 환경안전사무관을 채용하고 있다.

3) 마케팅과 수요 Marketing and Demand

앞부분에서는 크루즈 여행을 가장 안전하게 할 수 있는 방법에 대해 알아보았다(ICCL, 2004b). Goeldner와 Brent Ritchie(2003)에 따르면, 안전한 여행은 개인의 심리상태 또는 동기요인에 영향 받는다(사람은 안전함과 탐험에 대한 매우 강한 욕구를 소유하고 있으며, 이 두 요인에 대한 심리적 상충을 감소시켜야 한다). 그러나 ICCL은 크루즈 산업의 안전 기록을 강조하고 크루즈 선박을「24시간 삼엄한 경비가 이루어지는 안전한 빌딩」에 비교하며(ICCL, 2004b), 이러한 심리적 상충을 인정하고, 크루즈 기업이 적용하고 있는 규제체제가 실제로 승객의 즐거움을 높일 수 있도록 하는 것을 목표로 하고 있다.

크루즈 기업은 점점 크루즈 여행객의 시장세분화를 위해 심리적 접근법을 사용하고 있다(Goeldner & Brent Ritchie, 2003). 시장세분화는 고객시장을 구체적인 기준으로 여러 그룹으로 나누는 것으로, 이 중 적합한 그룹을 선택하여 마케팅 활동의 잠재력을 극대화하는 것이다. 전통적으로 시장세분화는 지리적 요인(거주지역), 인구통계적 요인(연령, 성별, 가족사항 등) 그리고 사회경제적 요인(직업, 사회계층, 수입 등)과 같은 개인의 일반적인 정보로 구분하거나, 심리적 요인은 가치, 동기, 그리고 개인적 사안 등 개인의 심리적인 정보로 구분한다. 따라서 크루즈 여행은 '라이프스타일'의 한 형태로 판매될 수 있다. 크루즈 여행 계획의 관점에서는 다음과 같은 질문을 던질 수 있다; "과연 관광목적지, 크루즈 선상의 제품과 서비스가 승객의 심리적 욕구와 여행선호도를 만족시킬 수 있을까?"

4) 물류 Logistics

물류계획은 크루즈를 구성하는 외부적 요소로 물자공급과 서비스(연료, 식자재 또는 소모품), 항해계획(연료소비와 관련) 또는 수용력 관리(대규모 승객 관리시 효율성의 극대화) 등이 이에 해당한다. 크루즈선은 최대 25노트로 항해할 수 있으나 이 속도에서 크루즈선의 연비는 매우 낮아지며, 적정속도를 유지할 경우, 항해가능 거리가 증가할 수 있다. 크루즈선의 쾌적한 운항을 위해 크루즈 일정은 아래사항을 반드시 고려해야 한다.

- 경제적으로 최적화된 속도로 운항하여 연비를 최소화해야 한다.
- 입출항 시간은 각 스케줄마다 확인되어야 한다.
- 여러 기항지를 방문하는 경우, 고객의 욕구에 맞게 적절히 기항지를 선정해야 한다.
- 크루즈 관련 규정은 반드시 준수해야 한다.

일반적으로 크루즈 기업은 7일 일정의 상품에는 4~5곳의 기항지가, 14일 일정에는 8~10곳의 기항지가 포함되어 있다. 또한 점차 크루즈 산업이 확대됨에 따라 신규 고객시장을 공략할 수 있는 승선항을 개척할 필요가 있다(Goeldner & Brent Ritchie, 2003).

6 | 기항지 관광 Shore Excursions

크루즈 회사는 기항지 관광이나 다양한 기항지 프로그램을 제공한다. 이러한 활동들은 이윤을 창출하고 크루즈 회사의 순이익에 영향을 미치는 중요한 공헌자로서 크루즈 여행 상품에 기항지 관광에 대한 조건 등 상세한 내용을 명시해야 한다. 크루즈 여행에 포함된 기항지 투어 또는 기타 기항지 프로그램은 크루즈 선상위에서 진행되는 프로그램들과 마찬가지로 안전하고 복잡하지 않은 형태로 구성되어야 한다. 이러한 기항지 관광과 프로그램들은 상대적으로 안전하고, 타 문화체험을 위해 쉽게 조직 · 운영되고, 현지 문화를 간단하게 경험할 수 있는 기회이다. 투어에 대한 에스코트 또는 멘토링 서비스를 제공하는 관광경험은 승객을 위한 최상의 서비스를 제공하는 크루즈 여행의 장점 중 하나이다.

기항지 관광은 전적으로 선택적인 상품이며, 이는 곧 크루즈 회사를 위한 이윤창출도구로 세일즈와 마케팅이 매우 중요하다. 기항지 관광에 대한 세일즈는 크루즈 관광객이 승선하기전 사전 홍보를 통해 신청하도록 하는 것이 일반적이다. 대부분의 경우, 승객 또는 잠재 승객에게는 기항지 관광에 대한 핵심적인 내용이 담긴 브로셔가 발송된다. 기항지 관광은 크루즈 여행 중 기항지에서 가장 알찬 시간을 보낼 수 있는 최선의 선택이며, 이는 크루즈선과 기항지역을 연결하는 필수적인 역할을 한다. 승객들은 기항지에서 크루즈 회사가 제공하는 프로그램과는 별도로 독립적인 활동을 할 것인지에 대한 선택을 해야 한다.

기항지 관광을 세일즈 하는 것이 크루즈 회사가 가지는 최고의 재무적 이익이나, 일반적으로 크루즈 승객을 대상으로 하는 마케팅에서는 기항지 관광이 심혈을 기울여 만들어졌다는 것을 승객이 믿을 수 있도록 상당한 주의가 필요하다. 사회적으로 긴밀한 연대감을 가지고 자신의 경험을 공유하는 특성을 가진 크루즈 승객 집단의 특성상 강압적인 세일즈 기법은 오히려 역효과를 불러올 것이다. 따라서 기항지 관광 세일즈는 [표 5-2]와 같이 치밀한 판매접근법을 사용하는 것이 효과적이라 할 수 있다.

1) 판매촉진 Promoting Sales

브로셔는 기항지 관광을 소개하는 최고의 마케팅커뮤니케이션 수단이다. 브로셔에 있는 기항지 관광에 대한 소개는 기항지에서 체험할 수 있는 주요 이미지와 활동들을 강조하며, 구체적인 관광 프로그램이 있을 경우 더욱 강조된다. 일부 크루즈 브로셔는 신중한 여행객에게 자신들이 제공하는 기항지 관광이 위험을 최소화할 수 있는 최선책이라는 메시지를 담고 있다. 기항지 관광은 브로셔내 여러 기항지 활동 옵션 중 최우선적으로 소개되며, 승선전 예약 절차를 확실하게 제공한다. 일반적으로 기항지 관광과 관련한 홍보 문구는 미리 예약하는 고객이 실망하는 것을 방지하기 위해 강렬하고 설득력 있는 표현을 사용한다.

크루즈 회사가 승객에게 크루즈 티켓을 발송할 때, 상품에 대한 일반적인 정보 패키지는 물론 기항지 관광과 관련된 브로셔를 함께 발송한다. 이는 크루즈 여행 출발전 기항지 관광의 판매를 촉진하는 기본적인 수단이자, 크루즈 탑승후 선상에서의 판매를 유도 할 수 있는 수단이기 때문이다. 이러한 참고자료는 독자와의 지적 연대감을 형성하고, 커뮤니케이션을 위한 적절한 스타일을 개발하며, 진심이 담기고, 오판매에 대한 법적 위배를 피하기 위해 가장 조심스러운 언어표현을 사용해야 한다.

현실적으로 모든 기업은 자신들의 제품을 소개하기 위해 인터넷 홈페이지를 사용한다. 기업의 홈페이지는 마케팅 계획과 유통의 한 부분을 담당한다. 잠재고객과 기존 고객들은 보다 자세한 정보조사, 타 상품과의 비교, 예약, 그리고 기업과의 소통을 위해 홈페이지를 방문하며, 경우에 따라서는 다른 승객들과의 소통을 위해 이용하기도 한다. 크루즈 여행 상품을 구매한 고객에게 크루즈 회사의 홈페이지는 기항지 관광을 홍보할 수 있는 최고의 수단이다.

크루즈 여행과 관련된 준비를 위해 상품의 판매종료와 같이 일정과 운영관련 요인들은 선상 판매에 영향을 미칠 수 있다. 선상 신문과 TV 프로그램, 크루즈선내 관광사무소, 직접판매를 통한 광고와 기항지 전문가[37] 등은 마케팅 계획을 구

37) 기항지전문가(Port lecturer) : 크루즈 기항지에 대한 일반적인 정보는 물론 쇼핑, 관광, 교통 등 다양한 활동과 관련한 정보를 슬라이드쇼 등을 이용한 강연의 형태로 소개하는 업무를 담당하며, 기항지에 대한 지식, 강의능력, 대중과의 친화력 및 소통능력이 요구된다.

성하는 주요한 촉진 수단들이다. 뿐만 아니라 크루즈 일정 중 첫 기항지의 성공적인 관광 프로그램은 구전을 통해 나머지 일정의 추가적인 판매를 증가시키므로 앞서 언급한 마케팅 프로모션 수단만큼 중요하다 할 수 있다.

기항지 관광 시간을 고려하는 것 또한 중요한 사안이다. 크루즈 일정과 기항지에 따라 다르지만 일반적으로 크루즈선은 오전 8시에 입항, 오후 5시에 출항하는 스케줄을 선택하여 기항지에서 반나절 또는 전일관광을 할 수 있는 시간을 확보한다. 많은 승객들은 크루즈 회사에서 제공하는 기항지 프로그램이 시간상 가장 효율적으로 기항지역을 방문하고 체험할 수 있는 최선의 방법이라는 것을 인지하고 있다. 대부분의 고급 크루즈 회사는 항해지연으로 인해 기항지 관광이 연기된 경우 다른 방법으로 승객의 기항지 활동을 보장하거나, 정해진 항해일정으로 크루즈선이 다음 기항지로 출발을 하더라도 기항지 관광을 진행 한 후 다른 이동수단을 이용하여 다음 기항지로 승객들을 수송하여 크루즈선에 데려다 준다.

표 5-2 판매 수단

크루즈 브로셔	홈페이지	프로모션	구전
관광 브로셔	선상 TV	직접판매	기항지 강사

2) 우수 기항지 관광의 조건 What Makes a Good Shore Excursion?

그 답은 승객과 크루즈 선사에 있다. 크루즈 브로셔에서도 볼 수 있듯이 기항지나 관광목적지 선택에는 많은 이유가 있으며, 그 중 가장 중요한 것은 승객에게 있어 관광목적지 자체의 매력이다. 크루즈 선사들은 승객에게 여행의 매력을 중심으로 한 여행일정을 제공한다. 여기서 승객들은 인구통계학적 특성이 나뉘게 된다. 즉 승객의 유형별로 여행이 디자인되는 것이다. 이런 방식으로 가족형, 황혼형, 활동적 커플형, 젊은 독신형 및 기타 수요층별로 만족스런 여행이 되는 것이다.

크루즈 선사는 크루즈의 이미지 및 브랜드를 강화시키려고 한다. 크루즈 여행은 배의 일정에 맞는 여행일정표가 제공되어야 한다. 투어 오퍼레이터는 실행계획 수립시 배와 승객의 요구조건이 서로 시너지가 될 수 있도록 일정을 계획해야 하며, 이와 동시에 건강, 안전, 보안 역시 확실히 해야 한다.

크루즈 선사의 전문지식이나 경험도 영향을 미칠 것이다. 관광시 항구에서 기대하는 요인, 인기있는 프로그램, 승객 설문에서 가장 높은 점수를 받는 관광에 대해 조사하는데 있어 사전경험은 투어 오퍼레이터와의 관계구축에 중요하다.

3) 관광프로그램 디자인 Designing the Tour

크루즈 선사 및 대행사와 투어 오퍼레이터간의 기항지에서의 커뮤니케이션은 그 내용이 가장 중요하다. 협력업자로서 항만 에이전트는 많은 선사들과 일하긴 하지만, 크루즈 선사와 투어 오퍼레이터간의 커뮤니케이션은 직접적이고 지속될 수 있다. 처음부터 크루즈 선사는 여행일정표를 작성할 때 연료라든지 여행시간과 같은 계획요소를 고려하며, 판매가능 크루즈 프로그램을 수지에 맞도록 작성한다. 투어 오퍼레이터는 기항지 관광부서와 일하면서 기항지 관광 프로그램을 기획하고, 투어 브로셔를 작성하며, 자료들을 준비한다.

기항지 관광 프로그램은 입항시간, 버스, 해안교통, 기차, 헬리콥터, 경비행기 등 이용 가능한 교통수단 및 질적 수준은 물론 승선한 승객의 수 및 유형을 고려해야 한다. 숙련된 가이드 역시 중요하다. 많은 항에서 크루즈 여행으로 인한 항구의 교통량 증대를 경험하고 있다. 그 결과 어떤 선박들은 하루에 여러 항을 다녀야 했으며, 이는 기항지 관광 자원으로서의 가능성을 약화시키거나 과잉수용을 초래하였다. 과잉수용을 피하여 기항지 관광을 진행하기 위해서는 항구에 도착하는 시간이 무엇보다도 중요하다.

대부분의 여행 브로셔에는 반일 혹은 전일관광의 선택지역을 소개하고 있으며, 명소인 경우가 많다. 이집트의 사이드항 Port Said이나 알렉산드리아 Alexandria에 기항하는 경우, 승객의 입장에서 카이로의 피라미드를 보지 않는다는 것은 상상할 수도 없다. 전일관광은 대개 점심을 포함한다. 일반적으로 오전 투어가 오후 투어보다 인기가 있는데, 이는 오전관광 예약자들은 오후시간을 개별적으로 보내고 싶어 하기 때문이다. 일부 크루즈 선사들은 개인, 커플, 크루즈 승객과 떨어져 있고 싶어 하는 소그룹들의 요구에 맞추어 차나 미니버스([그림 5-6] 참고)를 제공하기도 한다. 음악, 춤, 식음료가 포함된 파티투어는 섬 관광을 신청한 젊은 세대에게 인기가 있으며, 문화 관광은 발견학습을 강조한 크루즈 승객들에게 인기가 있다. 이 외에도 특정한 테마에 맞춘 관광이 있을 수 있는데, 예컨대 뉴질랜드의 와인관광은 미식가들에게, 이탈리아의 오페라 관람은 음악 애호가들을 위한 것이다.

그림 5-6 기항지 전세버스

4) 도착전 Before Arrival

관광은 최소/최대 인원수를 정해놓는다. 출항시 기항지 관광 사무소는 실제 신청수와 여석을 알고 있을 것이다. 기항지 관광팀에게는 초과 신청의 가능성, 대안 및 기타 사항, 그리고 거동이 불편한 승객과 같은 특정 유형의 승객을 위한 맞춤투어 등의 내용을 알려야 한다. 많은 승객들은 여행의 느낌을 사전에 경험하기 위해 기항지 관광팀 내 구성원들과 이야기하는 것을 좋아하며 자신들의 지식을 가능한 서로 공유하기 때문에 관광 경험이 서로에게 도움이 된다.

앞서 언급한 바와 같이, 기항지 전문가는 기항지 프로그램의 판매에 있어 매우 중요한 역할을 한다. 많은 기항지 전문가들은 승객에게 관광의 내용을 알리는 것을 돕거나, 승객이 최고의 재미를 얻을 수 있게 선택하도록 기항지 관광팀과 어울린다. 또한 에스코트 목적으로 동반하기도 하며, 여행 품질에 영향을 줄 수 있는 부수적인 면을 제공한다든지, 기항지 관광 매니저에게 승객 및 자신의 의견을 피드백하기도 한다.

기항지 관광 매니저는 도착 하루 전에는 투어 오퍼레이터에게 최종 참가자수를 공지한다. 투어 오퍼레이터는 항해전 기항지 관광에 참가하는 인원수를 이미 파악하고 있을 것이며, 실제 요구사항에 대해서도 생각하고 있을 것이다. 투어 오퍼레이터는 마감 직전의 기항지 관광 상품 판매가 가능한 인원수에 대해 조언할 수도 있다. 기항지 관광 매니저는 최소 신청자 수에 조금 못 미치는 관광의 진행여부를 결정하며, 투어 오퍼레이터는 이에 맞추어 보상을 받는다. 이 결정은 대개 관광 진행시 발생할 손실액 및 고객 만족이라는 편익이 관광 취소시 발생할 비용 및 고객의 불만족이라는 비용보다 상회하는가의 여부로 판단하는 비용 · 편익 분석을 통해 결정된다. 이런 경우, 기항지 관광이 최소 신청자 수를 얻지 못하였더라도 취소되지 않을 때에는 막바지 판매에 따라 취소여부가 결정된다.

해안 및 선상에서의 기항지 관광상품 판매시 승객들에게 티켓과 영수증을 발행한다. 기항지 관광상품 판매시에는 음식물 규정, 워킹화 착용, 종교로 인한 복장 규정 등 민감하거나 특별한 조건에 대하여 명확히 전달해야 한다.

5) 도착시 On Arrival

기항지 항에 도착할 즈음 필요한 진행절차가 있다. 항만 관계당국이 요구하는 정당한 절차를 준수하고 모든 행정 업무를 완수하여 공식적으로 정박을 알려야 한다. 관계당국이 선박 도착을 인정하면 부두에 정박하거나 지시된 항만에 닻을 내릴 수 있다.

기항지 관광 사무관이 가장 먼저 하선하는 것이 관례인데, 이는 투어 오퍼레이터를 만나 규정대로 처리되었는지, 승객이 개별 관광에 합류할 수 있는지를 점검하기 위함이다. 승객이 정확한 시간과 합류지점에 도착할 수 있도록 주의 깊게 상륙절차가 진행되어야 한다.

그림 5-7 기항지 관광 프로그램

승객들은 기항지 관광 프로그램별로 제작된 배지를 받기 위해 하선 장소와 가까운 합류지점에서 만날 수 있도록 한다. 선박 스태프들은 상륙절차의 조정 및 승객을 투어지점까지 인도하기 위해 무선으로 서로 교신한다. 대개 크루즈 선사들은 스태프들이 에스코트로서 투어에 동반하도록 한다. 이는 회사를 대표하는 책임자가 함께 하는 셈이며, 또한 승객들이 환선 후 투어에 대한 평가를 얻을 수 있기 때문이다. 일반적으로 기항지 관광팀에게 에스코트 내용을 공지하며, 이를 수행할 체크리스트를 제공한다. 관광은 승객의 배지와 일치된 식별코드에 따라 단순 · 명확하게 분류된다.

기항지 관광 사무관은 배에서 승객의 복귀를 등록하며 투어팀을 맞이한다. 크루즈 선사가 투어 오퍼레이터에게 비용을 지불할 수 있도록 투어 오퍼레이터와 기항지 관광 매니저는 관광에 참가한 승객의 수를 확인한다.

6) 기타 역할 Other Duties

기항지 관광 사무소는 기항지 관광상품을 판매할 뿐 아니라 관광정보센터이자 여행사가 된다. 관광정보센터의 역할을 수행할 경우, 담당직원은 크루즈선과 도시 간 거리 같은 기본적인 것에서부터 세금과 관련된 복잡한 사항들까지 기항지 정보에 대한 질문을 자주 받는다. 대부분의 기항지 관광 사무소는 담당직원들이 이러한 질문에 잘 대답할 수 있도록 정보를 수집하여 보관하기도 하며 자신만의 노하우가 있는 직원에게 문의하기도 한다.

여행사로서는 직원이 호텔 및 항공 · 기차 티켓, 택시나 페리 등의 교통수단까지 주선할 수도 있다. 이런 종류의 사업은 판매 커미션을 통해 수익이 창출될 수도 있다. 일부 크루즈 선사들은 승객의 요구에 맞추어 항구에 별도의 여행사를 운영하기도 한다.

7) 투어 가이드 Tour Guides

좋은 투어 가이드가 좋은 관광을 만든다. 투어 가이드와 승객간의 상호작용은 기항지 관광 성공에 필수적이다(Collins, 2000). 투어 가이드는 승객 요구에 따라 차별화하여 재미나 정보를 제공하기도 하고 운영해주기도 한다. 크루즈 사업의 규모가 확장될수록 양질의 관광 및 가이드에 대한 요구가 발생할 것이다.

그림 5-8
쿠사다시 지역을 관광하는 크루즈 승객들

일반적으로 투어 가이드들은 해당 분야에 대한 상세한 지식을 지니고 있으며 커뮤니케이터로서도 높은 자질을 갖추고 있다. 이러한 소질은 유창한 언어 능력, 적절한 유머감각, 다양한 분야의 사람들을 두드러져 보이게 할 수 있는 능력 등을 말할 수 있다. 가이드들은 응급치료 능력이 있으며 필요하다면 단호하게 자기주장을 할 수도 있다.

많은 관광기구들이 투어 가이드들이 적절한 자격을 갖추었는지를 보증하기 위하여 승인제도를 운영하고 있다. 이들은 거의 필요이상의 자격을 갖추고 있는데, 고학력 소지자거나 해당 분야에서 전문가로 대우받기도 한다. 가이드들은 이런 종류의 직업에 적합한 폭넓은 인생경험을 쌓기 위해 선배로부터 도움을 얻을 수도 있다. 게다가 고된 업무의 특성상 모든 가이드들은 우수한 체력을 갖고 있어야 한다.

관광지, 투어 오퍼레이터, 버스 회사 및 기타 관광객이 있는 곳이면 가이드를 채용할 수 있다. 일부는 프리랜서이거나 독곤자적으로 일하기도 한다. 가이드들은 워킹투어, 버스투어, 아트 갤러리 · 대성당 · 성과 같은 유명한 건물 관광 등에서 산책 가이드나 스포츠 가이드, 통역사로서 일하게 된다. 많은 크루즈선에는 특별히 인기 있는 관광이 있을 수 있으며, 가이드는 최고의 방문과 승객의 즐거움을 최대화하기 위해 투어 매니저와 계획을 세울 수도 있다.

투어 가이드들은 기항지 관광을 조율할 수 있는 투어 매니저 및 버스 기사들과 함께 일한다. 게다가 명소 및 주요 방문지 직원들과 좋은 업무 관계를 유지하려고 한다([표 5-3] 참고).

표 5-3
좋은 가이드가 되기 위한 연습

좋은 가이드가 되기 위한 요건 Points for good Practice : The Tourguide
1. 직면할 수 있는 모든 세부사항과 발생 가능한 긴급상황에 대한 대처능력
2. 버스기사와 좋은 관계 확립, 기항지 관광일정 검토, 도로공사와 같은 예측 불가능한 잠재적 문제 확인
3. 관광지 도착시, 지불수단 등이 포함된 기항지 관광일정과 관련된 세부사항 숙지
4. 마이크 테스트 (원활한 업무 순서 및 버스내부에서의 성능)
5. 마이크 사용 경험 (입과 마이크 간 거리)
6. 가이드석이나 앞좌석 확보 및 안전벨트 체크

7. 버스의 청결상태 및 기타 내외부 검사
   - 이는 버스기사의 책임이나 버스가 제대로 된 것인지 재확인해야 함
   - 예 깨진 창문, 타이어 상태, 청결도, 내부파손, 조명 및 에어컨 상태 등
8. 웃음으로 맞이할 것
9. 출발전 인원수 체크
10. 엔진 가동 전 본인 소개 및 안전지침 소개
11. 안내방송 전 착석
12. 고객이 청취하고 있는지 뒤돌아보진 않는지 확인
13. 과도하게 말하지 말 것, 적절한 표정과 억양 유지
14. 안내 시작단계에서 정차 및 휴식 · 식사 장소를 언급 할 것
15. 버스복귀 시간대에 대해 상세하게 언급 (시간대의 강조 및 반복 언급, 차량의 외관이나 차량번호, 위치)
16. 하차후 버스가 다른 장소에 있을 시에는 특히 명확하게 공지
17. 대안이 없을 시 식사는 기사와 함께 함
18. 화장실 및 기념품점을 기대하는 승객에 대한 준비
19. 지시는 '여러분이 보고 계시는 오른쪽'과 같이 말할 것, 즉 홍미위주의 지시는 금지
20. 카메라 및 촬영시간 잊지 말 것
21. 우산이나 옷, 모자 등과 같이 쉽게 기억되거나 알아볼 수 있는 차림새
22. 위험한 곳에서 경계를 늦추지 말 것(심지어 인도나 낮은 천장이라도)
23. 고객 인지 (사소한 것이라도 파악하여 대화에 이용)
24. 간결한 언어 사용 및 대답 (일행 뒤에 선 고객들이 듣지 못했을 경우 반복)
25. 투어의 모든 참가자를 위한 연령대 고려
26. 고객이 이해할 수 있도록 그 지역의 규정 및 관습 설명
27. 중요 지점마다 인원수 파악 및 체크
28. 일행이 함께 있도록 하고 보행자 동선은 확실히 하도록 함
29. 사전대책을 마련하고 문제가 생기지 않도록
30. 긍정적인 바디랭귀지 사용 및 눈맞춤 유지
31. 투어의 종료를 알리는 강력한 표현 사용, 개발

7 | 요약 및 결론

이 장에서는 매력적인 기항지의 조건에 대해 학습한 다음, 관광 목적지 및 관광객의 동기를 분석 · 평가할 수 있는 이론적 접근법들이 제시되었다. 이러한 접근법들은 주의 깊게 사용되어야 하며, 해당 업무에 가장 효율적인 방법을 찾아내야만 한다. 이 장은 크루즈선사가 운영하는 기항지 관광에 대해 설명하고 있으며 여행 계획 및 운영 평가를 포함하고 있다.

관련용어

- 선석 Berth : 항내의 선박을 위한 접안시설로 승객들이 승하선 할 수 있는 공간
- 주항 Circumnavigate(周航) : 세계를 일주하는 항해
- 인구통계학 Demography : 인구에 대한 통계적 학습법으로, 규모와 밀도, 분포와 인구의 동태와 관련한 통계
- 크루즈 여행의 시작지역 Generating region : 크루즈 승객의 비즈니스가 시작되는 지역
- 토착민 Indigenous population : 해당 지역 출신의 사람
- 제품 포트폴리오 Product portfolio : 고객에게 판매하기 위한 다양한 제품과 서비스의 조합
- 이해관계자 Stakeholders : 모험적 사업에 관심이 있는 그룹 또는 개인
- 전략 Strategic : 전반적인 계획을 성취하는 것
- 전술 Tactic : 목적을 달성하는 것

학습문제

❶ 관광목적지가 무엇인가?

❷ 관광목적지는 어떻게 평가되는가?

❸ 좋은 크루즈 목적지를 만드는 조건은 무엇인가?

❹ 쉥겐조약이 무엇인가?

❺ 초대형 크루즈선의 승객들을 위한 기항지 관광은 어떻게 기획되는가? 아래의 항목에 적합한 답변을 제시하라.

a. 세일즈 & 마케팅 b. 조직과 계획

c. 입항과 기항지 관광 참가 d. 평가와 품질 통제

추천자료

- 크루즈 회사와 기항지 프로그램

  http://www.cunard.co.uk/Destinations/default.asp?Region=12&sub=se

  http://www.princess.com/planner/shorex/index.jsp

  http://www.pocruises.com/shoreEx/home.htm

  http://shorex.rccl.com/

  http://www.crystalcruises.com/onboard.aspx?ID=9#id44

  http://www.ncl.com/shorex/index.htm

  http://shorex.celebrity.com/cc/home.asp

- 항구연합 또는 일반 정보

  http://www.medicruise.com/page.asp?p=1516&1=1

  http://www.port-of-call/Ports_of_call_v2/default.asp

  http://www.econres.com/documents/Cruise.html

  http://goflorida.about.com/od/cruiseports/

- 기타 자료

  http://www.shoretrips.com/default.asp

  http://www.cruisedirect.com/act_shoremain.shtml

  http://www.cruisecritic.com/tips/tipsarticle.cfm?ID=25

참고문헌

- BTA (2001), The Sustainable Growth of Tourism to Britain. London : British Tourism Authority.
- Burton, R. (1995), *Travel geography* (2nd ed.). London : Pitman.
- Butler, R. (1980), The concept of a tourist area cycle of evolution, *Canadian Geographer*(24).
- Cohen, E. (1979c), Rethinking the Sociology of Tourism, *Annals of Tourism Research*, 6(1), 18-35.
- Collins, V.R. (2000), *Becoming a tour guide*. London : Continuum.
- Cooper, C., Fletcher, J., Gilbert, D., and Wanhill, S. (1995), *Tourism principles and practices*. Harrow : Longman.

- Dann, G. (1981), Tourist Motivation : An Appraisal, *Annals of Tourism Research*, 8, 187-219.
- Davidson, R., and Maitland, R. (1997), *Tourism destinations*. London : Hodder and Stoughton.
- Doxey, G.V. (1975), A causation theory of visitor-resident irritants : Methodology and research inferences, Paper presented at the Travel and Tourism Research Associations Sixth Annual Conference Proceedings, San Diego.
- Eurovisa (2001), Free movement of people . Retrieved 11 October, 2004, from http://www.eurovisa.info/SchengenCountries.htm
- Evans, N., Campbell, D., and Stonehouse, G. (2003), *Strategic management for travel and tourism*, Oxford : Butterworth Heinemann.
- Franke, W. (2002), The destination as a concept, *Scandinavian Journal of Hospitality and Tourism*, 2(2), 92-108.
- Gibson, P. (2002), The GNVQ in leisure and tourism : investigating student perspectives. In B. Vokonic and N. Cavlek(Eds.), Rethinking of education and training for tourism. Zagreb : Graduate School of Economics and Business, university of Zagreb. Croatia.
- Goeldner, C., and Brent Ritchie, J.R. (2003), *Tourism : principle, practice and philosophy*. New Jersey : John Wiley and Sons.
- International Council of Cruise Lines (2004), The safest way to travel : cruise ship security : Retrieved 11 October 2004 from www.iccl.org
- Knowles, T., Diamantis, D., and El-Mourhabi, J.B. (2004), *The globalisation of tourism and hospitality* : A strategic perspective (2nd ed.), London : Thomson.
- Laws, E. (1997), *Managing Packaged Tourism*. London : International Thomson Business Press.
- Lloyd's. (2003a, April/ May), 'Cruise International'.
- Lloyd's. (2003b, January), 'Silverseas'. Lloyd's Cruise International.
- Lockyer, T. (2005), Understanding the hotel accommodation purchase decision, Paper presented at the CHME Conference, Bournemouth.
- Maslow, A. (1970), *Motivation and personality* (2nd ed.). New York : Harper & Row.
- McIntosh, R., and Goeldner, C. (1986), *Tourism principles, practices, philosophies*. New York : Wiley.
- McKercher, R., and du Cros, H. (2002), *Cultural tourism : The partnership between tourism and cultural heritage management*. New York : Hayworth Hospitality Press.

- Melian-Gonzalez, A., and Carcia-Falcon, J.M. (2003), Competitive potential of tourism in destination, *Annals of Tourism Research*, 30(3), 720-740.
- Moutinho, L.(Ed.), (2000), *Strategic management in tourism*, Wallingford: CABI Publishing.
- Peattie, K.,and Moutinho, L. (2000), The marketing environment for travel and tourism, In L. Moutinho(Ed.), *Strategic management in tourism*. Wallingford : CABI.
- Plog, S.C. (1987), Understanding Psychographics in Tourism Research. In J.R.B. Ritchie and C. Goeldner(Eds.), *Travel tourism and hospitality research*(pp.203-214). New York : Wiley.
- Porter, M.E. (1980), *Competitive strategy : Techniques for analyzing industries and competitors*. New York : Free Press.
- Porter, M.E. (1990), *The competitive advantage of nations*. New York : Free Press.
- Shaw, G., and Williams, A.M. (2004), *Tourism and tourism spaces*. London : Sage.
- Smeral, E. (1996), Globalisation and changes in the competitiveness of tourism
- destinations in Peter Keller(Ed.), *Globalisation and Tourism*, 46th AIEST Conference,
- Rotorua, New Zealand. St. Gallen, Switzerland.
- Smith, M.K. (2003), *Issues in cultural tourism studies*. London : Routledge.
- Wahab, S., & Cooper, C. (2001), Tourism globalisation and the competitive advantage of nations. In S. Wahab and C. Cooper(Eds.), *Tourism in the age of globalisation*. London : Routledge.

6

크루즈 선상의 주요 업무 Working on Board

학습목표

- 크루즈 선상에서의 역할과 책임 및 인적 구조, 계약, 크루즈 선박 관련 기구들에 대한 이해
- 크루즈 및 해운업의 사무부서 및 호텔 서비스의 역할과 중요성 확인
- 선상문화 및 다국적 승무원 관리의 어려움에 대한 조명

본 장에서는 크루즈선의 인력(직원) 및 인사구조와 이들의 역할 및 책임에 대해 학습하고자 한다. 사무부서의 역할 및 호텔서비스부에 대한 직무를 기술함으로써 각 부서의 권한 및 크루즈선의 인적자원관계에 대한 중요성에 대해 소개한다. 선박 승무원에 대한 관리 및 운영은 크루즈운영자에게 있어 복잡한 사안으로, 호텔서비스 관련 승무원 관리 및 채용, 호텔서비스부의 숙련 · 반숙련 · 비숙련 근로자들에 대한 매카니즘에 특별한 주의를 기해야 한다. 다국적 승무원을 지원하는 기관은 직원 채용에 있어 매우 중요한 역할을 담당하고 있다(Garrison, 2005).

사무부서 및 선상 호텔 서비스부는 고객과 크루즈 승무원을 위한 채용과 관련이 있다. 본 장에서는 고객서비스, 바, 라운지, 레스토랑, 비스트로, 숙박시설과 같은 호텔 서비스와 관련된 업무를 차례로 소개하며, 크루즈 선박 내 상점, 카지노, 엔터테인먼트 직원, 기항지 전문가와 같은 고객 엔터테인먼트와 관련된 서비스에 대해서도 설명하고자 한다.

크루즈선은 다양한 국적과 연령대, 문화적 배경 및 사전지식, 개인적 요구 및 포부를 가진 승무원들이 모인 공간으로 다문화의 성격을 가지고 있다. 본 장의 후반부에서는 여러 국가 출신의 승무원들을 어떻게 관리하는지에 대해 소개할 것이며, 다국적 승무원들이 승선생활에 흥미를 갖게 한 사례를 추가하였다.

1 | 크루즈선의 역할과 책임 The Role and Responsibilities on a Cruise Ship

대부분의 대형 크루즈선은 고객의 욕구를 충족시키기 위해 '리조트' 수준의 다양한 시설과 선상활동을 제공하고 있다.

전통적으로 선박은 승객의 안전과 선박내 상업적 운영을 위해 사무원이나 관련 승무원을 위계적 시스템으로 운영한다.

일반적으로 이러한 시스템은 교대근무제도로 운영이 되는데, 여기에서 「당직사관officer of watch」이라는 용어가 탄생하게 되었다. 많은 선박들이 자동화된 24시간제 당직이라는 엄격한 패턴으로 변화해 왔으나, 일부 선박들은 여전히 기능적 효율성, 안전성 및 보안에 대한 사안을 전통방식으로 유지하기 위해 자동화를 도입하고 있지 않다. 일반적으로 당직근무는 8~12시, 12~16시, 16~20시, 20~24시, 24~4시, 4~8시와 같이 4시간씩 운영된다. 대개 갑판원deck officer이나 엔진부서원engineering officer은 24시간동안 4시간씩 2번 근무를 하게 된다.

크루즈선에는 직원관리를 위해 위계적 시스템을 운영하고 있지만, 유조선이나 화물선과는 달리 고용된 직원의 대부분이 고객서비스 업무를 담당한다. 현대사회의 크루즈선에서 고용되는 직원은 사무원officer, 승무원crew, 스탭staff으로 구분할 수 있다(Bow, 2002). 사무원은 특정한 권한을 가지게 되며, 갑판, 엔진, 통신, 호텔 서비스 부서에 배치된다. 승무원 역시 위 4개 부서에 배치되며, 직원 중 가장 많은 비율을 차지한다. 스탭은 샵매니저, 미용사, 피부미용사, 엔터테이너, 카지노 담당자, 사진사와 같은 직업에 종사하는 사람들을 의미하며, 이들은 승선 중 업무가 가능한 영업권 보유자와 계약이 되어 있다. [그림 6-1]은 대형 크루즈선의 경영진 구조에 대한 예이다.

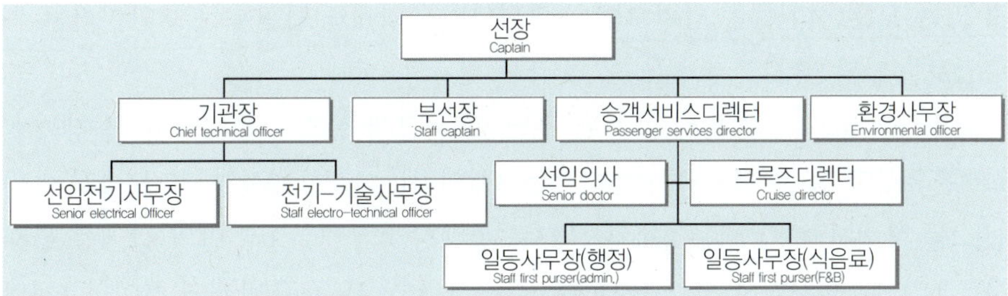

그림 6-1 크루즈선의 조직도(경영진)

크루즈 선사가 대형화, 국제화가 됨에 따라, 크루즈 운영에 대한 복잡성이 증대되어 과거보다 신중한 관리와 협력이 필요하다. Branch(1996)에 의하면, 선장captain은 크루즈선에 대한 절대적인 권한을 가지고 있다. 이러한 권한은 선박 소유주를 대신하는 것으로, 이는 선박, 승무원, 승객, 선적 수화물이 위험에 처할때 발휘할 수 있다. 선장의 책임은 제3장 해상법에서 이미 다루었으니 참고하기 바란다. 선장의 역할과 각 부서장部署長:captain의 지위에는 미묘한 차이가 있으며, 비록 크루즈선의 각 부서장이 종종 선장의 지위를 가지고 있을지라도 계급을 달리 여기고 있다.

1) 갑판부 The Deck Department

크루즈선의 선장ship's master은 선박 전체를 관장하며 항해 및 갑판부navigation & deck department를 감독한다. 1일을 기준으로 일등 항해사chief officer/ first mate가 갑판부를 책임진다. 선박이 크면 클수록 1등first officer, 2등second officer, 3등third officer, 4등 항해사fourth officer와 같은 하위의 갑판부원이 더 필요하게 되며, 이는 곧 선박의 크기에 따라 항해사의 수가 결정된다라는 것을 의미한다. 갑판부는 항해와 선박관리를 감독한다. 수석 항해사senior officer는 안전담당관의 역할을 하며, 갑판사관deck officer은 사관후보생junior officers-in-training이라 불리는 수습 하급사관cadets으로 보충된다.

데크부의 승무원은 중사chief petty officer 및 하사관petty officer들로 구성되며, 이들은 갑판사관의 지시하에 있는 갑판원deck crew을 감독한다. 갑판원으로는 데크 카펜터deck carpenter가 정박 및 출항을, 갑판수quartermaster나 키잡이coxswain는 조타장치를 담당하며, 갑판사관과 함께 조타 및 경계 근무를 하는 2등 선원seamen grade2 및 1등 선원seamen grade1과 하급선원junior seamen, 갑판원을 총괄하는 갑판장Bosun/boatswain과 일반적인 업무를 담당하는 일용직들이 있다. 그리고 비숙련 선원이나 숙련된 선원에 속하지 않는 모든 선원들은 갑판부에 소속된다. 이 외에도 갑판부는 보안이라는 특수업무를 담당한다.

갑판사의 표시는 제복에 표시된 무늬 없는 금색 선으로 분류한다. 선장 master/captain은 4개의 선, 수석항해사 chief officer는 3개의 선, 1등 항해사 first officer는 2개 반의 선, 2등 항해사 second officer는 2개의 선, 3등 항해사 third officer는 1개 반의 선, 4등 항해사 fourth officer는 1개의 선으로 표시한다. 수습사관 Cadet은 종종 반개의 선이나 1개의 선을 갖기도 한다. 갑판부의 상징은 다이아몬드이다. 보안담당 security officer은 갈색선과 보안을 상징하는 대문자 「S」로 표시하고 있다. 대부분의 크루즈선은 환경담당관 environmental office을 임명하는데, 선장에게 선박의 안전에 대해 자세한 설명할 수 있는 능력을 갖추어야 하며, 제복상에서는 녹색이나 금색선으로 표시된다.

2) 기관부 The Engine Department

기관부는 기관장 chief engineer의 담당이며, 선박의 추진, 조타 및 냉난방, 통풍, 조명, 냉장과 같은 보조동력시스템에 대한 책임자로, 연료와 유지 및 수리의 책임에 대한 가진다. 크루즈선은 배의 크기 및 추진 시스템 형태에 따라 전기기사 electrical engineer는 물론 기관사 및 수습 승무원이 더 필요할 수 있다.

기관부의 승무원으로는 고급하사관 chief petty officer(motorman)과 하사관 petty officer(motorman)이 있으며 이들은 하급 기관사 junior motorman, 2등 기관사, 1등 기관사와 같은 기관사들에 대한 관리와 기관부의 감독업무를 담당하며, 전기기사 같은 특정한 직위를 두는 선박도 있다.

기관장은 제복에 금색과 자주색이 교대로 들어간 4개의 선으로 표시하며, 전기 관련 총책임자 chief electrician는 3개의 선으로, 일등 기관사는 2개 반의 선, 2등 기관사는 2개의 선으로 표시한다. 기관부는 2개의 상징으로 표현된다. 하나는 프로펠러로 기술과 엔지니어링을 의미하며, 다른 하나는 전기파동무늬로 전기관련 업무를 의미한다.

3) 통신부 The Radio Officers

통신부의 최고책임자 chief radio officer는 필요에 따라 타 부서의 승무원을 통신부에 보충할 수 있다. 통신부는 라디오, 텔렉스, 전신, 전화 및 인터넷, 위성통신을 포함한 모든 커뮤니케이션을 지원하는 업무를 담당한다. 통신사 radio officer 및 보조통신사 radio assistant는 기술 및 엔지니어링과 연계되어 있지만, 일반적으로 통신부는 선교[38]와 더 가까이 위치하고 있기 때문에 항해사들과 더 밀접한 관련이 있다.

통신부의 최고책임자는 제복에 금색과 녹색으로 된 3개의 선을, 기타 통신사들은 갑판이나 기관사들과 같은 패턴으로 표시한다. 통신부의 상징은 전파신호이다. 하지만 이 부서의 기술적 역할이 일반적으로 전기 관련 승무원에 의해 관리되고 있으므로 점점 부서가 없어지고 있는 추세이다.

4) 의무부 The Medical Department

선상위에서 생활하는 승객과 승무원의 규모를 볼 때, 의료부에 대한 필요성은 당연하게 여겨진다. 의무부의 최고책임자인 PMO Principal of Medical Officer는 의료 담당 승무원이나 의사의 지원을 받으며 의무부를 총괄적으로 담당한다. 크루즈선의 규모 및 형태와 승객에 따라 수간호사나 2명 이상의 간호사들이 상주하고 있으며, 일반적으로 이들은 사관급으로 일부 선박에서는 의료 관련 업무 중 전문적인 기술을 필요로 하지 않는 승무원을 고용하기도 한다. 초대형 선박들은 의료장비, 물리 치료사, 치과의사를 채용하기도 하며, 영안실을 두는 경우도 종종 있다.

의무부의 최고책임자는 통상 제복에 금색과 빨간 색으로 된 3개의 선으로 표시된다. 의료실의 상징은 헤르메스의 지팡이이며, 선상의 의료지원규정은 선상에서 생활하는 모든 이의 건강을 위한 필수적 요소이다. 의료팀은 전문의의 지원으로 수익을 창출할 수 있기 때문에, 일부 크루스 선사는 호텔 서비스부의 관리하에 의료팀을 두고 있다.

5) 엔터테인먼트부 The Entertainment Department

엔터테인먼트부의 수장인 크루즈 디렉터 cruise director는 엔터테인먼트 업계에서 숙련된 전문가이다. 크루즈 여행에서 고객을 즐겁게 하는 일을 엔터테인먼트부

38) 선교(船橋 ; ship's bridge) : 선박 내에서 전체 선박을 지휘할 수 있는 공간으로 조타실이 위치하고 있다.

에서 관리하기 때문에 뮤지션, 댄서, 코미디언, 배우, 가수, 사회자, 음향 및 조명 담당, 무대기술자, 객원 강사, 기항지 강사, 피트니스 강사, 육아 담당 및 기타 전문가들을 채용하고 있다.

크루즈 부디렉터 deputy cruise director는 크루즈 디렉터를 보좌하는 직급이며, 크루즈 디렉터는 일반적으로 제복에 표시되는 3개의 선을 가진 타 부서의 직급과 동등한 지위를 가지고, 호텔서비스부와 연계 업무를 수행하기도 한다.

6) 호텔부 The Hotel Department

운영규모에 따라 호텔 서비스팀은 타 부서에 비해 고용인의 숫자 면에서 압도적이다. 책임자급으로는 호텔 매니저 hotel manager, 호텔 서비스 디렉터 hotel service director, 고객 서비스 디렉터인 PSD passenger services director, 최고 사무장 executive purser이 있다. 사무장이라는 의미의 「purser」라는 용어는 지갑을 의미하는 'purse'의 파생어로서 전통적으로 재정관리와 관련되어 있다. 그러나 어떤 크루즈 선사들은 이 용어를 다른 방식으로 사용한다. 호텔 서비스를 책임지는 수석 사무장 senior officer은 제복에 금색과 흰색으로 된 4개의 선으로 표시되며, 총주방장 executive chef, 식음료 매니저 food&beverage manager, 부사무장 deputy purser은 3개의 선으로 표시한다. 선임부사무장 senior assistant purser, 식음료 부매니저 assistant F&B manager, 바 매니저 bar manager, 룸 매니저 accommodation manager(housekeeper)는 2개 반의 선을, 세컨드 사무장 second purser은 2개의 선으로 표시되며, 호텔부의 상징은 네잎클로버이다.

호텔부는 선사의 특성 및 성향, 승객의 타입, 제공되는 서비스에 따라 제공하는 호텔 서비스의 스타일을 달리할 수 있다. 호텔부에서 제공하는 서비스는 본서에서 가장 중심이 되는 부분이므로 책 후반부에 보다 심도 깊은 설명을 하기로 한다.

2 | 호텔 서비스 관리 The Management of Hotel Services

크루즈선의 호텔 서비스에 관한 전반적인 관리는 선박의 규모와 제품 및 서비스 품질과 관련된 업무의 강도를 보여준다.

크루즈 선박과 크루즈 여행상품 개발과 관련한 전통을 고수하는 해상기업은 최고 사무장executive purser이 호텔 서비스부를 지휘한다. 또는 수석 사무장의 역할이 승객 서비스 디렉터passenger services director나 호텔 디렉터hotel director의 업무와 동일할지도 모른다. 호텔 서비스는 부사무장deputy purser의 직책을 가질 수 있는 두세 명의 수석 매니저senior manager에 의해 위계적으로 관리된다. 각 부서장들은 식음료, 숙박을 포함한 승객 서비스, 재정운영에 주의를 기울인다. 일반적으로 각 부서장들은 아래와 같은 팀을 담당한다.

■ 식음료

- 총주방장executive chef, 조리담당 쉐프kitchen brigade, 식료품 담당 쉐프 등
- 바 매니저bar manager, 바 수퍼바이저bar supervisor, 바 스튜어드bar steward, 보조 바스튜어드assistant bar steward 등
- 메트르 도텔, 레스토랑 매니저restaurant manager, 수석 웨이터head waiter, 수석/보조 소믈리에head/assistant sommelier, 웨이터waiter, 보조 웨이터assistant waiter 등
- 승무원 및 사무원의 식사 담당 쉐프crew and officer's mess chef 등
- 스튜어드steward 및 유틸리티 스튜어드utility steward 등

■ 승객 서비스

- 숙박 매니저accommodation manager, 숙박 관리직accommodation administration, 숙박 수퍼바이저accommodation supervisor, 공용장소(갑판, 라운지 등) 수퍼바이저public area supervisor, 유틸리티 스튜어드utility steward, 캐빈 스튜어드cabin steward, 버들러butler, 세탁 관련 전문가laundry master 등

■ 행정 및 인사

- 행정 관리자administration manager, 프론트 오피스의 부사무장assistant purser front officer, 행정 부매니저assistant administration manager, 프론트 오피스 매니저front office manager, 리셉셔니스트receptionist, 승무원 관련 사무장crew assistant purser, 기항지 매니저shore excursion manager 등

■ 기타 구역

- 상점, 플로리스트, 인쇄소, 예술품경매, 커뮤니케이션 센터, 뷰티 센터 등

많은 크루즈 선사들은 전략적인 필요 때문에 호텔 서비스를 운영한다. 프린세스 크루즈는 리셉션, 기항지 관광, 예술 경매, 식음료, 승무원 사무실 등을 담당할 신입부사무장junior assistant purser들을 팀으로 채용한다. 이들은 승선 중 각 분야별 부매니저들인 부사무장assistant purser에게 보고하며, 필요한 경우 부사무장은 선임부사무장senior assistant purser에게 보고한다.

식음료 및 숙박에 관한 규정 및 편성은 인적자원의 관점에서 나온 것이다. 크루즈선의 효율적인 성과는 웨이터, 객실 승무원, 소믈리에, 공공서비스 승무원과 같은 인적 서비스 품질에 의해 좌우되며, 이는 크루즈 선사가 간과해서는 안 될 부분이다. 크루즈 선사들은 성장단계에서 양질의 인적자원 확보에 신경써야 한다. 신생 대형 크루즈선은 약 1천여 명의 새로운 인적자원을 필요로 하며, 채용될 직원을 대상으로 한 계약의 조정과 시스템이 반드시 갖추어져 있어야만 한다. 뿐만 아니라 채용직원을 대상으로 한 트레이닝, 감독, 관리가 필수적이다. 직원 트레이닝과 신규선박에 서비스를 확립하기 위해 외부 숙련가를 초빙하는 것은 흠잡을 데 없는 명성을 지닌 크루즈선이 제대로 된 직원 관리 시스템을 갖추고 있지 못하다는 것을 의미하므로 크루즈의 명성을 약화시킬 수 있다. 때문에 크루즈 선사는 직원채용에 있어 최고 수준의 매뉴얼을 갖추고 있어야 한다. [그림 6-2]는 일반적인 사무장 부서purser's department의 조직도로, 많은 선사들이 호텔부를 다양한 직급으로 운영하고 있다.

그림 6-2 사무장부서의 조직도

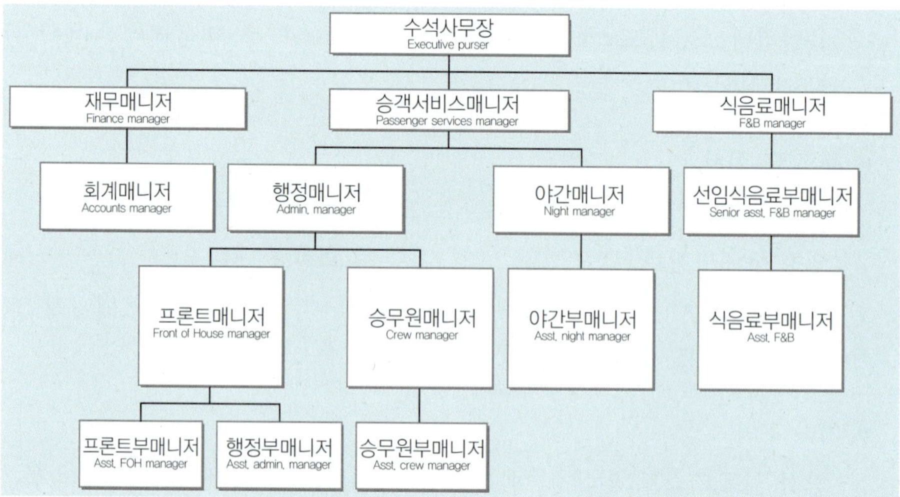

조리실에서는 보다 전통적인 '호텔'스타일로 조리팀을 구성하고 있다. 이곳은 조리실에서 제공하는 핫플레이트 hot plate/hot press를 관리하는 수 쉐프 sous chef들로 구성된 팀의 지원을 받아 총주방장 executive chef을 중심으로 돌아간다. 수 쉐프들은 요리 스타일과 음식 서비스의 기대조건에 따라 위성식당에 서비스를 제공한다. 조리실은 식료품 저장고, 고기 · 소스 · 그릴 · 생선 · 페이스트리 쉐프처럼 각 구역별 조리장인 쉐프 드 파티 chef de partie가 관리하며, 각각 보조를 두고 있다. 또한 조찬 쉐프 breakfast chef와 벨박스 쉐프 bellbox chef도 있다. 벨박스 쉐프는 객실 및 개인 전용실 근처의 식기 조리실에서 룸서비스로 음식을 제공한다. 마지막으로 사무장, 스탭, 승무원의 식사 또한 제대로 운영되어야 하며, 복잡하고 다양한 업무를 관리하기 위해 직원용 식당을 관리하는 것도 쉐프의 업무라는 점을 인식하는 것이 매우 중요하다.

대형 크루즈 선상에서 운영되는 다양한 레스토랑은 메트르 도텔로 불리는 레스토랑 매니저의 감독하에 운영된다. 각 레스토랑은 고객을 맞이하고 고객의 출입 및 착석을 도와줄 호스트 host를 채용한다. 수석 웨이터 head waiter는 일반적으로 최대 300명의 고객을 수용할 수 있는 대형 레스토랑을 관리하며, 대개 16~18명의 고객을 서브할 수 있는 보조 웨이터 assistant waiter 및 버스보이 busboy[39]들을 감독한다. 대형 레스토랑은 음료 및 와인을 제공하기 위해 헤드 소믈리에 head sommelier 및 보조 소믈리에 assistant sommelier팀을 채용한다. 대부분의 대형 크루즈 선사들은 뷔페 서비스뿐만 아니라 피자나 햄버거와 같은 패스트푸드점도 운영한다. 보조 뷔페 승무원팀이 수석 웨이터나 부수석 웨이터의 감독을 받으며 운영된다.

바 매니저 bar manager는 크루즈선에서 레스토랑 음료 판매를 위한 디스펜스 바, 쇼 바, 칵테일 바, 라운지 바, 갑판 및 풀장 바, 샴페인 및 캐비어 바, 직원용 바와 같은 다양한 형태의 바를 운영한다.

식음료 매니저 F&B manager는 부매니저 또는 퍼서 assistant manager/purser와 함께 다양한 매니저들과 업무를 수행한다. 샵매니저 shop manager는 조리실, 바, 레스토랑에서 일하는 관련 직원들의 의견을 수렴하여 관련 물품 제고준비, 판매 등을 한다.

---

39) 버스보이(busboy) : 레스토랑에서 웨이터를 돕는 접객보조원으로 식사 전 · 후 식탁정돈 및 청소를 주업무로 하는 식당종업원을 지칭한다.

3 | 선상문화 : 다국적 승무원 관리 The Shipboard culture : Managing a Multicultural Crew

일반적으로 대형 크루즈선에 승선하는 승무원들의 국적과 문화는 매우 다양하다. 대략 2천명의 승객을 수용하는 크루즈선은 900~1,000명의 승무원이 필요하다. 프린세스 크루즈호가 판매한 초여름 지중해 크루즈 상품의 승무원과 승객의 비율은 다음과 같았다.

승객수	2,054명	승무원수	980명
승객의 국적수	64개국	승무원의 국적수	54개국

다음 사례는 크루즈선 내 다국적 승무원의 커뮤니티 안에서 일어날 수 있는 시나리오이며, 가명의 이름을 사용하였다.

사례연구

후아니타, 신입 부사무장 junior assistant purser

후아니타는 멕시코인이다. 관광경영을 전공한 뒤 프린세스 선사에서 일하게 되었다. 졸업후, 호텔 업무를 할 것이라 생각하였으나, 친척의 추천으로 바다에서 일할 수 있는 기회가 있다는 것을 알게 되었다. 후아니타는 줄곧 여행을 꿈꾸어 왔으며, 특히 이탈리아에 가고 싶었다. 항상 여행책자와 함께 하였으며, 세상 여러 곳에 있는 자신을 상상하였고, 심지어 프린세스 크루즈 브로셔도 가지고 있었다. 뷔페 보조 승무원으로 시작한 후아니타는, 마침내 주니어 어시스턴트 퍼서가 되었다. 후아니타는 바다에서의 생활을 진심으로 즐겼으며, 독신여성으로서 좋은 경험을 갖게 되었고 이사 승진의 포부도 갖게 되었다. 업무를 즐길 수 있었던 한 가지는 업무 순환으로 이는 기항지 관광이나 승무원 사무소와 같은 다른 구역에서 일해 볼 수 있었다는 것이다.

후아니타는 영어와 스페인어를 모국어 수준으로 구사한다. 선상에는 다양한 국적이 있어 다양한 언어가 사용되고 있고, 사람들이 어떻게 어울리는지에 대한 부분도 알게 되었다. 그녀는 다양한 국적을 가진 이들과 친밀하게 잘 지냈으며, 크루즈선과 같은 다문화 환경속에서 언어 구사력이 얼마나 중요한지를 깨닫게 되었다. 일부 승무원들은 언어적인 문제로 여러 그룹으로 나뉘는 경우도 있었으나, 그녀는 대체로 잘 지낼 수 있었다고 말했다.

리셉션 데스크에서 근무는 부담이 큰 시험대였다. 승객들은 일이 잘되지 않거나 정보를 원하면 리셉션 데스크를 가장 먼저 찾아왔다. 후아니타는 리셉션 스텝은 강해야하며 대인관계가 좋아야 할 필요가 있다고 생각한다.

승객의 문제를 해결하고 승객을 보조하며, 대개는 긍정적 결과 나오지만 경우에 따라 그렇지 않을 수도 있다. 크루즈선이 기항지에 정박하였을때(경우에 따라 다름), 후아니타의 업무를 대신해 줄 인력이 충분하였으므로 그녀는 기항지에 내려 개인적인 여유를 즐길 수 있었다.

후아니타는 크루즈선에서 일을 하며 새로운 언어를 배우고 인간중심적으로 된 것에 감사하게 되었다. 같이 일하는 사람이 곧 같이 어울리는 사람이 되는 곳이 바로 이 직업의 가장 큰 장점이다라고 그녀는 전했다. 이는 변함없이 당신이 바로 친구가 되고 계약이 끝나고 나면 세계도처에서 이들과 만날 수 있는 추가적인 보너스가 있다는 것을 의미한다. 후아니타는 프린세스 크루즈에서 일하는 동안 전 세계를 둘러보았으며, 최근에는 그녀가 꿈꾸던 이탈리아로 가게 되었다.

사례연구

존 (스탭 퍼서 staff purser)

영국의 호텔에서 경력을 쌓은 존은 P&O 크루즈와 프린세스 크루즈가 합병된 회사로 전직을 하게 되었다. 존은 사우샘프턴의 P&O 크루즈나 프린세스 크루즈 둘 중에서 미국식 서비스를 제공하는 프린세스 크루즈를 선택했다. 존은 향후 승객서비스디렉터인 PSD가 되기를 꿈꾸며 현재 시니어 매니저로 근무하고 있다. 처음에는 리셉션에서 어시스턴트 퍼서로서 일하였으며, 점차 승진하여 현재의 위치까지 이르러 지금은 PSD의 보조업무를 담당하고 있다. 5년 전까지 존은 회사에서 능력만큼 승진하는 것이 매우 느리다고 생각했다. 그러나 상황이 변했다. 지금의 승진제도는 정교한 평가 시스템에 의한 평점방식을 기본으로 하고 있다. 이는 회사가 열정과 재능이 있는 사람들을 채용하고 있다는 것을 의미한다. 지상의 사무실에는 격식적이고 보다 전통적인 P&O 크루즈 퍼서 형태를 고수하고 있으나, 이후 P&O 크루즈는 이 부서에 대한 접근법을 변형했다. 존이 말하길 대부분의 매니저들은 인사관리에 많은 경험을 가지고 있다고 한다. 비록 책임감이 무겁긴 하지만 적절한 급여로 보상된다고 한다.

승무원들은 점수제에 기반한 팁을 받는데 식음료부가 65%, 숙박부가 35%이며 승객요금에 일당 단위로 미리 포함되어 있다. 팁은 숙박 매니저와 매트르 도텔에게까지 지급된다. 기본급은 이전보다 줄어들어도 팁으로 충당할 수 있다고 존은 말한다. 승객은 이것으로 동기부여가 될 순 없다고들 하지만, 실제로 승객들의 팁이 직원의 동기부여에 큰 도움이 된다고 전하고 있다. 음료판매에서는 15% 서비스료가 붙기 때문에 연쇄판매라는 눈에 띄는 효과가 있으며 또한 좀 더 나은 서비스를 제공하기 위한 트레이닝을 할 수 있는 장려책으로 작용한다. 프린세스 크루즈호는 「CRUISE」라는 약어의 신조를 갖고 있는데, 이는 고객(Customer), 존경(Respect), 변함없는 양질의 서비스(Unfailing In Service Excellence)를 뜻한다. 이 신조를 운영한지 8년째이며, 모든 직원이 이를 잘 이해하고 업무실행에 적용하고 있어 승객의 만족도가 상승하였다. 이전에는 만족도가 82% 수준이었으나, 지금은 90%이하가 되면 회사는 더 이상 기뻐하지 않는다.

존은 현재 크루즈 시즌이라고 언급하며, 이는 여행일정이나 노로 바이러스의 발생이나 엔진문제와 같이 보이지 않는 문제들이 크루즈 여행을 위협할 수 있는 시즌이라 부가설명하였다. 따라서 승선한 매니저는 이 모든 것에 대한 예방 및 대비책을 숙지하고 있어야 한다. 사후대책을 시행하는 것보다 문제를 미리 예측·예방하는 것이 더 낫다는 것이다. 존은 넓은 책임 소관을 가지고 있다. 예컨대 호텔 키 시스템(보안), 평가, 시니어 어시스턴트 매니저들의 위계관리, 기념품샵, 아트 매니저, 선상판매, 행정, 호텔 상점, 플로리스트, 린넨, 사진, 카펫, 상점관리, 상점의 거래처, 수행표준, 숙박, 규정준수, 상품주문 뿐만 아니라 드라이독[40], 승하선 시스템, 항만공무 담당, 보안상태, 입찰, 선상 신문, 종합인쇄, 승무원 사무실, 정박, 승무원의 복지도 준비해두어야 한다.

크루즈선 매니저는 이전보다 더욱 자율성을 가지게 되었지만, 크루즈선은 본사에서 독립적으로 운영되는 고립된 섬과 같은 것이 아니다. 기술 덕분에 기항지 매니저들은 선상 이벤트나 상황을 잘 인지할 수 있기 때문에 해안의 민감한 사안도 과거보다 신속하게 알 수 있다. 일부에서는 특정 문제에 대한 대응으로 소송이 가장 적절하다고 여기는 경향 때문에 이런 형태의 대응방식이 생겨났다. 또한 선박은 회계감사 및 검사가 수반되어야 하며, 공해(公海)를 항해하고 명성에 영향을 끼칠 수 있기 때문에도 이러한 방식이 정당화된다.

존은 위원회 멤버이다. PSD 미팅의 전신이었던 실행위원회, 캡틴 회의 및 전담반 회의 모두 수익과 관련이 있다. 이외에도 노워크 바이러스 대책 회의, 퍼서사무실 회의(SAP), 주니어 어시스턴트 퍼서 회의, 호텔 상점 월례회의(비용 및 쓰레기 처리 문제), 크루즈 미팅(모든 부서와 관련이 있으며, 선박위원회 회의라고도 함) 등이 있다. 크루즈선은 하나의 살아있는 커뮤니티이다. 능숙한 직원은 금방 알아볼 수 있으며, 보상 또한 확실하다.

이러한 사례로 인해 호텔 서비스 업무에 대한 관심이 생겨났으며, 주니어 어시스턴트 퍼서와 스탭퍼스트 퍼서 간의 업무 및 책임의 차이가 강조되었다. 이것이 오히려 선상의 역동적인 분위기, 팀 환경, 오랜 경력을 가질 수 있는 기회가 될 수 있다.

4 | 선상업무 Working on Board : Practical Consideration

크루즈선의 신입직원들이 크루즈에 처음 승선하였을 때, 처음에는 다소 새로운 환경과 분위기에 압도될 수 있다. 선박의 규모, 생활방식, 승무원에 대한 지원 및 공지 방식, 해상 업무 훈련 등 모든 것이 낯설지만 점차 익숙해진다. 여행

40) 드라이도크(Dry dock : 건선거 乾船渠) : 선박을 수리하거나 청소할 때 배를 넣을 수 있도록 만든 구축물

이라는 이점 때문에 변함없이 크루즈선에서 일하는 사람들도 있지만, 이외에도 업무형태, 보수, 승진기회, 채용조건 등의 혜택도 있다. 오랜 시간과 장문의 계약을 수반하는 독특한 직업이라는 것도 빼놓을 수 없다. 환대산업은 평범한 근로 시간대에서 벗어나 서비스를 구매하거나 사교를 원하는 사람들을 보살펴야 하며, 비사교적인 시간동안 발생하는 업무를 담당한다. 이러한 견해는 환대업무의 사교성과 승객과 같이 즐기면서 일하는 혜택을 무시하는 것이다(Douglas and Douglas, 2004). 크루즈선은 반복적이고 지루한 전형적인 업무 패턴을 깨뜨릴 수 있기 때문이다.

직원에 따라 근무 조건은 다르겠지만, 훌륭한 시설을 제공받고 사람들과 어울리며 일할 수 있다. 성공적인 크루즈선은 조화로운 분위기에서 직원들이 자신의 업무에 자부심을 가지고 있으며, 능숙하게 일하면서도 즐길 수 있는 곳이다. 식당 시설은 일반적으로 주조리실이 서비스하는 직원용 식당 주위에 있는데, 직원식당은 일부 승무원의 문화적 · 종교적 요구를 충족시킬 수 있도록 별도의 수 쉐프와 조리팀을 배치하고 있다. 승무원에 대한 지원은 24시간제로 운영되며, 이는 승무원이 선상에서의 최적의 컨디션을 유지하기 위한 것이기 때문에 중요하다. 사무장의 일부는 홍보의 일환으로 승객과 식사하기도 한다.

크루즈 여행은 운영환경에 따라 기항지 정박이 달라질 수 있다. 팀으로 운영되기 때문에 특정 그룹 및 부서의 구성원 모두를 위해 구분되어 계획되어야 한다. 편의시설이 가까이 있거나 부가적인 업무가 없다면 휴가를 받을 수 있다. 예컨대 정박 중 모든 상점이 폐점인 경우 상점 직원은 휴가를 가질 수 있다. 그러나 해상규정상 보안 및 안전상의 이유로 최소한의 직원은 업무를 유지해야만 한다.

아픈 직원은 선상 의사의 치료를 받을 수 있다. 최악의 경우에는 육상으로 수송되거나 강제송환 될 수 도 있다. 덜 심각한 경우에는 회복되면 근무지로 복귀한다. 대부분의 경우, 보건규정에 의해 아픈 직원이 식음료를 다루거나 승객을 서비스하는 것은 금지시키고 있다.

승무원은 일반적으로 객실을 제공받는다. 선임 직원은 보다 큰 객실을 제공받으며, 일정 등급 이상이 되면 욕실 딸린 방을 제공받는다. 크루즈선에서는 공간이 제약되어 있기 때문에 승무원들은 주의 깊게 행동하도록 지시받는다. 승무원 숙박시설의 사양은 크루즈 선사 및 배에 따라 다양하다. 승무원이 선상생활에

만족할 수 있도록 식당 시설은 물론 숙박에 가능한 최상의 조건을 제공한다.

일반적으로 크루즈 직원을 위한 사교활동은 선상에서 제일 중요하다. 서로 가까이에서 일하고 생활하기 때문에 변함없이 높은 동지애가 생겨난다. 승무원은 크루 바 crew bar, 사관실, 사교공간에서 시간을 보낸다. 일반적으로 음료가격은 승객보다 낮게 책정된다. 대부분의 크루즈선은 승무원위원회와 협의하여 이벤트를 준비하는 승무원 대표를 두고 있다. 승무원 대표는 풀장, 온욕조, 체육관, 영화관 등 특정시설을 이용할 수 있다. 캡틴 및 시니어 오피서는 규율을 담당한다. 승무원이 합류하게 되면 규정준수에 동의하게 하며, 규율의 심각한 위반시, 즉각적인 해고도 가능하다.

5 | 취업 Recruitment Practices

크루즈선에 취업하려면 사전 조사가 필요하다. 일부는 잠재적 직원이 될 수 있다는 이점을 내세워 지원자에게 비용을 요구하는 직업소개소의 형태를 취하지만, 그 외에는 채용절차에서 원하는 국가 및 그 인접지에 위치한 정식 사무소의 중개를 받는다. 실제로 일부 중개소는 채용을 용이하게 하기 위해 크루즈사가 자회사로 설립한 곳이다. 즉 직접 채용한다는 것이다. 이외에도 선박 및 환대, 케이터링 관련 잡지 등을 통해 보다 전문적이고 숙련된 지원자를 채용하기도 한다. 퍼서부 매니저들은 경영, 호텔경영, 관광 및 기타 관련 분야에서 학사 및 석사 이상의 학력을 소지하거나, 정식 학력이 없는 경우에는 환대업계에서의 경력을 가진 전문가여야 한다.

영국의 플리머스 대학에서 운영되는 4분야로 구성된 3년제 학위과정 Cruise Operations Management은 크루즈선에서 호텔경영 업무를 원하는 사람들에게 도움이 된다(University of Plymouth, 2005). 크루즈선에서 일하기 위해 자비용으로 떠나려는 지원자들은 2번 이상 더 숙고해봐야 한다. 자격을 갖춘 크루즈 근무 직종 지원자들의 제일 좋은 출발점은 크루즈 선사 스스로 부담하는 것이다.

마지막으로 지원자들은 업무 및 생활방식이 모두에게 만족스러운 것이 아니라는 점을 기억해야 한다. 크루즈 선상업무에 대한 경험이 충분하지 않거나 업무에 적응하지 못할 것 같아 정식채용전에 기회를 포기하거나 하선하게 되는 승무원들도 많지만, 크루즈 선사는 이러한 사안에 별로 개의치 않는다. 왜냐하면 선상업무에 대해 준비되지 않은 승무원들은 다른 승무원에게 지장을 주게 되며, 선발 · 채용 · 트레이닝에 많은 비용이 들기 때문이다. Klein(2002)은 크루즈선의 인사문제에 흥미 있는 관점을 제시하고 있는데, 주로 부정적인 의견들이다. Klein은 저서에서 대부분 공정한 세상을 위해 세계화와 자본주의를 반대하고 있으며, 간간이 사회 · 환경적으로 지속가능한 실체로서 크루즈 산업에 의문을 제시하고 있다. 또한 그는 크루즈 업계의 고용주들이 억압적이거나 착취를 일삼는다는 점을 간혹 언급하며, 크루즈를 하나의 산업으로 인정하고 있다. 이런 점에서 Klein의 저서는 매우 흥미롭고 크루즈에 대한 새로운 관점을 제시하고 있다 할 수 있다. 이 분야에서 일하고자 하는 이들은 현대 크루즈 회사 근무에 대한 비판이나 균형적인 견해를 고려해 보기 위해 비판적인 주장을 담고 있는 Klein의 책을 읽어 보길 권한다.

요약 및 결론 | 6

크루즈선은 작은 사회와 같다. 이 사회는 크루즈 여행 운영이라는 명백한 목적을 가지고 있다. 그러나 사례에서 보듯이 개개인의 섬세하고 미묘한 다양함에 대한 균형을 유지하기 위한 관리가 필요하다. 이 장에서 설명한 내용은 운영 관리를 위한 틀을 제공한다. 이것으로 매니저는 팀을 지시하고 보조하며, 선상의 규범 조건을 만들어낸다. 보다 자세한 내용은 11장과 12장에서 다루기로 한다.

관련용어

- 벨박스 Bell box : 룸서비스를 위한 식료품 저장고
- 버틀러/집사 Butler : 최상의 고객 맞춤형 서비스를 제공하는 환대 전문가
- 계급체제 Hierarchical regime : 각 계급에 따른 책임과 등급에 따른 체제
- 다문화 Multicultural : 다양한 문화적 배경

- 직원식당 Officer's mess : 직원들의 식사공간
- 소믈리에 Sommelier : 와인 전문가
- 수 쉐프 Sous Chef : 주방에서 두 번째로 높은 요리사

학습문제

❶ 크루즈선의 주요 부서는 무엇인가?

❷ 각 부서는 어떠한 역할을 담당하고 있는가?

❸ 크루즈선의 구직을 위해 어떠한 요건이 필요한가?

추천자료

- http://www.british-shipping.org/training/index.htm : UK Chamber of Shipping
- http://www.knowships.org : US Chamber of Shipping
- http://directory.fairplay.co.uk/showarea.asp?area=Ship+Owner : Directory

참고문헌

- Bow, S. (2002), *Working on the cruise ships*. Oxford : Vacation Work Publishing.
- Branch, A.E. (1996), *Elements of shipping* (7th ed.), Cheltenham : Nelson Thornes.
- Douglas, N., and Douglas, N. (2004), *The cruise experience : Global and regional issues in cruising*. Frenchs Forest, Australia : Pearson Education.
- Garrison, L. (2005), Finding a job in the cruise industry. Retrieved 2 May 2005, from http://cruises.about.com/cs/cruisejobs/a/cruisejobs.htm
- Klein, R.A. (2002), *Cruise ship blues*. Gabriola Island : New Society Publishers.
- University of Plymouth (2005), BSc(Hons) Cruise Operations Management, from www.plymouth.ac.uk.

7

고객 서비스 Customer Service

학습목표

- 고객서비스 업무 운영 및 관리의 중요성 이해
- 고객서비스 범위 서술
- 고객서비스에 미치는 내 · 외적 영향 요인들 비교분석
- 크루즈 선사 고객 서비스 업무체계 분석
- 크루즈 고객들과 특별 요구사항 탐색

서비스와 품질 Service and Quality | 1

본 장에서는 고객서비스와 다소 규정하기 힘든 품질문제를 다루고자 한다. '품질' 이라는 용어는 우수성을 뜻하는 기본적인 개념에서 비롯하여 많은 복합적인 의미를 내포한다. 예를 들어, 크루즈선 운영자 관점에서 품질은 무엇을 의미하는지 생각해보자. Harris(1989)는 품질이 명성, 위신, 호화로움, 그리고 결국에는 가격과 직결되어 있다고 본다. 실버씨 크루즈사 Silver Cruises와 이지 크루즈사 Easy Cruises를 예로 비교해 보거나, 혹은 품질을 고객들이 실제로 제공받은 서비스를 평가하는 관점이라고 생각해보자. 일부는 최종 고객만족에만 품질을 국한하는 경우도 있다.

한 단계 더 나아가, 몇몇 학자들은 품질이 제품 또는 일관성 있고 신뢰성 있는, 시장에 적합한, 가장 낮은 가격의 서비스를 의미한다고 주장한다. 일부 다른 학자들은 목적부합성에 관한 고객들의 지각과 더 많이 연관되어 있다고 주장한다. 하지만 또 다른 학자들은 품질과 '무결점운동'[41]과의 연관성을 제시하며 처음부터 올바르게 업무를 수행하는 것이라 언급한다.

이러한 논의가 시사하는 바는, 경영자가 목표를 세우고 그 대상을 선정하기 위해 품질의 기준을 명확하게 해야 한다는 것이다. 예산에 상응하는 적합한 수준의 상품과 함께 목표하는 서비스 수준을 성취하기 위해서는 이러한 것들이 결정적이다. 서비스 업무조직이 직원과 고객 간의 상호작용에 의존한다는 점에서 항상 최고의 수준을 향한 이러한 접근방식을 채택함으로 운영상의 딜레마에 봉착할 수 있다. 원가 관리와 정책의 일관성은 이러한 문제의 전형적인 예이다. 고객의 요구사항을 충분히 인지하고 그에 상응하는 수준의 서비스를 제공하는 조직과 비교해보자. Wright(2001)는 만약 조직이 최상의 제품 및 서비스를 보장한다면 그것은 제품 사양의 기본적인 서비스 수준을 '훨씬 능가하는 혜택'이라고 일컫는다. 세심한 관심, 최상의 환대 서비스 등이 비즈니스를 차별화시키는 요인이다.

Deming, Crosby과 Juran은 품질에 중점을 두는 경영자의 태도를 적극 권장한다. 이러한 관점의 연구들은 서비스 품질을 경쟁력 있는 차별화 전략으로 삼고 품질에 대한 인식을 평가하며 개선책을 마련하는 등 품질에 대한 다각적인 연구를 유도한다. 비즈니스에 있어서 품질에 관한 학자들의 관점은 아래의 표에서와 같이 미묘한 차이를 드러낸다. 하지만 그들 모두 경영자들이 그 차이를 만들 수 있다는 것, 개선방안 마련은 공급자와 같은 이해당사자들을 참여시킬 때 이루어진다는 것, 품질을 향상시키는 것은 쉽지 않으며 그러한 과정은 계속 진행 중이라는 것에는 동의하고 있다.

Dale(1999)에 의하면 통합품질관리인 TQM Total Quality Management 또는 통합관리조절TQC Total Quality Control 은 일본이 미국을 넘어 선두적인 위치를 차지하고 지속적

41) 무결점 운동(zero defects) : 제품 생산의 전 공정과정에서 완전무결을 기하자는 품질관리 기법을 일반 관리 사무에까지 확대 적용하여 전사적으로 결점이 없는 일을 하자는 것이다. 구체적으로는 전 종업원에게 경영참가 의식을 갖게 하여 사기를 높임으로써 결점을 없애는데 협력해 나가도록 하는 운동이다.

인 발전을 이루어내기 위해서 채택되었다. '일본 품질관리의 아버지'라 불리는 Deming은 1950년에서 1960년 사이 일본이 비즈니스 르네상스를 이루는데 크게 공헌했다. 지속적인 발전을 위한 이러한 접근방식은 최상의 모범 기준을 모색하기 위한 것이었다. 그 결과 기반을 확립하였으며 종업원들을 훈련과정에 참여시켰다. 그는 생산지향 회사의 경영철학을 바탕으로 서비스기업들이 도입하여 TQM 과정을 계획하였다. 그리고 최고품질 지향, 고객만족도 주시, 조직문화 사정(査定), 팀과 종업원들에게 자율권 부여, 품질개선 노력 평가, 이렇게 다섯 가지 원칙을 제시하였다. 이러한 접근 방식은 문화적인 변화를 불러일으킴으로써 지대한 영향을 미쳤다. 회사에 따라서는 이런 변화의 결과가 즉각적인 반응을 얻지 못하는 경우도 있다. 하지만 TQM은 서비스조직에 적합하도록 경영자들에게 특별한 접근방식을 제시하고 있다.

표 7-1 품질 관리

품질이론 학자	Crosby	Juran	Deming
키워드	무결점 처음부터 올바르게	용도에 대한 적합성	저렴한 가격에 균일성과 신뢰성의 예측 가능한 정도, 시장의 적합성
핵심 요소	제품 또는 서비스가 고객의 요구사항을 충족시킨다면 품질은 보장된다.	목표설정과 목표 성취도에 따라 품질은 보장된다.	품질은 일관성과 신뢰성이 있어야 하며 수용가능한 수준이어야 한다. 품질은 모든 사람들이 관심을 가져야 할 "모든 이들의 비즈니스"이다.
영향 및 결과	오류를 정정하는데 시간과 자원들을 소비하지 않는다.	팀과 그룹, 그 구성원 개개인들이 적절하게 조직되고 훈련 받아야 한다.	고객들은 정확하고 명확한 요구사항을 가지고 있으며 그것이 충족되지 못할 경우 구매가 이루어지지 않는다.
경영 시책	고객들이 누구인지 그리고 그들이 어떻게 품질을 규정하는지 확인한다. 고위간부들은 품질을 보장할 책임이 있다.	관리자들은 목적과 목적용도에 무엇이 적합한지 정확하게 알 필요가 있다.	관리자들은 지연, 실수, 결함을 줄여야 한다. 관리자들은 시장과 시장의 변화를 이해하여야한다.

TQM 지지자들은 조직을 위해 이런 변화는 필수적이며, 변화를 수용함으로써 지속적인 개선에 힘쓰는 것이 바람직하다고 강조한다. 카이젠 Kaizen/かいぜん 은 점진적이고 지속적인 개선 발전과정을 이르는 일본어이다. 회사들이 카이젠 접근방식을 채택하여 성공 함으로써 일반적인 비즈니스 방식에 적용되기 시작하였다.

또한 품질저하요인에 대하여 고려해야 한다. Harris는 세부적인 품질 하자와 관련된 공통 요인들을 아래와 같이 정리하였다.

- 조직 내 품질에 대한 무관심
- 품질 개선 전략에서 제외된 구성요소
- 제품, 서비스, 공정과정의 세부사항에 대한 설명 결여
- 운영방법의 미흡한 구성
- 관리 감독의 소홀로 인한 과도한/부족한 규율과 통제
- 미숙련 직원
- 열악한 근무 환경
- 불충분한 직업설명서
- 장비와 도구 유지 관리의 미비
- 구입명세서에 없는 자재
- 비효과적인 감사
- 고위간부직의 허술한 관리
- 보상과 인센티브의 부재

위 항목들은 품질이 매우 복합적인 것이며 쟁점 상황들이 별개의 것임을 시사한다. 또한, 품질 생산 변수들이 지속적인 관리와 전문성이 필요하다는 것을 보여준다.

2 | 제품과 서비스의 품질 Quality of Products and Services

업계 관계자들은 규격기준 및 품질 설정에 중요한 제품과 서비스 사이에 근본적인 차이가 있다고 말하며, 이는 아래와 같이 설명될 수 있다[표 7-2].

표 7-2 제품과 서비스의 정의

제 품	서비스
물체/물건/기구	행위/활동/공정
유형성	무형성
단일 제품	사람들의 참여 필요
고객의 불참가	고객의 부분 혹은 전반적 참여
동질성(표준화)	이질성
저장성(재고 보관 가능)	소멸성
판매 전 시용가능(사전테스트 가능)	판매 전 시용 불가능
생산과 소비가 분리	생산과 소비가 동시에 발생
제품구매는 변화할 수 있음	고객과 만나는 서비스 접점이 결정적 순간

본 장에서 앞서 언급한 것과 같이, 품질 확인 핵심은 고객들의 요구사항을 얼마나 잘 이해하는가 이다. 하지만 늘상 이렇게 이해를 추구하는 독립조직은 항상 서비스 공급자이고 이러한 사실이 잘못 해석될 소지가 있다. 시간이 흐르면서 서비스에 관련된 사람들과 과정들이 변할 수 있기 때문에 문제가 생긴다. 그로 인해 실제 서비스 품질에 문제가 생기며 고객들의 요구사항을 이해하는데 어려움을 겪는다. TQM 접근방식은 위 두 가지 측면 모두 지속적으로 평가해야 하며 일관성 있는 품질관리를 보장하기 위해서는 교육에 투자해야 한다고 강조한다. 이러한 방식으로 크루즈 기업은 제한된 예산범위 내에서 고객들의 요구에 치밀하게 대응하는데 중점을 두어야 한다.

운영과 관리 Operations and Management | 3

크루즈 사업의 성공은 재 구매 고객 관리와 신규 고객의 확보라는 점에서 평판(명성)과 직결되어 있다. 과거와 현재의 고객들 그리고 고객들의 서비스와 제품 품질에 대한 인식은 명성에 영향을 미친다. 서비스품질과 고객의 인식, 그리고 품질향상을 위해서는 조직이 지속적으로 개선되어야 한다고 앞서 많은 논의가 이루어졌다. 궁극적으로, 고객은 적절한 서비스의 수준을 규정짓는다.

서비스 및 제품 품질에 대한 고객의 기대수준을 충족시키는 크루즈 회사들은 기존 고객을 유지하며 잠재 고객을 확보하고 고객서비스 프로그램 우선순위를 선정하는데 시간과 돈을 투자하며, 그렇게 함으로써 직원과 고객들 모두 올바른 고객서비스의 중요성을 인식한다. 하지만, 고객서비스 방안을 추진하는 것과 효과적인 고객서비스 전달 사이에는 큰 차이가 있으며, 양질의 서비스를 지속적으로 제공하기란 쉽지 않다. 불만을 품은 직원들, 여행일정표 변경과 같은 예기치 못한 일, 서비스 제공 중단을 초래하는 생산 문제들은 서비스 품질 유지를 위협하는 잠재적 요인들이다.

성공적인 크루즈를 위한 방법이나 형식을 규정하는 것은 어렵다. 모든 것에 완벽을 기하는 것과 기대충족은 몇 가지 사항을 보장하는 것이다. 경영임원들, 경영자들, 직원들이 교육받는 것과 문제 발생 시 고객들을 도울 권한을 부여 받을 것, 예상 품질 수준을 인식하며 기대 수준을 충족시킬 능력을 가지는 것 등을 포함한다. 이러한 모든 것이 예산 범위 안에서 지속적으로 이루어져야 한다.

다양한 이유로 인해 고객서비스는 크루즈사 경영자에게 만만치 않은 문제이다. 탑승고객 대 서비스를 제공하는 승무원의 비율이 매우 높으며(호화선의 경우 거의 1:1 비율), 고객과 접하는 모든 승무원들이 고객에게 최선을 다하도록 요구한다. 대형 크루즈선에 탑승한 고객들은 출신지가 다양하며, 이는 고객서비스의 품질기대수준이 각각 다름을 의미한다. 동시대의 크루즈 고객들도 요구사항이 많은데, 그것은 우리사회가 고객의 권리와 이익을 중시하는 미디어 사회이기 때문이다.

그럼에도 불구하고, 항해를 한다는 것은 고객 서비스 관련 많은 이점을 가질 수 있다. 승무원들은 여러 차례 크루즈선 승선근무를 계약한다. 이 경우에 승무원들은 쉽게 고용을 철회할 수 없으며 그들의 업무수행은 관리감독 하에 이루어진다. 크루즈선에서는 상호관계가 복잡하며, 고객들과 승무원들은 오랫동안 함께 관계를 형성한다. 이 상황에서 고객서비스는 지속되며 승무원들이 고객의 일상적인 휴가를 아주 특별하게 해주는 서비스를 제공할 것이다.

한 가지 요인을 더 고려해보자. 크루즈선에서는 많은 활동을 위해 다양한 노동이 필요하다. 식음료 조리 및 서비스는 종업원 대 고객의 비율이 점점 줄어들고 있는 일반 호텔과 비교했을 때 높은 노동집약이 필요한 분야이다. 부분적으로 서비스 품질을 차별화 하고 유지시키려는 노력에 영향을 받으며, 크루즈선 승무원들은 중요한 규제사항과 안전문제로 영향을 받기도 한다.

크루즈선에서의 호텔 서비스 운영은 서비스 품질을 충족시키도록 최적의 서비스 전략을 적용한다. 서비스 응대가 필수여야 한다면 대안적인 접근방식을 이용해야 한다(Lovelock, 1992). 예를 들어, 특별 서비스 또는 기항지 관광 예약은 웹사이트나 여행사를 통해서 승선 전에 이루어져서 선상에서의 개별적인 응대가 줄어든다. 이러한 경영시책은 대기시간과 혼잡을 줄여주고 고객만족도를 높일 수 있으며 직원의 직무만족도를 향상시킬 수 있다.

이와 덧붙여 승무원과 승객간의 상호작용이 생성될 수 있는 크루즈선에서의 행사를 생각해보자. 이런 행사들은 다양한 범위의 커뮤니케이션을 필요로 할수 있다. 서비스 품질을 향상시키던 그렇지 않던 간에 고객응대를 줄이는 쪽으로 전략이 세워져야 한다. 예를 들어, 객실에서 온스크린 프로그램 on-screen account records program[42] 이용으로 안내서 요청 등 안내데스크를 방문하는 승객 수를 줄일 수 있다.

선장 칵테일파티나 환영회와 같은 이벤트를 개최함으로써 높은 수준의 응대효과를 증진시킬 수 있는 경우도 있다. Lovelock은 모든 서비스 조직들이 다음과 같은 방법을 서비스 응대에 반영함으로써 운영개선을 이루어 낼 수 있다고 믿는다.

표 7-3 고객응대 전략

구분	내용
응대 감소전략	• 전화, 우편 또는 다른 형태로 접촉 • 예약 시스템 도입 • 주요 시설 부담을 줄이기 위한 추가 정보 준비 • 고객정보 수집을 위한 전달 지점 활용 • 고객에게 서비스 전달 • 통제, 접대 및 정보제공을 위해 직원 직접방문 • 신중하게 사인물 사용
응대 강화전략	• 대기순번 시스템 사용 • 예상 가능한 상황들을 처리할 직원 훈련 • 지속적인 운영 시간 유지 • 안내실과 사무부서의 분리 • 사인물을 이용한 대기행렬 개선

42) 온스크린 프로그램(on-screen account record program) : TV를 통해 본인의 계좌기록을 확인할 수 있는 프로그램

- 규정된 서비스의 가치로부터 탈피한다.
- 적절한 전략 수립으로 가능한 한 응대 필요성을 감소시키는 것을 목표로 한다[표 7-3].
- 응대가 불가피할 경우 모든 이에게 이익이 되도록 목표를 정한다.
- 효율성과 품질 개선 문제를 지속적으로 다루기 위해서 승객과 직접 부딪치지 않는다.

크루즈선에서 고객 응대 형태와 수준은 다양할 수 있다. 그 범위는 승객들이 식당에서 받는 개인적인 서비스, 객실 또는 선실에서 담당 객실승무원과 승객간의 상호교류, 레스토랑이나 나이트클럽, 바에서 승무원과 승객들 간의 만남 등을 포함한다. 대부분의 승객들은 승무원들과의 다양한 접촉이 승객들의 경험을 극대화시키는데 결정적인 역할을 한다고 말한다. 승무원, 직원, 그리고 항해사들에게 재충전이 필요함을 인식하는 것 또한 중요하다. 또 그들이 고객들에게 집중하기 위해서 승객들과 시간을 보내지 않을 수 있다.

4 | 고객 서비스 관리 Managing Customer Services

미국시장에서 호응 받는 그랜드 클래스 크루즈선에서 제공하는 서비스를 승객들이 경험하는 순서대로 정리한 것이 [표 7-4]인데, 이는 단지 참고용이다. 크루즈 산업이 계속 성장함에 따라 틈새시장이 목표가 되고 있으며, 이에 따라 혁신적인 상품과 서비스들이 도입되고 있다. 따라서 이 목록이 모든 서비스를 포함하고 있지 않다.

표 7-4 선내 서비스

승선 서비스	버틀러 서비스
환영인사	레저 활동
오리엔테이션 및 소개	스포츠 및 오락활동
안전 및 구명정 훈련	미용 건강 서비스
식음료 서비스	오락 시설
쇼핑	카지노
의료 서비스	나이트클럽과 디스코
기항지 안내 서비스	기항지 관광
숙박 서비스	하선 서비스

1) 정보안내 Information

많은 고객이 승선한 크루즈선에서 정보 및 안내는 정확하게, 효율적으로, 적시에 전달되어야 한다. 대부분의 크루즈선은 정보가 필요한 고객들을 위해 사무장 사무실 또는 안내데스크를 운영한다. 처음에 고객들이 승선 한 후 크루즈선에서의 적응시간을 가진다. 정보는 안내데스크에서 제공된다. 정보는 사전에 고객의 자택으로 보내지며, 안내책자는 객실이나 선실에 비치된다. 크루즈뉴스와 같은 간행물은 선내의 주요한 장소에 비치된다. 하지만 예외 없이, 일부 고객들은 문의를 하기 위해 안내데스크를 찾아올 것이며 전화를 사용하거나 혹은 주변 승무원에게 질문을 할 것이다.

고객서비스 관점에서 고객의 요구를 사전예측 함으로서 많은 것을 얻을 수 있다. 이러한 접근방식이 크루즈 전체적으로 중요하지만, 서비스 경험에 의거 처음과 마지막 인상이 중요하다는 것을 시사하는 근거가 있다(Office of Quality Management, 2005). 마찬가지로 이러한 예측은 선상 프로그램을 계획하는데 도움을 줄 수 있다. 그래서 최고의 효과를 위해 안내데스크 직원들의 수준과 승선 관련 문의에 대처하는 훈련, 그리고 홍보물(출판물) 제작이 필요하다. 정보안내 고객 서비스 업무처리가 미흡할 경우 불만족, 혼잡, 안내데스크의 늘어선 줄과 같은 부정적인 결과를 야기한다. 또한 문의 전화 쇄도, 무응답 또는 문의에 대한 늦은 응답, 비합리적 처신, 무관심 또는 전문성 결여를 초래한다.

2) 고객서비스에 미치는 영향: 팁 Influences on Customer Service : Tipping

식당웨이터나 객실승무원, 라운지 직원, 바텐더, 그 외 고객에게 직접적인 서비스를 제공하는 승무원들은 팁을 받을 것이다. 과거부터, 팁 문화는 끊임없이 또는 때때로 고객과 직원과의 관계를 곤란하게 만든다. 유럽의 호텔과 식당에서는「트롱크 tronc」라고 불리는 팁의 일괄관리 제도가 고안되었다. 이 제도는 팁 할당 몫 분배의 모델을 만들어냈으며 그것은 모든 환대산업에 적용되었다. 이 제도는 서비스 분야 등급에 기초한 직급 시스템을 기반으로 포인트를 할당했다. 호텔지배인이나 레스토랑 매니저와 같은 높은 포인트를 가진 사람들은 호텔 수입금에서 많은 몫을 차지한다.

크루즈 회사들은 아주 다양한 팁 제도를 운영한다. 이것은 승객의 입장에서 나타날 수 있는 문화적 차이를 반영하지만 회사입장과 같은 다른 영향요소들도 있다. 그래서 오션 빌리지호 Ocean Village와 같이 팁 서비스가 없는 크루즈선도 있다. 프린세스 크루즈와 같은 회사는 승객에게 1일 10달러의 서비스 요금을 제시하며, 이것을 트롱크 방식으로 분배한다. 승객들은 자동적으로 모든 바에서 15%의 서비스 요금을 부담한다. 위에 나온 두 가지 경우에 서비스 요금은 선택사항으로 정해져 있으며 승객들은 만약 적합하지 않다고 생각될 경우 지불하지 않아도 된다. P&O 크루즈는 고객들에게 팁 서비스 지침을 제공하여 고객들로 하여금 특별히 인정하는 직원에게 정해진 방식에 근거하여 팁을 주도록 권장한다.

팁 서비스에 이해당사자를 고려하는 것은 유용하며, 이는 팁으로 발생하는 영향과 상호관계에 대한 다양한 관점을 제공한다.

(1) 이해당사자 1 : 승객 Stakeholder 1 : The Passenger

고객들은 다양한 방식으로 팁 문화에 반응한다. 팁 주는 것에 익숙한 고객에게 팁은 간단하고 자연스러운 일이다. 하지만 또 다른 고객은 팁 주는 것이 곤란한 상황을 빠져 나오기 위한 퇴각전략으로 생각할 수 있다. 후자의 경우는 최상의 서비스에 대한 보상의 개념이 다소 생소하다. 때로는, 팁은 웨이터가 하는 일에 비해 급여가 적다는 것을 인정하는 것이라고 하지만 그것은 잘못된 것이다. 몇몇 승객들은 팁을 진입전략으로 삼는다. 조금 더 관심을 기울이는 것은 웨이터에게 전하는 메시지이고 돌아오는 것이 더 많을 것이라는 약속이다. 일부 승객들은 이 진입전략에 초점을 두고 레스토랑 매니저와 같은 핵심 인물을 파악한다. 승객들은 일반적으로 일당 또는 비율로 정해진 서비스 요금을 기꺼이 지불한다. 하지만 일부는 그들이 생각하기에 부당하다거나 그들이 원하는 서비스를 얻지 못했을 경우 불가피하게 서비스 요금을 줄이거나 지불하지 않는다.

(2) 이해당사자 2 : 서비스제공자(웨이터) Stakeholder 2 : The Server

팁은 경제적으로 유용하며 수입의 많은 부분을 차지한다. 때로는 팁이 특별한 시간을 만들어준 것에 감사하는 뜻으로 진심 어린 보답으로 받아질 수 있다. 또

다른 경우에, 일부 승객들은 팁을 봉투에 넣기도 하는데 이는 적은 금액을 숨기기 위해서다. 팁은 공정하지 못할 수 있다. 때때로 고객이 누구인가, 고객이 너그러운 아량을 베푸는 사람인가, 아니면 돈에 인색한 사람인가와 같이 운에 달려있기도 하다. 승객들은 팁의 진정한 의미를 제대로 알지 못하는 것처럼 보인다. 일부는 팁이 마치 부적절한 행동인 마냥 불편해하고 당혹스러워하기도 한다. 하지만 웨이터를 당혹스럽게 하는 것이 아니며 매우 중요한 부분이다. 고정된 일당지급 운영시스템은 특히 감독자에게 적절하며, 세금 추가부담금에 덧붙여 팁을 준다는 부수적인 이점이 있다.

(3) 이해당사자 3 : 고용주 Stakeholder 3 : The Employer

팁은 크루즈에 있어서 필수적인 요소이다. 고용주들은 실제 수입이 종업원에게 적절하다는 생각으로 팁 때문에 최소금액을 지급하는 타당성을 갖게 된다. 만약 수입이 적당한 수준이 아니라면, 종업원은 계약을 연장하지 않을 것이다. 다시 말하면, 부적절하게 운영되는 팁은 잠재적인 불협화음의 원인이 될 수 있다. 종업원은 동료 직원이 팁을 받는 것을 의식하게 되고, 때때로 그들이 기대했던 팁을 받지 못했을 경우 기분이 상하게 된다. 비율과 고정 지급액을 적용하는 팁 운영 시스템은 이 문제를 해결한다. 하지만 여전히 팁에 문제가 있다고 생각하는 일부 승객들이 존재하는 것은 분명하다.

다른 관점에서 보면, 팁이 없는 정책을 통해 팁에 부정적으로 반응하는 승객들과 직원과의 내재된 문제를 처리할 수도 있다. 더 나아가 고용주는 직원들이 월급을 통해 적절하게 보상받고 있어서 팁을 요구하지 않으며, 직원들이 이 상황에 대해 만족하며, 양질의 서비스는 추가적이지 않고 기본 상품이라는 것을 인식하고 있다고 여길 수도 있다.

서비스 품질과 사내 사교활동 The Human Side of Service Quality | 5

고객 서비스는 선상활동과 관련된 개인적인 요인에 영향을 받을 수 있다. 크루즈선의 승무원들은 일정기간의 고용 계약으로 근무한다. 간혹 계약 기간이 6,

8개월 또는 10개월이 될 수도 있다. 승무원들은 계약에 따라 매일 근무하며 장기적으로 지속되기를 기대한다. 일부 크루즈선사들은 경쟁사들보다 '훈련된' 직원 채용 정책을 실시하는 것으로 유명하다. 명성을 갖고 있는 회사들은 해외에서의 체류시간, 병이나 불가피한 사정으로 인한 근무 장소 이탈 처리, 선상에서 고객들을 위한 사회적 환경 수준을 유지시키는 것에 있어서 공정하고 개방적이다.

웨이터가 무슨 이유였던 간에 컨디션이 안 좋다거나 휴식이 필요한 경우 고객서비스는 위기를 맞게 된다. 선상 공동체의 특성은 함께 도와주며 일하는 사람들이 친구들이고 동료들인 보호받는 환경, 만족스러운 환경에서 일하는 것이다. 만약 이러한 구조에 균열에 생긴다면, 매우 불편할 것이다. 직원이 사교시간, 근무시간 모두 불만족스럽게 느끼는 것이 회사에는 바람직한 일이 아니다.

많은 크루즈 회사들은 승무원들 공동모임의 책임자 선출을 인정한다. 책임자는 승무원들과 함께 일하며 이벤트 프로그램과 사교활동들을 계획하고 진행한다. 긴 근무기간이 단조로운 것처럼 보이지만 직원들의 실제생활은 생각과는 다르다. 승무원들이 방문하는 매력적인 관광명소들, 맛있는 먹을거리와 오락물, 활기 넘치는 사회생활, 전화와 인터넷을 통해 지속적인 연락을 취할 수 있다는 것, 이러한 모든 것들이 집에서의 안이한 생활과 비교해 선상의 생활을 좀 더 매력적이게 한다. 많은 승무원들이 집에서 한 달 정도 머문 후에는 꼭 다시 크루즈로 돌아오기를 기대한다는 보고서가 그 사실을 입증하고 있다.

1) 크루즈 회사의 고객 서비스 시스템 Customer Service Systems for Cruise Companies

고객 서비스 전략은 전체적으로 브랜드를 지향하고, 고객을 대상으로 한 브랜드의 비전과 미션 완성을 위해 수립되며, 예를 들면 다음과 같다.

프린세스 크루즈사의 고객 서비스 프로그램인 CRUISE는 「Courtesy, Respect, Unfailing In Service Excellence」의 약어로 기품있고 우수한 서비스를 뜻한다. 이 프로그램은 고객과의 신뢰 관계 개선, 적극적이고 책임감 있는 태도, 미소로 고객들의 요구를 충족시키려는 선상 직원들의 특별한 노력을 인정하고 그에 따른 보상을 하게 한다. P&Q 크루즈사와 스완 헬리니카사 Swan Hellinica 또한 이러한 머리글자 약어를 사용한다.

골드 앵커 서비스 Gold Anchor Service는 아래의 철학을 발표했다.

「골드 앵커 서비스 Gold Anchor Service」란 무엇인가? 그것은 우리가 당신의 크루즈 경험을 어떻게 좀더 기억에 남게 만드느냐에 관한 것이다. 우리 고객들의 재 구매를 유도하는 것들 중 하나는 개개인을 위한 친절한 서비스이다. 아마 그것은 귀 자녀의 곰 인형 이름까지 기억하는 웨이터가 될 수도 있고 아니면 엑스트라 올리브유를 기억하는 바텐더 일수도 있고, 아마 당신이 저녁 식사 예약을 기억하도록 다시 한번 알려주는 하우스키퍼가 될 수도 있다. 우리의 특별한 서비스 방식은 크루즈 생활의 모든 면에 있어서 가치를 높여줄 것이다. 당신이 수영장, 다이닝 룸, 스파, 객실 어디에 있든지 최고의 만족을 선사할 준비가 되어 있다. 그리고 우리는 24시간 서비스를 제공한다. 이것은 보통 서비스 수준을 훨씬 능가하는 방식이다. 이것이 「골드 앵커 서비스」이다.

실버씨사의 서비스는 그야말로 세계최고 수준이며 독특한 유럽스타일 사고방식이며 철학이다. 당신에게 만족과 웃음을 주고자 하는 우리의 목표를 위해 완벽을 추구한다. 그것은 따뜻한 환영인사와 샴페인 한잔과 함께 당신이 선상에 발을 내디딜 때부터 시작하며 여행 내내 무언의 기대 속에 요구를 하게 된다. 실버씨사의 친근한 크루즈선을 타는 것은 친구의 집을 방문하는 것과 같다. 당신의 이름이 불리며 환영받으며, 승무원들은 당신이 좋아하는 것들을 항상 기억하고 있다.

2) 인구통계학적 특성, 크루즈 고객들의 프로필과 특별 요구사항 Demographics, Profiles of Cruise Customers and Specific Needs

크루즈 승객들은 직접적 표적 마케팅으로 인해 유혹당한다. 상품은 구체적으로 특정 고객을 염두에 두고 고안되었으며, 구매를 유도하는데 초점을 맞춘다. 이 전략으로 고객 예측관련 많은 정보를 얻을 수 있다. 하지만 전형적인 프로필 안에 광범위한 요구사항이 있을 가능성이 높다. 이러한 요구사항의 대부분은 예측되고 충족된다. 하지만 항상 예상치 못한 경우가 발생한다. 즉, 일부 고객들로 인해 기존의 크루즈 운영관리를 변경해야 하는 새로운 요청사항들이 생기기도 한다.

크루즈 고객의 인구통계학적 특성은 낮은 연령대와 영향력이 커지기 시작하는 다양한 고객들로 인해 매년 변한다. 과거에는 연금수령층의 여성이 전형적인 크루즈 승객이었다. 식음료와 선상 오락물, 특정 기항지, 해변 활동 등 중에서 승객들이 특별히 선호하는 것은 수용되며, 요구사항은 심도 있게 다루어지며 적용한다. 예를 들어, 휠체어를 이용하거나 걷기 불편한 승객들에게는 크루즈선에서 부둣가로 간호인과 함께 보트를 타고 나가는 것이 항상 문제가 된다. 인구통계학적 특성의 변화는 새로운 수요를 창출한다. 예를 들어, 체육관, 아이들 보모, 컴퓨터 게임, 액션 스포츠, 격식을 차리지 않는 캐주얼한 식사, 대형 나이트클럽 등을 들 수 있다. 승객들이 필요할 것으로 예상되는 요구사항들의 유형을 [표 7-5]에서 확인 할 수 있다.

표 7-5 승객의 요구사항

프로필

- 활동적인 생활방식의 40대 맞벌이 부부 : 그들은 좋은 것들을 누리고 살고 있음. 사회적으로 능숙하고 열정이 있으며 새로운 사람들을 만나고 새로운 곳을 보는 것을 즐김.
- 어린 자녀(6살 아들과 4살 딸)를 둔 20대 후반의 부부 : 남편은 정보 통신 기술의 전문가이며 아내는 전화조사원으로 파트타임 재택근무를 함. 휴식을 원하며 아이들의 행복에 가치에 둠.
- 72세의 은퇴한 독신 여성으로 건강하며 활동적임 : 춤이나 사람 만나는 것을 좋아하며 경험이 풍부함.

CLIA에 따르면, 인격의 '페르소나' 범위가 존재하는데 이것은 심리적인 속성의 특정 유형으로, 이러한 사람들은 크루즈 고객들의 유형과 아주 밀접하다.

그런 유형의 사람들은 제대로 쉬지 못하는 베이비 붐 세대의 사람들을 포함한다. 그들은 전체 승객의 33%를 차지하며, 부담스런 여행경비로 인해 색다른 휴가를 갖고자 하는 계획에 차질을 초래할 수도 있다. 열정적인 베이비 붐 세대의 사람들은 크루즈 승객의 20%에 해당되며, 스트레스가 많은 삶을 살며 탈출할 기회를 찾고자 한다. 승객의 14%는 호화로움을 추구하는 자들로서 최고의 가치를 찾는다. 승객의 11퍼센트를 차지하는 집단은 탐험가로 묘사되며 교양을 갖추고 있다. 승객의 6%는 크루즈 애호가들로서 크루즈에 대한 지식이 많은 진정한 매니아층으로 크루즈선사의 최상위 고객층이다.

고객 서비스는 크루즈 경험을 정의내리는 요소이다. 환영행사와 식당에서의 개별 서비스, 객실승무원의 공감 및 관리, 그리고 문제 해결사인 보조 사무장의 친절한 서비스, 이 모든 것들이 중요하며 기억에 남을 만한 것이다. 훌륭한 고객 서비스의 결과로 단골고객을 만들어 낼 수 있다. 하지만 그 반대의 경우도 가능하다. 즉, 서비스가 좋지 않았을 경우 고객들을 쫓아 보낼 수 있다. 본질적으로 고객 서비스는 승객과의 상호작용과 직접적으로 관련이 있는 홍보활동의 한 형태이다. 고객 서비스는 높은 수준의 커뮤니케이션과 고객의 요구를 인지할 수 있는 능력을 수반한다.

Johns(1994)는 비즈니스가 원하는 고객들을 얻는 것이라도 주장한다. 즉, 고객을 잃는 비즈니스는 내부적으로 그 이유를 규명해야만 한다. 모든 직원들은 고객서비스를 실천해야 한다. 특히 일선 직원이라 할지라도 서비스 차별화에 필요한 기술들을 실천하기 위한 교육을 받아야 한다. 크루즈 회사들은 크루즈 상품 구성요소 중의 하나인 양질의 고객서비스를 기반으로 자사 브랜드를 구축한다. 예외 없이, 고객서비스는 대인 관계 능력, 상품과 서비스 지식, 커뮤니케이션 능력과 같은 특정 핵심 요소를 기초로 한다. 고객 서비스 프로세스에서 불균형적 역할로 보이는 가장 단순한 요소는 적절한 때에 미소를 짓는 직원 개개인의 능력이다. Clark(1995)는 미소가 일반적인 인간의 행동이며 긍정적인 메시지를 보내고, 기꺼이 친절한 태도로 소통하는 것이라고 믿는다.

◎ 고객 서비스에 적합한 훈련은 무엇일까? What is Good Practice for Customer Service?

고객 서비스는 주관적이며 고객들이 각자의 독특한 방식으로 이해한다. 고객의 개인적인 특성으로 인해 일이 잘못 될 수 있다. 경험 많은 일선 직원은 고객 서비스를 각각의 고객들의 성향에 맞추고 고객과 회사가 원하는 최상의 결과를 위해서 본인들의 노하우를 토대로 상황에 맞게 조정한다.

불만이 있는 고객이 일선 직원에게 개인적인 비방을 하는 것은 빈번한 일이다. 부정적인 태도를 취하는 까다로운 고객들은 문제해결을 위한 최선의 조건을 제시하지 않으려는 경향이 있다. 하지만 이처럼 까다로운 고객들은 흔히 있다. 사람들은 관찰과 실행을 통해서 불만을 표현하는 것을 배운다. 우리가 살고 있는 미디어 사회는 이러한 기술을 연마하는 사람들을 위해 많은 기회를 제공해 준다. 그리고 일부는 이 기술을 예술로 변화시키는 기회를 대단히 즐긴다. 부정적인 고객에게 잘못 처신하는 것은 부정적인 영향을 확산 시킬 수 있다. 크루즈선에서 고객의 불평을 긍정적으로 대처하는 것은 불만족스러운 고객을 만족시킬 수 있으며 긍정적인 홍보효과를 창출한다. 이것은 매출 신장으로 이어지며 많은 직원들의 근무생활을 향상시키는 데 도움을 줄 수 있다.

7 | 고객서비스 오리엔테이션 Orientation for Customer Service

1) 올바른 자세 가지기 Creating the Right Attitude

훌륭한 일선 직원은 언제 말을 하고 언제 들어야 할지를 안다. 청취기술은 집중과 시선을 잘 맞추는 것(주의를 기울임), 가끔 질문을 하거나 다른 말로 표현하는 것뿐 아니라 적절한 고개 끄덕임, 몸동작(이해), 그리고 요약하거나 이해를 확인하는 것 등을 포함한다. 덧붙여, 올바른 태도를 취하는 것, 어떤 접촉을 하기 전에 열린 마음으로 귀 기울일 것을 목표로 하는 것이 중요하다. 이러한 환경을 고객들이 걱정 없이 자신을 표현할 수 있고 난처한 상황의 불필요한 청중을 만들지도 모르는 상황을 연출하기가 좋기 때문에 중요하다. 이것이 고객과 회사의 명성, 이미지 모두를 지키는 방법이다.

2) 고객과의 대화 끌어내기 Letting the Customer Talk

고객은 정직하다고 추정하는 것, 고객의 이야기에서 흠이나 허점을 찾지 않는 것이 항상 최선이다. 불만을 표시하는 것은 문제해결 사안이지 싸움이 아니라는 것을 유념하는 것이 중요하다. 고객은 자신이 옳다고 믿을 것이며 때때로 그 입장은 변하지 않을 수도 있다. 대화를 통해 고객이 문제를 해결할 수 있는 직원과 의사소통 할 수 있게 해준다. 직원이 사실을 알도록 하는 것이 중요하며, 그것은 고객이 마음의 평정을 되찾고 진정하는데 도움을 준다. 이것은 감정을 완화시키고 다음 단계로 넘어가기 위한 발판을 마련해준다.

3) 공감 Empathy

만약 고객이 어떻게 느끼는지에 대해 직원이 이해를 한다고 하더라도, 반드시 그 잘못에 동의하거나 인정하지 않을 수도 있다. 그렇지만 직원의 조심스러운 말씨와 어조는 긍정적으로 고객과 함께 상황을 대처하려는 의지를 확실하게 나타낼 수 있다. 이 단계에서, 직원은 불확실한 사실을 점검 할 수 있으며 들은 내용을 체계적으로 이해할 수 있다.

4) 문제해결 Problem Solving

문제 해결 시, '아니오'라고 말하는 것은 적절하지 않은 응대방법이며, 고객들이 원하는 것이 무엇인지 찾는 것이 좋은 응대방법이다. 두 방법 모두 수용할 수 있는 결과를 얻을 수 있도록 고객에게 선택사항을 제시하고 검토하며 분석한다. 문제를 해결하는 선택사항들은 회사 정책에 의해 결정된다. 불만사항이 정당한 경우, 상황을 인정하고 어떠한 형태로든 보상을 하여야 한다. 손실 금액은 방침을 결정하는데 관건이 될 것이다. 예를 들어, 수석웨이터가 근무 중 심각한 지연을 사과하기 위해서 와인 한 병을 제공하거나 또는 만약의 경우 선임 부사무장이 개인자산에 손해를 입힌 이유로 보상을 하기 위해서 $100를 고객의 계좌에 입금하는 것이 가능한지 등이다.

대부분의 회사들은 선상에서의 환불을 불허할 것이며 클레임이 타당하게 고려될 수 있게 고객파일을 담당부서로 넘긴다. 선상에서 소모품을 이용한 선의의 표시가 실제비용은 들지 않았지만 손실 자체를 판매비용이라고 생각할 수도 있다.

5) 후속조치 Follow up

고객이 불만을 표현하는 것은 직원에게 대단히 충격적인 것처럼 보일지도 모른다. 하지만 고객에게도 그것이 직원과 동등하게 또는 그 이상의 충격이 될 수 있다는 것을 염두에 두어야 한다. 게다가, 불만을 표현하는 것은 더 큰 문제의 징

후에 주의를 기울이게 할지도 모른다. 이런 점에서, 회사는 고객들의 모든 불만 사항들을 기꺼이 수용하여야 하며, 일선 직원들은 고객에 대해 감사를 표현해야 하며, 어떤 행동 방침이든지 지체 없이 취해져야 한다. 혹시 후속조치가 제시되지 않더라도 고객에게 연락을 취해서 조치사항과 진행사항을 점검하는 것이 좋은 업무운영방법이다.

6) 행동방침과 해결 Action and Resolution

이 단계는 문제점을 기록하고 어떻게 문제가 해결되었는지 차트화하여 기록으로 남기는 것을 포함한다. 해당 동료들이 인지하고 상황을 좀 더 면밀히 감시하기 위해서 문제점을 세부적으로 공유하는 것이 중요하다. 알려져 있지 않은 패턴이나 경향이 있을 수도 있다. 많은 문제들은 의사소통의 부족문제이며 대부분이 업무운영방법 개선을 위한 교훈을 제시해 준다. 잘못을 바로잡는 것을 목표로 삼기보다는 문제를 미리 방지하는 것이 더 낫다.

7) 예외사항 Important Exceptions

만약 고객이 사리에 벗어난 행동을 하고 육체적으로 또는 말로 협박하고 욕설을 퍼붓는 경우가 발생했을 때, 규정에 나와 있는 다음 단계로 넘어가야 한다. 이것은 선임사무원의 호출을 요하거나 즉각적인 도움을 청해야 할지도 모른다. 어떠한 직원도 욕설을 순순히 받아들여서는 안 된다. 직원들은 그들이 일할 때 평온과 안정감을 느껴야 한다. 그렇지만 다행스럽게도, 그러한 사건들은 극히 드물다.

고객과 대화할 때, 직원들은 어떤 선동적인 발언을 하지 않도록 조심해야 하며 실례는 다음과 같다.

- 손님이 잘못했음에 틀림없습니다.
- 저는 도와줄 수 없어요 또는 저는 모릅니다.
- 손님! 진정하세요 혹은 소리치지 마세요.
- 예전에는 이런 일이 한 번도 없었습니다.
- 제가 한 게 아니에요.
- 미안하지만, 그건 제 문제가 아니네요.

만약 고객 서비스 직원이 따분한 표정을 짓고, 고객이 불만을 표현하는 중간에 직원 동료 때문에 주의를 뺏기고, 또는 잘난체하는 어투로 말했다면 이 상황은 악화될 수 있다. 고객들은 문제해결을 위해 고심하는 서비스 개선에 감명받는다. 최소로 약속하고 최대의 서비스를 제공하는 것이 바람직한 운영방법이다.

요약 및 결론 | 8

본 장에서는 서비스와 관련된 많은 이론들을 살펴보았고 이러한 이론들을 크루즈선에 적용해보았다. 훌륭한 경영자는 서비스 품질을 차별화 시키지만 대형 크루즈선의 복잡한 환경으로 인해 많은 오류들이 나타날 수 있다. 크루즈 회사의 성장은 긍정적이며 흥미롭고 보람될 수 있다. 하지만 신규 직원이 훈련을 제대로 받지 못하고 준비가 덜 되었을 때, 경험 많은 직원이 더 많은 일을 하도록 요구될 때, 성장으로 인해 기업의 경영자가 운영상의 긴장을 무시할 때, 중요한 서비스 품질들이 위협받을 수 있다는 것을 명심해야 한다.

관련용어

- 감사 Audit : 타당성과 실효성을 시험하기 위해 독자적으로 검토하고 시스템 기록과 활동들을 조사하는 것
- 베이비붐 세대 Baby boomer : 출생률 증가시기인 1946년부터 1964년까지 태어난 세대
- 공감 Empathy : 어떻게 느끼는 가를 이해하기 위해서 다른 사람의 입장에 자기를 이입시키는 것
- 보상 Compensation : 지불 또는 배상의 방법으로 제공되는 현물 혹은 금전
- 초보교육 Induction : 업무현장에서 신규 직원을 훈련시키는 것
- 줄, 행렬 Line : 공정하게 고객업무 진행을 용이하게 하기 위해 형성된 사람들의 대기행렬
- 오리엔테이션/크루즈에서의 첫 행사 Orientation : 승객이 길을 잃지 않게 모든 것들이 어디에 있는지를 설명
- 페르소나/마케팅 용어 Persona : 고객의 유형에 관한 사이코그래프(성격 특성도) 용어

- 사양 Specification : 최소, 최대 기준을 설정하는 디자인과 템플릿 그리고 상품과 서비스의 매개변수
- 만질 수 있는 Tangible : 특히 촉각으로 인식됨

학습문제

❶ 품질은 무엇을 의미하는가?

❷ 서비스와 상품의 차이점은 무엇인가?

❸ TQM이 무엇인가?

❹ 팁을 운영하는 방식에는 무엇이 있는가?

❺ 고객을 대하는 주요 장소(상황)를 서술하라

추천자료

- http://www.mazur.net/tqm/tqmterms.htm: Dictionary of TQM terms
- *International Journal of Service Industry Management*
- *Journal of Retailing and Consumer Services*
- *Managing Service Quality Journal*
- *The Service Industries Journal*
- *The TQM Magazine*

참고문헌

- Clark, M. (1995), *Interpersonal skills for hospitality management*. London:Chapman and Hall.
- Crosby, P. (1996), *Quality is still free making: Quality certain in uncertain times*. New York: McGraw-Hill.
- Dale, B. G. (1999), *Managing quality*, (2nd ed.) Hemel Hempstead: Prentice Hall.
- Deming, W. E. (2000), *Out of the crisis*. Cambridge, Mass.; London: MIT Press.
- Douglas, N., and Douglas, N. (2004), *The cruise experience: Global and regional issues in cruising*. Frenchs Forest, Australia: Pearson Education.
- Harrington, D., and Lenehan, T. (1998), *Managing quality in tourism: Theory and*

practice. Dublin: Oak Tree Press.

- Harris, N. D. (1998), *Service operations management.* London: Cassell.
- Johns, T. (1994), *Perfect customer care*. London: Arrow Business Books.
- Juran, I. M. (1980), *Quality planning and analysis: From product development through use*(F. M. Gryna, Trans. 2nd ed.) New York: McGraw-Hill.
- Kudrle, A. E., and Sandler, M. (1995), *Public relations for hospitality managers*. New York: John Wiley and Sons.
- Lovelock, C. H. (1992), *Managing services*. New Jersey: Prentice Hall.
- Office of quality Management (2005), Quality framework for hospitality firms (M. D. Olsen, Trans.). In M. D. Olsen, R. Tear, and E. Gummesson (Eds.), Service quality in hospitality organisations (pp. 316). London : Cassell.
- Williams, A. (2002), *Understanding the hospitality consumer*. Oxford: Butterworth Heinemann.
- William, C.,and Buswell, J. (2003), *Service quality in leisure and tourism*. Wallingford: CABI Publishing.
- Williams, T. (1996), *Dealing with customer complaints*. Aldershot: GowerWright, J. N. (2001), *The management of service operations*. London: Continuum.
- Wyckov, D. D. (1982), New tools for achieving service quality. In C. H. Lovelock (ED.), *Managing services: Marketing, operations and human resources* (2nd ed.). Hemel Hempstead: Prentice Hall.

8

식음료 운영관리 Managing Food and Drink Operation

학습목표

- 크루즈선 식음료 운영 및 관리 고찰
- 레스토랑 및 공급자와 관련된 이슈 이해
- 식음료 관리 시스템에 대한 이해
- 선상 조직의 문제점 조명

다양한 기능을 갖춘 현대 크루즈선 만큼이나 식음료 운영은 복잡하고 다양한 수요가 있다. 그러나 경비 삭감, 업무의 단순화, 중앙집중화가 필요한 상황에서 최상의 결과 도출을 위해 고군분투하는 시점에서 크루즈선 식·음료의 품질은 우수성을 평가하는 적절한 척도이다.

Kirk와 Laffin(2000)은 '여행 케이터링' 특히 크루즈선을 포함하여 이 분야에 종사하고 있는 사람들이 당면한 문제점을 다음과 같이 기술하고 있다.

- 선상에서 제공되는 음식의 질은 크루즈 성공의 중요한 요인이지만, 음식으로 휴가를 선택할 만큼 중요한 요인은 아니다.
- 휴가 경비에 음식, 혹은 음료제공까지 포함시킨다.
- 크루즈선은 고객의 다양한 요구에 부응하기 위해 다양한 레스토랑을 운영한다.

- 공급 시스템을 완비하기 위해서는 복잡한 절차들이 산재되어 있다.
- 식사를 위한 시설은 최상급이 되도록 관리된다.
- 승객대비 승무원의 비율이 낮아질수록, 상대적으로 서비스의 질은 높다.
- 승무원은 계약 시 몇 달 동안 주당 7일을 근무하도록 요청 받는다.
- 승무원의 혜택은 팁, 세금이 면제된 급여와 여행기회제공으로 높은 편이다.

또한 Kirk와 Laffin(2000)은 크루즈선 주방 구조는 육상 시설보다 좀 더 편리하도록 설계된다고 언급한다. 크루즈선의 공간은 항공여행과 같이 다른 여행보다 문제가 되지 않는다. 그러나 크루즈선은 육상에서 빠르게 변화되는 것과 비교하여 서서히 주방 디자인을 변화시키고 있다. 크루즈선의 주방은 많은 양과 고급스런 음식에 대한 수요를 안전하고 효과적이며 지속적으로 충족시키기 위해 효율적으로 설계되었다.

여러 측면에서 크루즈선 식음료 운영의 제약사항들로 인해 이익이 창출될 수 있다. 크루즈선의 승무원 규모 및 수준은 법적 규정과 만원일 경우를 대비하여 운영되어야 한다. 승무원은 갑작스레 증가하거나 감소시킬 수 없다. 승무원의 적정 수준은 모든 상황에 맞춰야 한다. 크루즈선 여정에 영향을 미칠 수 있는 사태에 대처할 수 있도록 계획되어야 한다. 크루즈선이 적절한 서비스와 소모품을 제공하지 못한다면 심각한 문제를 초래할 수 있다. 기술적인 문제로 인한 연기, 일정의 변경 혹은 기상악화 등과 같이 예기치 못한 상황으로 인해 위험에 빠지지 않도록 하기 위하여 물품의 원활한 공급을 위한 물류(후방) 훈련도 필요하다.

1 | 공급과 서비스 Supplies and Services

세계에서 가장 유명한 대서양 횡단 크루즈선은 필요한 것을 모두 완비한 독립체로 설계되었다. 크루즈선은 모항에서 출발해서 오랫동안 해상에 머물기 때문에 승객들의 짐 뿐만 아니라 화물을 싣고 있다. 크루즈선은 일부 항구에서 원산지인 물품을 구매, 저장하여 모항으로 돌아와서 선사의 다른 크루즈선에 배분한다. 예를 들어, 뉴질랜드산 양모를 오클랜드 기항 시 구매한다. 크루즈선의 창고는 이러한 물품들을 충분히 저장할 수 있도록 냉동고, 냉장고와 건조실을 구비하고 선적을 위해 갑판 아래에 위치하도록 설계되었다.

현대 크루즈선들은 여러 가지 특성을 고려하여 설계되므로 동일한 경우가 별로 없다. 해상상태가 좋지 않은 경우 항해하지 않으려 하며, 객실, 바 등 수입을 올릴 수 있도록 승객들을 위한 공간을 최대한 제공하고자 한다. 크루즈선의 목적은 회사에 이익을 내는 것이다. 그래서 배를 디자인할 때 공간을 적절히 나누도록 노력한다. 크루즈선이 10일 일정이면 창고도 그에 맞춰 디자인된다. 크루즈선이 출발할 때 선박 창고는 꽉꽉 채워져서 있지만, 돌아올 때는 거의 비어있다.

크루즈선 식음료 공급관리 업무는 고도의 기술이 필요하며 특성화되어 있다. 대부분의 크루즈 선사의 경우, 프로세스는 본부에서 시작되며 선상 및 본사 전문가들이 자문을 하고 있다. 소비의 행태 반영, 업무일정의 변경, 다양한 승객과 일정에 부합하는 메뉴개발, 적절한 양 예측 등이 계획 시 필요하다. 이 공급 사업에 대한 계약은 공급능력, 품질 및 가격을 토대로 성사된다. 계약 규모는 엄청난 돈벌이가 되며 매력적인 일이지만, 규모면에서 일부 공급업체들은 입찰 기준을 맞추지 못할 수도 있다는 것을 의미하기도 한다.

수석 관리자나 구매 관리자는 크루즈선의 창고관리 책임이 있으며, 간혹 보조자나 행정관의 도움을 받기도 한다. 또한 음료에 책임이 있는 와인 저장고 마스터를 고용하기도 한다. 이 직원들은 식음료 관리자에게 보고하며, 수석 주방장이나 바 매니저와 긴밀하게 협조한다. 물품을 할당받고 보관하는 업무는 출발항구에서 입하 때부터 시작된다. 승객들이 승 · 하선하는 항구나 모항에서 시작된다.

부둣가에서 물품들을 공급업체가 검인한 컨테이너에서 대기시키고 선박 입하에 앞서 세관이 점검한다. 배가 정박하고 세관검사가 완료된 후에 물품을 옮긴다. 선상에서는 콘베이어 벨트 시스템이 사용되더라도 이 업무는 지게차나 화물운반대로 이루어진다. 대형선박의 경우, 부두높이와 동일한 층에 위치한 출입구를 통해 옮겨진다. 이 출입구는 보통 항해용어로 '포문[gun port] 출입구'라고 불려진다. 부두쪽에는 물품을 배에 선적하기 위해 하역인부들이 대기하고 있으며, 선상에서는 보조인원들이 물품을 정확한 장소로 옮기기 위해 준비하고 있다. 구매관리자는 정확하게 물품의 품질을 체크하며, 기준에 못 미치는 물품들은 선적을 거부할 수 있다.

대부분의 크루즈 선사는 정확한 물품관리를 위해 컴퓨터화된 저장 관리 시스템을 운영하고 있다. 물품 청구는 주방장 사무실이나 바 매니저 사무실에서 자동으로 진행되며, 청구사항에 대한 점검을 실시한다. 저장 관리 시스템으로 인해 차이가 나지 않고 기록이 쉽게 체크될 수 있도록 창고, 보관소나 바의 재고조사가 이루어지게 되었다.

구매 관리자는 저장창고를 안전하고 정확하게 관리하는 책임이 있다. 창고 보조원들과 물품을 다루는 담당자들은 모두 이 업무를 안전하게 수행할 수 있도록 교육을 받아야 한다. 저장 프로세스가 신속하게 진행될 수 있도록 하고, 무게가 나가는 물품들이 손상되지 않고 선별하여 운반할 수 있도록 위생과 안정성을 고려하고, 안전하고 위생적인 방법으로 물품을 다룰 수 있도록 창고 규모를 결정하여야 한다. 물품은 갑작스런 선박의 이동이나 창고상태의 이상으로 인해 사고가 발생되지 않고 손상되지 않도록 안전하게 보관되어야 한다. 특히 썩기 쉬운 물품들은 쓰레기를 줄이고 최상의 상품이 공급될 수 있도록 교체되어야 한다.

고급상품인 캐비어나 최상의 와인은 신중하게 저장하여야 한다. 신선한 야채와 같은 물품들은 사용하기 편리하도록 저장하여야 한다. 구매 명세서를 이용하여 신선상품의 숙성상태 등과 같이 구매상품을 공급자들에게 통보한다. 물품들이 상점에서 옮겨지고 나면 그 다음 공정과정으로 넘어간다. 음료 상품은 바나 레스토랑으로 배분되며, 식품들은 주방이나 벨 박스 등의 준비실로 옮겨지게 된다.

2 | 음식 조리 및 서비스 제공 시스템 Food Production and Service Delivery Systems

Ball과 동료학자들(2003a)에 의하면, 환대 조직은 완벽한 시스템 이론(복잡한 상황을 설명해주는)의 완벽한 표준을 보여준다고 한다. 시스템은 기술적인 것에 기초한 하드 시스템과 사람들과 관련된 소프트 시스템으로 나눌 수 있다. 학자들은 시스템을 '특정한 환경을 조정하는 것들(기대하는 결과물을 도출할 수 있도록 구성하는)의 관계와 구성의 세트'라고 표현한다. 시스템관련 연구로 인해 관리자들이 프로세스를 해체하거나 새 시스템을 개발할 수 있게 되었다.

시스템 연구자들은 시스템 이론을 반영했을 때 가치있는 원칙들을 다음과 같이 정리하였다(Ball 외, 2003a).

- 일반적으로 변화가 생길 때 저항하려는 경향이 있기 때문에, 시스템은 변화 시기에 위험성에 노출된다.
- 시스템과 시스템간의 상호작용은 복잡하며 시스템의 일부 요소들은 위험성이 있거나 분산될 수 있는 반면 일부는 안정적이고 결속력이 있어 보인다. 분산 요인들을 혼란스럽지 않게 하여 궁극적으로는 시스템을 붕괴시키지 않도록 조화를 맞추는 것이 중요하다.
- 결속과 조화를 유지하기 위해서 시스템은 환경변화에 맞춰 융통성이 있어야 한다. 여러 시스템들이 복잡한 상황에서 나타나는 상호작용으로 인해 시스템이 높은 안정성을 유지할 수 있다고 학자들은 주장한다.
- 시스템은 한계가 있고 다양하며, 환경에 의해 예측할 수 있다.
- 시스템이 전체적으로 표준화되지 않더라도 개별적으로는 안정적이고 차별적일 수 있다.
- 시스템의 다양성으로 인하여 지배적인 접근방법이 출현 · 붕괴되고, 다양성이 은폐되고, 잔존하고 있는 다양성이 재출현된다는 관점에서 상호 연관되어 있는 시스템들은 원순환을 하고 있는 것처럼 보일 수 있다.

궁극적으로 시스템 이론은 음식 조리 시스템(음식준비, 조리, 유지 및 운반), 식음료 서비스 시스템(음식 서비스, 정찬 및 바, 청소 및 설거지)이 포함되어 있는 크루즈선 식음료 관리시스템을 논리적으로 발전시켰다. Davis와 동료학자들(1999)에 의하면, 음식 조리는 날것과 식자재를 조리하기에 앞서 손질하는 작업과 관련된 과정이라고 한다. 시스템의 효율성은 투입 · 산출(쓰레기, 에너지 효율성, 노동의 효율성)과 서비스 제공 요인들(소비자 만족도, 서비스 품질인지, 서비스)사이의 관계로 인해 가늠된다(Bell et al., 2003a).

크루즈선 음식조리 시스템은 3가지 핵심요소로 구성 된다.

- **선상 케이터링 정책** : 판로(販路)의 다양성, 수요의 변수, 케이터링 운영의 형태, 서비스 타이밍

- 메뉴 : 스타일과 품질, 일품요리(à la carte)[43]나 정식(table d'hôte)[44] 조리능력, 수량 및 용량, 다양성과 표준, 표준화된 레시피 준비, 서비스 능력, 몫(1인분) 조정
- 주방과 부엌 디자인

현대 크루즈선의 주방은 요리사들이 하얀 유니폼을 입고 주방장의 지휘 하에 일하는 스테인레스 스틸로 된 넓은 공간으로 예술작품(마술)과 같아 보인다. 대부분 선박 조리 시스템은 전통적인 프랑스 파티 partie 시스템에서 개발되었다. 파티 시스템은 준비 과정인 '미즈 앙 플라스 mise en place'는 눈에 띄지 않는 다른 공간에서 이루어지고, 서비스는 승객과 가까운 곳에 있는 정리가 잘된 공간에서 이루어진다. 크루즈선에서의 파티는 예를 들어 식료품 저장실인 가르드 망제 garde manger 나 스프와 소스부서인 소씨에 saucier 처럼 프랑스 조리 용어와 관련되지는 않다. 그럼에도 불구하고 다양한 메뉴(생선, 패스트리, 육류, 스프, 파스타 등)와 연관성 있는 용어를 사용하는 것이 구분하는데 효과적이다. 그렇지만 크루즈선에서는 오염을 방지하고 최상의 위생 상태를 유지하기위해서 음식준비는 가장 가까운 공간에서 이루어져야 하기 때문에, 이런 방법은 크루즈선에서는 찾아볼 수 없다.

중앙 주방은 웨이터들이 쉽게 선택할 수 있고 외관, 온도 및 맛이 저하되지 않고 효과적으로 서비스될 수 있도록 규격화된 방법으로 디자인되었다. 이런 목적을 달성할 수 있도록 주방의 위치가 매우 중요하므로 준비실과 레스토랑 근처에 위치하는 것이 가장 좋다. 준비실에서 음식물 운반을 위해 리프트를 나이트클럽이나 특별 식당의 부속 주방까지 자주 이용하지만 그래도 같은 층에 위치하는 것이 바람직하다. 이런 경우, 리프트는 식품운반에 우선적으로 이용된다. 승무원 식당, 세척장 및 저장 공간의 위치도 동일하게 적용된다.

작업환경이 편안하고 응고를 최소화시키고 냄새를 조절할 수 있도록 주방에는 성능이 좋고 효과적인 환기장치가 필요하다. 또한 주방에는 요리, 설거지 등을 위한 냉수와 온수 공급이 필요하다. 더불어 주방에는 적절한 하수시스템, 안전하고 사용하기 편리하고 견고하며 위생적인 바닥, 적당한 조명과 안전하고 사용하기 쉬운 작업대 등이 완비되어야 한다.

---

43) 알 라 까르떼(à la carte) : (프랑스어) 일품요리
44) 따블 도뜨(table d'hôte) : (프랑스어) 정식(定食)

식음료 서비스 시스템은 고객에게 음식과 음료를 서비스하는 것과 관련이 있다. 시스템은 고객을 만족시키고 음식조리와 음식 서비스는 분리할 수 없다는 것이 핵심이다. 플렘베[45](직화(直火)가 QM2의 그릴 룸 grill room[46]에서 볼 수 있는 것처럼 일부 크루즈선에서는 2개의 프로세스가 애매한 경우도 있다. 트롤리와 램프라고 하며 때때로 게리동 guéridon [47]작업이라 일컫는다. 크루즈선에서는 안전을 위해 테이블에서의 가스 사용을 금지하며, 대신 화력 높은 전기레인지를 사용한다.

음식 서비스 시스템은 여러 요소들이 고려되어야 한다.

- 타이밍(고객이 서비스를 원하는 시점이나 서비스가 예정되어 있는 시점 등)
- 위치(레스토랑, 뷔페, 룸 서비스)
- 고객의 요구(실버 서비스, 세미 실버 서비스, 플레이티드 서비스와 승무원과 고객 간의 상호교류의 정도)

그림 8-1
퀸 엘리자베스 2호 테이블 세팅

45) 플람베(flambé) : (프랑스어) (생선이나 고기에 브랜디 등을 넣고) 불을 붙여 그 향이 배도록 함
46) 그릴룸(grill room) : (호텔, 클럽의) 간이식당, (호텔, 식당에서) 고기를 구워내는 곳
47) 게리동(guéridon) : (프랑스어) 장식을 해놓은 탁자나 테이블

그림 8-2 퀸 엘리자베스 2호 다이닝 룸

서비스 시스템은 전통적으로 내려오는 서비스 방법과 혼합된 것이다. 그러므로 정찬의 경우, 웨이터와 보조 웨이터가 테이블로 서빙하는 세미 실버 서비스나 플레이티드 서비스가 제공된다. 캐쥬얼한 뷔페의 경우는 테이블 서비스와 셀프 서비스가 혼합되어 이루어진다. 혼합 스타일은 고객들에게 맞추고 서비스 절차를 개발하기 위해 만든 서비스이다.

서비스 프로세스는 준비단계인 미즈 앙 플라스가 포함되어 있으며, 룸이 준비되고 청소되어있고, 테이블이 놓이고, 식기와 유리잔이 세팅되고, 냅킨이 잘 접혀있고, 식탁용 양념병을 세팅하는 등 전체 테이블 세팅이 일률적이며 매력적으로 잘 준비되어 있는지 점검한다([그림 8-1], [8-2] 참고). 웨이터와 보조 웨이터들은 서비스가 제공되는 동안 물, 유리잔, 여분의 식기, 빵, 소스들 및 후추 밀(테이블에서 후추를 갈아 제공)등 필요한 물품들이 모두 준비되어 있는 사이드 보드에서 작업한다. 이 물품들은 서비스가 시작되기 전에 준비되어 있어야 한다. 와인 웨이터(소믈리에)는 고객서비스를 위해 필요한 물품들(와인 침전물을 걸러내는 데칸터, 여분의 잔, 술 웨건, 얼음 바구니 등)을 준비해야한다. 뷔페의 경우도 고객 테이블, 뷔페 공간, 음료대 및 수거대 등을 준비하여야 한다.

서비스는 승객의 규모에 따라 식사를 1회, 2회로 하는지 등 패턴에 따라 진행된다. 관리자들은 경험으로 식사시간 제한 등 식사동선의 형태를 알 수 있다. 배가 오후 늦게 출항하거나 흥미진진한 쇼가 준비되어 있을 때 승객들은 종종 일찍 식사를 한다. 대부분 크루즈선의 식사는 상품가격에 포함되어 있으며, 승객들이 눈 하나 깜짝이지 않고 바다 가재를 3번씩이나 주문하는 것을 승무원들이 제재할 수가 없다. QM2에서처럼 객실 등급과 관련 있으며 메뉴와 서비스가 등급별로 가능하므로 일부 크루즈선은 높은 등급의 명성 있는 레스토랑을 보유하고 있다. 또한 일부 레스토랑은 특별한 메뉴와 서비스가 가능하다. 메뉴는 유명 요리사가 구성하고, 브랜드화하거나 레스토랑의 스타일을 독특하게 꾸미는 경우도 있다.

바 서비스 시스템은 '주류와 비알콜 음료를 제공하고 소비하는 목적'을 염두에 두고 디자인 한다(Bell et al., 2003a). 승객이 미국인인 일부 크루즈선에서는 미국 규정을 준수하도록 바 공간을 관리, 운영한다. 그러므로 21세 이하는 주류를 구매하거나 마실 수 없다. 그렇지만 이탈리아, 스페인, 호주, 독일이나 영국의 경우에는 동일한 규정이 적용되지 않으며, 18세 이상은 가능하다. 알코올은 위험할 수 있으므로, 승객들을 보호하기 위해 바 승무원들은 주류 판매에 관한 회사 규정을 준수하도록 훈련받는다.

카운터가 있는 바에서 음료는 판매된다. 바의 뒷면에는 제공되는 음료들을 진열하고, 카운터 아래에는 유리잔, 준비공간, 냉장고, 얼음저장고, 칵테일 재료, 개수대 등 필요한 식자재와 물품들을 배치한다. 즉, 기능적인 물품들은 손님 시야에서 보이지 않는 곳에 배치하고 판매품들은 잘 보이도록 배치하는 것이다. 바의 형태는 목적에 따라 다양하다. 스포츠 바의 경우는 샴페인 바와 비교하여 맥주를 많이 준비하며, 칵테일 바는 수영장에 있는 바보다 식사 후 칵테일을 많이 제공한다. 일반적으로 바는 배 앞머리나 선미가 보이도록 디자인하며, 전망 바 lookout bar, 까마귀 둥지 바 crow's nest bar, 오션 바 ocean bar라고 부른다. 그리고 중심좌석과 테이블 배열을 최대화하기 위해 여러 층으로 디자인하기도 한다. 일부 바는 아늑하고 무드 있는 공간으로, 일부는 확 트여진 공간으로 디자인되기도 한다. 크루즈선은 판매를 극대화하고 고객들이 즐길 수 있도록 친밀한 서비스를 제공하고 동선이나 혼잡을 최소화하기 위하여 바 카운터 서비스보다 테이블 서비스를 선호한다.

주방과 레스토랑의 서비스 시스템에는 음료, 식기류, 요리담기 및 장식, 음식 재료 및 고명의 준비와 함께 사전준비가 포함되어 있다. 바에서의 준비는 청소, 테이블과 카운터 표면 광내기, 테이블 위 필요물품 세팅(메뉴판, 판촉용 카드, 코스터[48]), 바의 진열대와 카운터 등을 들 수 있다. 바는 판매 증진을 위한 핵심적인 공간이다. 바텐더와 판매상품이 잘 보일 수 있도록 바 뒤편 바닥높이를 올리고, 가시성을 높이고 손님들의 주목을 받을 수 있도록 바 뒤편의 조도를 높여서 집중상품의 진열위치를 잘 선정하고 매력적으로 장식하는 것이 판매 전략이다.

3 | 인력, 상품, 프로세스, 선내 공간 및 설비 구성 Organizing People, Products, Processes, Premises, and Plant

식음료 관리 기능은 팀 조직을 조정하고 상품과 서비스를 모니터하고 표준 운영 절차에 근거한 프로세스를 실행, 평가하며 효율성을 높이는 것이다. 재산(업장 등)과 시설 설비에 영향을 끼치는 전체를 운영 관리하는 것이다(Davis et al., 1999).

식·음료 승무원은 팀으로 운영된다[그림 8-3]. 식음료 공간에서 필요한 활동은 팀활동을 통해 업무 만족도와 생산성이 극대화될 수 있다.

- **중복 감소** : 업무가 분담될 때, 작업 공간에서의 커뮤니케이션과 상호활동 수준이 높아지며, 팀의 구성원들이 서로 도와줄 수 있음.
- **효율성 증가** : 직원들이 같이 일하고 조직의 개방된 환경에서 건강과 안정성이 좀 더 효과적으로 관리되고 관찰될 때 생산시스템과 서비스 절차를 통해 우수한 결과물이 산출될 수 있음 .
- **효과 상승** : 팀 구성을 통해 상품(서비스)질 관리가 확실해지며, 앞서 언급했던 팀의 지원활동을 통해 개인의 역량과 협업 활동이 높은 수준에 도달할 수 있음.

48) 코스터(coaster) : (컵 등의) 받침 접시

그림 8-3
크루즈선 음식준비

결론적으로 팀을 개발, 업무협조를 극대화하고 회사의 목표를 달성할 수 있다.

식음료 관리는 상품의 생산과 서비스를 모니터하여 품질 향상을 위한 중재자 역할을 하는 것이다. 스탠다드를 정하고, 동료 관리자, 슈퍼바이저 및 숙련공에게 목적과 핵심을 정확히 전달하고, 팀 내 핵심멤버로 성장하도록 운영한다. 식음료 운영은 다양한 산출물, 대규모 분량과 서비스 절차로 최상의 스탠다드를 유지할 수 있도록 지속적인 주의가 필요하다. 이런 관점에서 파트별 관리자는 품질 향상에 핵심역할을 한다. 그래서 관리자는 충실하고 배려가 깊고 이해심이 있다는 점에서 지휘자이며, 최상의 품질, 위생 및 안전성 유지에는 엄격하지만 팀 구성원들에게 동기를 부여한다는 점에서는 커뮤니케이터와 비슷하다.

시스템은 점차 발전하고 있으며 여러 측면에서 긍정적인 진전을 보인다. 그러나 식음료 관리자의 역할은 문제점이나 이슈들의 해결을 위해 멤버들과 협력하여 프로세스를 발전시키는 것이다. 식음료 시스템은 다양한 그룹과 함께하는 협력 작업이기 때문에, 식음료 관리자는 운영 절차를 준수하여 절차의 결점이나 위험요소를 밝혀내야 한다. 이 위치에 있는 관리자는 지위, 경험 및 지식을 통해 문제를 해결하는 결정권을 갖고 있다. 스탠다드 운영절차는 식음료 관리자에게 가이드라인을 제공하고 절차를 최소화하는데 도움이 되지만, 성실함이 요구되는 활동이라고 해석할 수 있다. 식음료 부서의 서비스 공간은 작업과 오락의 장소로서, 주방공간은 옥탄을 사용한 인테리어로 독창적이고 사려 깊게 디자인된 공간구성에 중점을 둔다. 식음료 서비스 공간은 극장에 비유할 만하다. 구성원들은 청중과 협력하여 업무를 수행하고 고객 만족을 이끌어 내는 배우와 같다. 극장적인 공간구성을 유지하기 위해 환경관리는 복잡다단하다. 관리자는 잘못된 행동이나 낙후된 공간, 설비가 없는 환경을 개선하여야 하는 책임이 있다. 설비의 효율적인 운영은 위험요소와 불필요한 비용을 배제하는 것을 최우선으로 하며, 그래서 관리자의 업무를 자산 지킴이라고 불린다(Verginis & Wood, 1999).

4 | 고객의 요구와 운영 수용능력 Customer Demand and Operational Capabilities

고객의 요구사항이 무엇인지 어떻게 아느냐고 식음료 관리자에게 물어보면, '누적된 근무 경력'에 의한다는 대답을 들을 수 있다. 그렇지만 식음료 분야 경력도 고객들의 새로운 인구통계학적 특성과 식사스타일의 최신 트렌드에 따라 변화해야 한다. 새로운 시장을 개척하는 크루즈 선사에서 상품개발자들은 고객의 새로운 요구와 기대를 충족시켜야 하는 도전에 직면하고 있다.

Roy Wood(2000a)는 환대산업이 요즘 사람들의 음식욕구에 대하여 잘 알고 있는지에 의문을 제기하였다. 그러나 크루즈산업의 경우는 의심할 필요가 없을 것 같다. 크루즈 선사들은 브랜드 아이덴터티의 구성요소인 상품을 지속적으로 개발한다. 큐나드와 같은 영국 선사는 오히려 상류층의 식사습관을 지키는 정통 고급 레스토랑을 보유하는 등의 전통적인 식사 형태를 고수한다. 프린세스와 같은 미국 선사들은 식사에 이탈리아식을 적용하기도 하고 식사시간을 친밀하고 편하게 연출하기도 한다. '상품'의 근본은 모방할 수 있는 것처럼 보인다. 큐나드사의 경우 초창기 크루즈선에 영국인과 미국인들이 흥미를 느낀다는 점을 고려하여 식사스타일과 영국풍 선박이라는 독창적 판매 계획인 USP unique selling proposition를 세웠다. 한번 형성된 전통은 크루즈선사의 브랜드와 아이덴터티를 세우고 유지하기 위해 지속된다.

이런 분석은 프린세스 크루즈에도 적용된다. 프린세스는 회사의 중요 성장기에 이탈리아 브랜드인 시트마르사 Sitmar를 인수하였다. 인수로 인한 이탈리아 직원의 유입과 프린세스사의 신규 브랜드로서의 입지로 인해 식사와 메뉴에 이태리-미국 스타일을 개발하게 되었다. 숙련되고 경험이 풍부한 식음료 관리자의 노력과 브랜드 아이덴터티의 한 부분으로서의 식음료 서비스의 전략 강화로 인해 인수 이후 성장하게 되었다.

대부분 크루즈선사의 경우 상품과 상품 디자인은 프로세스의 발전과 함께 나타났다. 새로운 아이디어는 모든 선박에 적용하기 전에 일부 선박에서 시범 운영을 하게 된다. 기항지, 승무원들 다수의 국적, 승객 다수의 국적 등과 같은 문화적인 요인들이 식음료 개발 관련 새로운 아이디어 창출과 세팅의 변화에 영향을 끼친다. 축적된 경험이 많을수록 고객 서비스 조사결과에 대한 이해와 승객과 승무원간의 친밀한 상호활동이 가능하다.

운영능력은 브랜드의 중요요소인 식음료와 연관되어 있다. 서비스 스타일, 기술 습득, 지식과 학습, 표준에 맞는 식음료 서비스 및 예산 등도 주요 요인이다. 제한시간 내 서비스가능 고객 규모는 서비스 절차와 상품 명세서에 따라 변동된다.

운영상의 문제점들은 식음료 계획이 변경될 때 발생한다. 예를 들어, 알 프레코 al fresco[49]라 불리는 야외 식사공간은 우수 고객을 위해 갑판의 오픈된 장소를 이용하여 식사를 제공하는 옵션으로 활용되기도 한다. 그러나 식사를 안전하고 표준치에 맞출 수 있는 지를 확인하기 위해 주방에서 레스토랑까지의 거리를 고려해봐야 한다.

49) 알프레코(al fresco): 야외에서, 집밖에서의

◐ 그림 8-4
오로라호
레스토랑 전경

5 | 식음료 운영 관리 지침 Control Actions for Food and Drink Operations

Davis와 동료학자(1999)에 따르면, 식음료 공급에도 감독, 분석, 문제 방지를 위한 시스템 디자인, 팀 중심의 품질 향상 연구 등이 포함된 구조적인 품질관리가 필요하다고 한다. 품질 관리는 선사가 예산 범위 내에서 식음료를 제공하여 고객의 만족을 극대화 할 수 있게 하는 주요 요인들을 수용해야 가능하다. 바텐더의 경우, 품질은 바의 분위기와 고객에게 주문받은 음료나 술을 전달하는 서비스 기술이 잘 어울려져서 나타나는 상품의 외관과 맛으로 결정된다. 배분이 정확치 못하고 수익성이 없다면 품질은 약화될 수 도 있다.

크루즈선에서의 균형은 쓰레기가 없도록 음식을 만드는 것이다. 이런 균형은 데이터에 의해 형성된 패턴에 따라 요리를 하고, 고객들이 만족하도록 음식을 제공함으로써 가능하다. 접시에 놓이는 음식의 양은 보기에도 좋고 고객의 기대를 충족시키도록 정해진다. 일부 고객들은 다른 사람들보다 식사량이 많을 수 있으며 이런 경우 요청에 의해 음식을 추가할 수 있도록 운영된다.

◎ 음식의 안전, 위생과 안전, 고객 보호 Food Safety and Customer Protection

식음료의 조리와 서비스는 안전과 위생 부족으로 약화될 수 있다. 그러므로 크루즈선은 식음료 공간을 관리하는데 소홀함이 없도록 해야 한다. 항만 위생관리소는 크루즈선의 명성에 중요한 현장 검역을 수행한다. 미국 질병예방관리센터(CDC)에서 선박위생프로그램(VSP)을 35년 동안 시행하고 있다. 이 기관에서는 승객 수용인원이 13명 이상인 선박을 대상으로 2년마다 물, 음식, 스파 및 수영장, 승무원 건강과 선박의 청결상태를 검사하여 100점 척도로 평가한다. 또한 CDC는 이슈를 소개하고 정보를 공유하기 위해서 그린 시트 green sheet로 알려진 연례 보고서를 발간한다.

CDC는 음용수의 안전을 위해 물을 미생물학적으로 분석하고 저장고나 운반설비의 청결을 위해 음용수 공급 상태를 검사한다. 수영장과 스파에 대한 안전과 유지관리를 점검한다. 승무원들을 대상으로 질병여부, 위생관리, 위생관련 지식 및 음식안전에 대한 모니터링을 한다. 또한 안전 위생 실천 및 훈련계획을 잘 준수하는 지도 체크 받는다.

음식 조리도 검열 받으며, 저장고나 보관소의 온도도 점검받고, 해동도 테스트해보고, 교차오염도 체크하고, 음식보관이나 저장, 라벨링과 같은 일반적인 사항들을 점검한다. 또한 음식조리대, 조리도구, 세척대 및 부엌용품들을 점검한다. 주방장이나 주방직원들의 유니폼상태, 타월이나 행주 및 세면대 등도 점검받는다. 검열은 심지어 천정이나 바닥까지 전문적으로 심도 있게 진행된다. 물론 의학 기록들도 검사과정에 포함되어 있다. 100점 만점에 86점 이하의 점수를 받게 되면 검열심사를 통과하지 못한 것이다.

와인 서비스 계획 Planning Wine Lists | 6

와인은 식사의 일부 혹은 식사에 곁들이는 것으로 인식된다. 와인은 지식과 감성적인 기술이 필요하기 때문에 맥주나 스프라이트를 마시는 것보다 좀 더 사교적으로 보인다(Ravenscroft & van Westering, 2001). 그러므로 사교모임의 음료나 식사의 일부로서 와인 소비가 발생한다.

대부분 사람들은 와인에 두려움을 느낀다. 일부 사람들은 와인구매에 두려움을 갖고 있어서 그 절차를 피한다고 한다(Prial, 1990). 와인에 대한 지식이 필요하며, 와인 판매 사업에 필요한 와인 리스트를 만들어야 하는 등, 와인 판매에는 고려해야 할 요인들이 있다. 크루즈 선사는 다량의 와인을 판매할 수 있는 능력이 있으며 고객과 세팅 형식에 어울릴 수 있도록 다양한 와인을 보유하고 있다.

다음으로 선상에서 판매하는 와인 선택에 필요한 가이드라인을 제공하고자 한다.

크루즈 선사는 승무원들의 와인 저장 및 판매에 대한 축적된 지식으로 인해 유리한 위치에 있다. 그러나 음식처럼 범위가 너무 다양하여 와인의 선택과 취향이 다양할 수밖에 없다. 또한 이러한 다양성은 고객의 연령과 인구통계학적 특성, 사회경제적 배경, 와인에 대한 지식과 사회문화적인 환경에 영향을 받는다.

작업의 출발점은 크루즈별로 개별적인 와인 리스트를 선정하는 것이다. 이 작업으로 크루즈선에서는 다른 상품 판매와 함께 더 많은 와인 판매를 기대할 수 있다. 시장의 다양한 요구에 맞도록 가능한 한 와인을 폭넓게 보유하고 있는 것이다. 다양한 와인 보유를 제약하는 요인으로는 저장고 규모, 과다 공급이나 저장능력의 약화로 인한 재고, 공급능력과 지속성, 복잡한 선상 와인창고 관리, 다양한 와인 공급을 위한 투자액 등을 들 수 있다.

고객들의 특성을 잘 알고 있는 선사는 필요시 변경 가능한 와인 표준 리스트를 개발하는 것으로 제약요인을 해결 할 수 있다. 와인 리스트에는 기본적으로 특별 레스토랑을 위한 추가 리스트나 오늘의 와인을 제안하며, 크루즈 선사의 구매팀과 와인 공급자들 간의 긴밀한 협조로 이루어진다. 와인을 다량으로 구매할 때는 보편성을 고려해야 하며, 공급의 지속성은 생산량에 달려있다. 대량생산을 하는 와인 생산자들로 인해 크루즈선에는 동일한 와인 리스트가 준비될 수 있다. 최상급의 와인을 생산하는 소규모 생산자들은 이를 충족시킬 수 없어서 배제될 수 밖에 없다.

와인 선별은 색상으로(레드 혹은 화이트), 생산방법(거품 없는, 발포성, 디저트용)으로, 감칠맛의 정도(full, light), 산과 당도의 함유량(달지 않은, 달달한)으로 구분된다. 이 과정은 고객의 요구와 기대에 부응하도록 와인을 다양하게 선별하는데 도움이 된다. 일부 크루즈 선사는 명성 높은 고급 와인을 주문받기도 하므로 프랑스산 빈티지 샴페인이나 부르고뉴산 값비싼 와인, 캘리포니아산 컬트와인이나 호주산 유명와인을 보유하고 있다. 그러나 대부분 크루즈 선사의 와인 판매 패턴은 비싸지 않은 와인을 집중적으로 보유하고 있는 것으로 나타났다.

와인 리스트 구성 시 고려해야 할 사항은 다음과 같다.

- 리스트는 고객이 쉽게 이해할 수 있도록 논리적으로 정리되어야 한다. 화이트 와인이나 레드 와인 항목은 국가나 지역에 따라 옵션들을 명확하게 표기하여야 한다. '선상 판매'라는 점에서 선사가 중요성을 두는 국가대로 정리하는 전통적인 방식도 있다. 간략 리스트는 요약하여 간단하지만, 정도가 심하면 이해하고 파악하기가 오히려 힘들기도 하다.
- 품질과 보유가능성이 모두 일치하는 와인을 선택하여야 한다. 품질은 내용물을 보장하고 구별할 수 있는 라벨 정보로 확인할 수 있다. 품질은 매우 중요하므로 시식용 와인 샘플을 이용하여 고객들이 와인 결정하는데 도움을 줄 수 있다. 대량구매 시 표준 규격에 어긋나지 않도록 정기적으로 품질을 평가하는 것이 중요하다.
- 대부분의 와인은 빈티지(포도수확한 해)가 중요하다. 연도를 통해 얼마나 오래되었는지, 혹은 유효기간을 가늠할 수 있다. 일부 레드 와인과 샴페인과 같은 스파클링 와인은 병에서 숙성되도록 제조되었기 때문에 오히려 숙성시켜야 한다. 그러나 화이트 와인과 가벼운 바디의 레드 와인은 제조한지 1~2년 내로 소비되어야 한다.
- 와인 전문가와 초보자 모두 지명도가 높은 와인을 선호한다. 이런 와인들은 참고가 될 수 있으며 초보자들을 편안하게 해주며 전문가에게는 신뢰를 준다. 그래서 와인 리스트는 지명도 높은 와인들과 그렇지 않은 와인들을 함께 구성한다. 와인은 리슬링, 쇼비뇽 블랑, 샤도네, 피노 그리스, 비오니어, 피노 누아, 쉬라즈, 카르베네 소비뇽 등과 같이 포도의 종류에 따라 명명된다. 이것이 고객들이 와인의 다양한 맛에 따라 와인을 선택할 수 있도록 도와주는 일반적인 방법이다. 또한 보졸레(프랑스 부르고냐 지방), 샹세

르(프랑스 루아르지방), 쿠베 나파(미국 캘리포니아 나파 밸리 브랜드), 바롤로(이탈리아 피에몬테지방)과 빌라 마리아(뉴질랜드 브랜드)와 같이 브랜드나 지명에 따라 명명하는 방법도 있다.

- 판매가격은 중요하다. 일부 고객은 가격에 민감할 수 있지만, 대부분의 경우, 고객들은 가치와 가격간의 상관관계를 잘 이해한다. 가치를 상승시키기 위한 서비스 차원에서 와인은 음식에 비하여 큰 역할을 하지 않는 것으로 보인다. 한때는 크루즈 상품 기본가격이 마진율이 지금보다 높았기 때문에 크루즈 상품가격에 선상에서의 음료를 포함시켜 마진율을 조금 낮췄다는 것을 일부 승객들은 알고 있다. 와인 상품은 높은 수익률을 올릴 수 있지만, 식기류, 설비 및 승무원에 대한 투자가 필요하다는 것을 고려해야 한다.
- 와인 리스트 구성 시 와인의 타입이나 원산지(일정과 관련), 가격범위 및 고객스타일 등이 적절하게 고려되어야 하며, 반병 상품(한 병이 부담스러운 고객을 위한 상품), 잔 와인이나 알코올 도수가 낮거나 비알콜 음료와 같은 대안 상품도 제공되어야 한다.

결론적으로, 와인 관련 업무를 하는 직원들의 지식과 기술이 와인 선택에 결정적이다. 우수한 와인 웨이터나 소믈리에는 수년간 지식과 경험을 축적하였다. 선상에서 고객들의 요구를 충족시키고 와인 판매를 효과적으로 하기 위해서 와인 지식과 기술에 투자가 필요하다. 일부 와인은 다른 와인보다 높은 주의와 관리를 해야 한다. 이러한 와인의 경우 크루즈선이 갖추기 힘든 특별한 저장고가 필요할 수도 있다. 이런 관리가 필요 없는 와인이여서 저장고가 필요 없을 지라도, 디켄팅[50](숙성된 와인의 침전물 제거용)과 같은 작업이 필요한 와인을 저장할 가능성은 있다.

50) 디켄팅(decanting) : 병에 있는 와인을 마시기 전 침전물을 없애기 위해 다른 깨끗한 용기(디켄터)에 와인을 옮겨 따르는 것

수석 주방장과 메뉴 구성 The Executive Corporate Chef and Menu Planning

'스타 프린세스'선의 메뉴와 음식 계획은 시스템적으로 진행된다. 사례연구 대상인 크루즈에는 12일 순환 메뉴가 있다. 선사는 기간이 3일에서 30일까지인 크루즈 상품에 맞는 메뉴를 보유하고 있다. 메뉴구성 시 고객들의 선호도를 충족시키기 위해서는 고객의 국적을 고려해야 한다. '스타 프린세스'선의 주요 레스토랑에서는 정확하게 동일한 방법으로 음식을 제공하며, 그래서 12일 일정동안 12번의 아침식사, 12번의 점심식사, 12번의 저녁식사 메뉴가 있다. 승객들이 처음에 혼동하지 않고 포맷에 빨리 적응할 수 있도록 메뉴는 정확하게 동일한 방법으로 준비된다.

점심 메뉴판에서 첫 페이지는 칵테일, 잔 와인, 맥주와 탄산수와 같은 음료에 대한 내용이다. 그 다음에는 전채요리, 스프가 나와 있고, 샐러드 메뉴와 햄버거나 치즈버거와 같이 '상시 가능한' 메뉴가 이어진다. 두 번째 페이지에는 '선호음식'인 2가지 파스타 요리와 생선요리, 육류요리, 닭고기요리, 메인 코스 샐러드와 채식요리 등의 메인 요리가 뒤를 잇는다. 디저트 메뉴에는 3가지 아이스크림, 2가지 냉동 요거트, 젤라틴과 치즈가 있다.

저녁 메뉴판은 점심과는 다른 형태이다. 첫 페이지에는 건강을 위한 3가지 코스 요리가 나와 있다. 이 메뉴에는 제안 음식이 저지방이라고 표시되어 있다. 이어서 채식가를 위한 6가지 채식요리가 나온다. 메뉴에 나와 있는 표준화된 음식들은 전통 시저샐러드, 구운 생선, 닭고기와 육류로 정리 되어있다. 두 번째 페이지에는 전채요리를 시작으로 오르 되브르[51]가 있으며, 생선, 육류, 채소나 과일과 같은 3가지 음식이 포함되어 있다. 스프와 샐러드 메뉴에는 3가지 스프(크림, 콘소메, 찬 스프)와 샐러드 한 종류가 있다. 다음은 메인 파스타 요리와 생선, 조개류, 소고기 대체 요리(송아지, 돼지고기, 양고기), 소고기 요리 및 닭고기 요리 등 다양한 메인 요리가 나와 있다. 디저트는 아이스크림, 페스트리, 과일, 뜨거운 디저트와 치즈 등이 별도 메뉴로 제공된다.

승무원들도 당연히 식사를 하며, 수석 주방장은 승무원들의 주문에 따라 한 달간의 메뉴를 짠다. 메뉴는 영양사와 승무원 대표자들이 협의하여 결정하며, 국적, 문화적 배경, 종교관련 특별식이 필요하거나 다이어트를 해야 하는 승무원들을 고려하여 구성한다. 승무원의 저녁 메뉴에는 햄버거, 채식음식, 찬 음식, 수프, 밥, 파스타 및 2가지 메인 요리(소고기나 닭고기)가 있다. 점심에는 과일, 치즈와 아이스크림이 나오며, 저녁 디저트로 아이스크림이 제공된다.

사례연구문제

❶ 순환 메뉴를 짜는 이유는 무엇입니까?

❷ 고객 메뉴 구성 시 고려사항은 무엇입니까?

❸ 승무원 메뉴 구성 시 고려사항은 무엇입니까?

51) 오르 되브르(hors d'oeuvres) : 프랑스식 전채요리

7 | 요약 및 결론

식음료는 크루즈 상품에서 핵심적인 분야이다. 고객 설문조사와 가족, 친구나 지인들의 평가를 통해서 고객은 제공된 식음료에 대한 품질(간혹 양적인 부분도 고려)을 중요하게 생각한다는 것을 알 수 있다. 이런 사실이 기항지 관광은 대행사에게 맡기지만 식음료는 결코 아웃소싱하지 않는 이유이다. 그래서 식음료 부서는 많은 수의 직원이 필요하며(승무원의 다수를 차지), 대형 크루즈선의 경우 하루에 3번씩 4,000명이 넘는 사람들이 식사를 하므로 엄청난 규모의 작업을 하고 있다. 식음료는 해군 캠페인처럼 세밀하게 계획되어 시스템적으로 운영되어야 하며 관리, 감독이 잘 되도록 지속적으로 모니터해야 한다.

식음료 관리는 특별하며 지식과 기술의 조화가 필요하다. 일부 사람들은 식음료를 조리하는 것이 과학뿐 만 아니라 예술이라고도 한다. 식음료 관리자는 계획하고, 출연진과 환경을 잘 조율하여 청중을 만족시키는 작품을 만드는 극장의 디렉터와 같다. 결론적으로 관리자는 예산 범위 안에서 식음료를 안전하게 제공해야 하는 책임이 있다.

관련용어

- 알 프레스코 Al fresco : 갑판의 야외 공간에서 식사하는 것
- 벨 박스 Bell Box : 크루즈선의 주방으로 룸서비스를 위한 공간
- 캐비어 Caviar : 소금에 절인 철갑상어 알/고급음식
- 샴페인 Champagne : 프랑스 샹파뉴 지방에서 생산하는 스파클링 와인
- 갤리 Galley : 크루즈선의 주
- 부두 노동자 Stevedore : 크루즈선의 화물을 선적/하적하는 항구 노동자

학습문제

❶ 크루즈선에서의 식음료 제공 프로세스는 기항지 관광 프로세스와 비교하여 왜 다르며 어떻게 다른지 설명하라.

❷ 현대 크루즈선 식음료 생산 시스템에 포함되어 있는 것은 무엇인가?

❸ US VSP는 무엇이며, 식음료 관리에 어떤 영향을 미치는가?

❹ 와인 리스트를 만들 때 고려해야 할 사항은 무엇인가?

추천자료

- http://www.caterer.com/home/*Caterer and Hotelkeeper magazine*
- http://www.cruisegourmet.com/Cruise cuisine
- *Decanter magazine*
- http://www.hcima.org.uk–HCIMA–HotelCatering and International
- Management Association
- http://www.hospitalitynet_org/index.html–HospitalityNet
- http://www.chefmagazine_com/main_splash_chefww.asp–*Chef magazine*
- Journal of Restaurant and Foodservice Marketing
- http://www.porthole.com/–*Porthole Cruise Magazine*

참고문헌

- Ball, S., Jones, P., Kirk, D., and Lockwood, A. (2003), *Hospitality operations–A systems approach*. London: Continuum.
- Davis, B., Lockwood, A., and Stone, S. (1999), *Food and beverage management* (3rd ed.). Oxford: Butterworth Heinemann.
- Kirk, D., and Laffin, D. (2000), Travel Catering. In P. Jones (ED), *Introduction to hospitality operations*. London: Continuum.
- Prial, F. J. (1990), What Is It With Wine? *Journal of Gastronomy*, 6(3), 3.
- Ravenscroft, N., and van Westering , J. (2001), Wine tourism, culture and the everyday: A theoretical note, *Tourism & Hospitality Research*, 3(2), 149-163.
- Verginis, C. S., and Wood, R. C. (Eds.) (1999), *Accommodation management: Perspectives for the international hotel industry*. London: Thomson.
- Wood, R. C. (Ed.) (2000), *Strategic questions in food and beverage management*. Oxford: Butterworth Heinemann.

9

시설관리 Managing Facilities

학습목표

- 선상 객실관리에 영향을 주는 문제 고찰
- 매출 관리 이해
- 숙박관리 시스템 학습
- 운영과 서비스 질에 영향을 미치는 요인 이해

본 장에서는 객실, 공공장소, 승무원 공간 및 갑판 공간을 포함한 선상에서의 숙박에 관한 효과적인 관리에 대하여 학습하며, 행정, 수익관리, 디자인, 업무일정 및 프로세스와 환경적인 요인(Adamo, 1999) 등 다양한 주제를 다루게 된다. 관련 주제로서 앞서 논의되었던 숙박 계획의 제약사항, 생태경제학적인 공간사용에 대한 필요성, 승객관련 시설확장 수요증가, 크루즈선 정원을 채우려는 추세 등을 들 수 있다.

공간 관리 고려 시 발생 가능한 문제들로 승선 시 승객들의 과도한 수하물, 육지에서 크루즈선과 객실로(반대의 경우도 포함)의 수하물 이동, 객실내 소지품 보관 등을 들 수 있다.

승객들은 선내의 객실을 일반 호텔객실과 비교 한다. 객실의 느낌, 크루즈 스타일에 적합한 외관여부, 브랜드가 갖고 있는 이미지, 가격, 광고상품, 육지와 유사한 상품에 대한 기대감 등이 있다. 승객들이 선박의 제약사항에 대해 인식하고, 객실에서 머무는 시간이 상대적으로 적은 크루즈의 매력을 인지할 때, 객실에 대한 기대감은 높아질 수 있다. 객실공간이 상대적으로 협소하여 관리자들은 객실공간을 일시적으로 혹은 고정적으로 재배정해야 하는 껄끄러운 문제에 봉착하기도 한다.

1 | 수입 및 수익관리 Revenue or Yield Management

수입관리(RM)는 수입을 최대화할 수 있도록 적정 가격에 정확한 객실 재고조사를 제공하는 수단이다(Yeoman & Ingold, 1997). 수입관리는 최상의 수익을 내기 위한 시간과 판매 전략을 관리하기 위해 많은 산업분야에서 실시하고 있다(Donaghy 외, 1997). 수익은 차별화된 서비스에 대한 크루즈 선사가 정한 금액(가격)과 판매된 객실 수(재고 조정) 금액의 상관관계로 결정된다. 크루즈선의 객실, 항공기 좌석, 호텔 객실과 극장 좌석 등의 공통점인 재고의 소멸성으로 인해 크루즈 선사는 수입관리 정책을 효과적으로 수행하여 이익을 극대화하고자 한다.

수입관리는 가격결정 및 조정, 상품과 수익을 올리게 해주는 고객과 관련된 정책의 수립과 실행을 포함한다. 여기서 수입관리에는 순수익을 내고 증가시키기 위해 최적의 가격, 시장 세분화 및 재고에 관한 예측도 포함되어 있다. 전형적인 수입관리는 서비스 조직의 수용능력(크루즈선이나 선박과 같은)이 일정할 때, 수용력의 활용으로 성공여부가 결정될 때 전형적으로 수입관리가 적용된다. 이런 회사들은 판매가 일정한 단계에 도달해야 충당할 수 있는 높은 고정 비용을 갖고 있다. 손익분기점의 최고점에서 추가적인 판매는 수입과 비교하여 비용에 대한 영향력이 없다.

◎ 비용, 판매 및 시장 Costs, Sales and Markets

크루즈 사업은 시설, 선박관리에 필요한 기술과 운영, 노동력, 선상에서의 서비스 공급 등 선박 그 자체만으로도 많은 투자비용이 든다. 서비스 면에서는 크루즈선 수용능력에 대한 조절이 힘들어서 가능한 한 정원을 다 채우려고 하는데

이 또한 쉽지 않은 일이다. 판매되지 않은 객실을 최소화하기 위해 추가승객에게 제공되는 가격은 상대적으로 저렴할 수 밖에 없으며, 그래서 크루즈 선사는 마음을 비우고 현실적으로 판매가격을 고민한다. 회사 입장에서는 되도록이면 빨리 재고를 처리하는 것이 이익을 내는 것이다.

- 승객들의 예약금을 조기(早期)에 수령
- 최대 수익 정책 수립을 위해 조기에 수요를 예측
- 불확실한 수요에 시간을 낭비하지 않도록 결정

이는 크루즈 선사는 고객들의 관심을 끄는 혜택사항이 있는 조기 예약을 통해 수익을 창출한다는 것을 의미한다. 일반적으로 시간 제약할인, 조기예약자에 대한 무료 업그레이드 등의 혜택이 부여 된다. - 추가적인 혜택사항(항구까지 교통편 제공이나 선상거래 화폐)과 VIP클럽 회원권 등.

수입관리 결정 시 크루즈 선사들은 아래의 사항을 파악하여야 한다.

- 시장 세분화와 고객 구매 행동
- 특정시기 대상 특정 시장
- 과거의 수요와 예약 패턴
- 가격 정보(경쟁사의 가격 및 범위)

점차적으로 크루즈선은 초과예약 overbooking[52]을 받고자 한다. 왜냐하면 예약 패턴에 대한 분석을 토대로 크루즈 운영자들은 취소와 노쇼 no-show[53]가 발생하는 것에 대한 예측을 할 수 있기 때문이다. 초과예약은 노쇼에 대한 대비책이다.

크루즈 운영자들이 고려해야 할 추가적인 요인은 승수효과이다. 승수효과는 예약 후 선상에서 발생하는 수익을 의미한다. 그러므로 수입관리 시스템은 선상에서 발생하는 수입에 의한 수익과 연결되어야 한다. 이 모델은 패키지 상품으로 개발된다. 최근 들어 크루즈선은 가격은 낮추고 수용 능력은 최대화하려는 추세인데, 이는 휴가 때 단체판매와 선상에서 나오는 수입을 통해 수익을 증대시

52) 초과예약 : 원래의 수용인원보다 더 많은 인원을 예약받는 경우
53) 노쇼(no-show) : 예약을 해놓고 현장에 나타나지 않는 경우

킬 수 있기 때문이다. 판매 통계자료를 통해 선상에서 판매되는 저렴한 객실의 점유율을 알 수 있다. 관리자들은 객실을 함께 사용할 의사가 있는 1인 승객이나 동반자가 있는 가족 그룹에게 4인용 침실을 제공함으로써 객실 점유율을 높일 수 있다. 이는 초과예약 정책과 더불어 크루즈선이 100% 보다 더 높은 점유율을 갖고 항해하는 것이 가능하다는 것을 의미한다.

수입관리의 특징으로 아래의 사항을 고려해 볼 가치가 있다.

- 승객을 배제시킨 가격 변동이 혼란을 야기시킬 수 있는 복잡한 가격구조
- 승객들은 이 시점에서 대안을 찾을 수 있음
- 수입관리 시스템은 실제 재고상황을 알고 있는 수익 관리자에 의존
- 유통 시스템은 신뢰할 수 있어야 함
- 수입관리가 잘 되기 위해서는 회사가 여러 요인(고객정보, 예약패턴, 취소와 노쇼, 공급요인, 시장평가)을 정확하게 예측하여야 함
- 수입관리는 대안 방안을 고려해야 하는 전략적인 의사결정 과정임
- 수입관리는 복잡한 데이터를 분석하기 위해 소프트웨어를 사용하는 팀 활동임

2 | 숙박 관리 Administering Accommodation

위에서 설명한 내용을 통해 크루즈선이 100% 이상 점유율을 가지는 것이 가능하다는 것을 알게 되었다. 선상 숙박관리 프로세스는 선상에서 발생하는 문제나 사건을 취급하므로 엄격하고 복잡하게 구성되어 있다. 대부분의 상황은 사무장 데스크나 리셉션 데스크에서 처리된다. 이러한 문제들을 해결하기 위해 선박관리자는 현장에서 문제점과 해결 방법에 대한 판단 능력과 승객이나 회사에게 최상이 될 수 있는 해결 방법을 선택할 수 있는 능력이 있어야 한다.

첫 번째로, 사무장 부서는 객실과 승객에 대한 정확한 정보를 알고 있어야 한다. 판매부서에서 전달된 데이터베이스는 문제 발생가능한 승객에 대해 관리자에게 고급 정보를 줄 수 있다는 점에서 매우 중요하다. 또한 이 데이터베이스는

객실을 변경해줘야 하는 경우 객실 재고 정보를 제공한다. 두 번째로 사무장 부서는 문제 해결방법을 결정을 하고 행동으로 옮겨야 하기 때문에 문제 해결 정책에 대해서 알아야 한다. 세 번째로 관리자는 필요시 정보를 전달하고 적절한 조언을 찾을 수 있도록 모든 부서와 소통하여야 한다. 문제해결이 용이하도록 지속적인 커뮤니케이션 채널이 사무장 부서와 숙박관리자 간에 운영된다. 숙박관리부서가 승객 계좌와 폴리오를 정확하게 파악하고 항만사무소에 승객정보를 전달하기 위해서 데이터베이스 업데이트는 매우 중요하다.

디자인과 기능 Aesthetics and Ergonomic | 3

객실, 공공장소 및 승무원 객실에 대한 디자인시 아래의 사항을 고려하여야 한다.

- 디자인이 목적에 적합한지
- 외관과 기능면에서 사용자들이 동의하는지
- 사용자의 질적 요구를 수용하였는지
- 선상에서 필요한 안전 및 위생에 관한 요구사항이 수용되었는지
- 지속적인 유지와 서비스가 가능한지
- 브랜드와 브랜드 가치에 적합한지

전체적으로 가구, 시설, 장식 및 성능 우수한 환기장치 등이 승객과 승무원의 상호 활동과 관련 있다. 전체 디자인에 영향을 주는 많은 요인들 중에 린넨의 지름, 직물의 색상과 질감, 카펫의 짜임새, 목재 마감의 광택, 침대의 크기와 느낌 등은 지극히 사소한 부분이다.

「미학」이란 단어는 아름다움이나 취향의 개념과 관련 있는 반면,「인간공학」은 환경과 인간의 관계에 대한 연구이다(Collins, 1987). 휴식, 취침 및 탈의(승객의 입장에서)와 청소, 청결 및 서비스(승무원의 입장)라는 기능을 기본적으로 고려해야한다고 하더라도, 객실 인테리어 디자인 시 승객들이 기대하는 매력적인 요소를 충분히 반영하여야 한다.

관련된 사람들의 다양한 요구에 맞춰 디자인 할 때 인간공학적인 면에서 많은 어려움이 발생할 수 있다. 항공기의 경우 승객의 몸집이 커서 표준좌석이 맞지 않는 문제가 발생하는 것처럼, 크루즈선에서도 제한된 객실 규모로 인하여 승객이 어려움을 겪는 문제가 발생할 수 있다. 그러나 요청에 의해 특별하게 준비된 객실을 제공할 수 있으며, 대부분의 크루즈 선사는 특별 관리가 필요한 승객들을 차별하기 보다는 오히려 그들을 환영하는데 더 큰 노력을 기울인다.

4 | 숙박관리 시스템 Accommodation Systems

Ball과 동료 학자들(Ball, Jones, Kirk & Lockwood, 2003b)에 의하면, 성공적인 운영을 위해서는 객실관리와 시설 지향 비즈니스가 기본요소라 한다. 크루즈 선박에서 객실은 가장 중요하게 사용되는 공간이며, 그 결과 크루즈선의 다른 공간보다 객실의 세부적인 부분을 중점적으로 검토하여야 한다. 객실 승무원들은 승객들에 대한 상세정보를 갖고 있으며 승객들과 교류할 수 있는 기회가 많기 때문에 일반 호텔 객실 근무자들보다 상대적으로 우위를 갖고 있다. 이러한 이유로 인해, 앞서 언급한 것처럼 성공하기 위해서는 단순히 물리적인 상품(객실 시설)의 질을 반영할 뿐 아니라 객실 승무원의 서비스 능력도 반영된다[그림 9-1].

그림 9-1 크루즈선 객실사진

객실관리 시스템은 모든 객실이 깨끗하고 적절한 서비스가 제공되어야 하며, 유니폼과 세탁서비스를 제공하고 승객들과 소지품에 대한 안전을 보장하고, 디자인을 유지하는 것들이 포함되어 있다(Ball, Jones, Kirk & Lockwood, 2003b). 객실 부서와 수선과 서비스의 기술적인 부분을 지원하는 부서 간에는 공통되는 부분이 있다. 주방 청소는 객실관리 업무는 아니지만 주방 직원이 관리하는 경우가 빈번하다.

객실 서비스 업무는 승객들이 시설관련 요청을 많이 하기 때문에 세심한 주의를 필요로 한다. 한사람의 승무원이 관리해야 할 객실 수는 선박의 형태, 승객의 특성 및 객실의 유형에 따라 결정된다. QM2를 보면 숙련된 승무원이 높은 등급의 객실을 관리한다. 객실의 규모가 클수록 서비스에 많은 시간이 필요한 반면, 작은 규모의 객실은 시간이 덜 걸린다. 일부 크루즈선에는 객실 서비스 직원이 룸서비스 업무를 수행하기도 하고 그렇지 않은 경우도 있다. 한사람의 객실승무원이 12개의 객실을 담당하는 것이 일반적이다.

업무를 좀 더 신속하고 효율적으로 수행하기 위해 객실부서의 팀 공동업무는 무척 중요하다. 객실 서비스는 독립적인 업무이지만, 승무원들이 협력하고 그룹으로 업무 수행 시 서로 도와주며 효율적인 역할분배를 통해 업무를 향상시킨다. 팀은 실내·외 공공장소와 같이 넓은 공간에서의 서비스를 수행할 때 효과적이다. 세탁 서비스 또한 크루즈선에서는 중요한 업무이며, 세탁 책임자의 관리 하에 팀으로 운영된다.

◎ 업무 구분 및 프로세스 Work Schedules and Routines

■ 객실 서비스 업무의 구분

- 일상 업무 : 진공청소, 욕실청소, 침대정리, 광택내기, 수건교체 등
- 정규 업무 : 린넨 교체(10일 크루즈의 경우 2회), 벽청소(칸막이), 천정청소(갑판), 창문 및 거울청소
- 정기 업무 : 대청소, 카펫 청소, 실내장식 및 커튼청소(커튼, 매트, 의자커버 등)

담당자들에게 공정하게 업무를 배정하고 정해놓은 표준에 맞춰 정규/정기 업무를 진행할 수 있도록 업무를 구분한다.

■ **객실 관리 프로세스의 구분**(Adamo, 1999)

- **비일상적인 관리**(NRM) : 새는 곳 막기, 전구교체
- **비상대책관리**(ERM) : 누수(누전)문제, 난방문제
- **순환계획관리**(CPM) : 규정에 따른 청소 혹은 물품 제공
- **방어적계획관리**(PPM) : 방충 및 관리/유지를 위한 계획

선상업무의 표준모델을 만들기 위해 표준운영프로세스(SOPs)가 크루즈 선사 사무실부터 크루즈선까지 모두 적용된다. SOPs는 표준 레이아웃, 객실 공간배열에서 접시 세팅과 같이 사소한 업무 등이 사진으로 구성되어 있으며, 세부사항은 텍스트로 설명되어 있다. SOPs는 관리자에서 부서 책임자와 직원들에게까지 전달되고 규범이 되었다.

그림 9-2 아카디아호 선실전경

5 | 환경문제 Environmental Issues

시설관리관련 심각한 문제는 환경에서 나타난다. Adamo(1999)는 과도한 소비로 인하여 생태학적인 영향문제를 무시하는 듯 보이는 소비자 지향 사회가 가질 수 있는 환경문제를 중심으로 크루즈 선사가 직면한 전형적인 문제들을 밝혀

냈다. 환대산업은 일반적으로 물, 에너지, 일반상품 및 사치품의 소비덩어리라고 하며, 크루즈산업도 예외는 아니다. 그러나 다른 산업보다 크루즈산업은 상선규정과 환경 보호 의무를 준수하기 위하여 소비재를 잘 관리하여야 한다.

대부분의 크루즈 선사는 환경 문제를 해결하기 위해 환경 책임자(선장에게 직접 보고)를 고용하고 있다. Davies와 Cahill(2000)은 환경보호를 위한 두 가지 방법에 대하여 설명한다. 업스트림 upstream이라고 하는 것은 공급자들이 환경 기준을 지키도록 하기 위해 협력업체에게 크루즈 선사가 미치는 영향과 관련 있다. 반면에 다운스트림 downstream영향은 고객과 소비자 대상 교육과 관련 있으며, 학자들은 두 가지 모두가 크루즈 산업의 과제라고 한다.

사례연구

대형 크루즈선의 객실관리 Managing Accommodation on a Grand Class Ship

Edward Green은 18년 동안 크루즈 산업에 종사하였다. 오랫동안 다른 선사에서 근무하다가 최근에 프린세스 크루즈에 합류하였다. 객실관리자로서 1등급 사무장(행정)과 승객 서비스 담당이사에게 보고한다. 비록 프린세스사가 해상관련 요인보다 휴가관련 호텔과 리조트 분야에 중점을 두기 때문에 소극적으로 다루어지지만 그의 직위는 선임 부사무장(2줄)급에 해당된다.
선박은 109,000톤급으로 승객 2,600명을 수용할 수 있다. 양질의 서비스 수준을 유지하기위해 Edward팀은 다양하게 구성되어 있으며, 팀의 규모가 크다. 팀 구성원은 다음과 같다.

- 전체 직원 : 188명
  - 객실 관리자 manager : 1명
  - 주임 supervisor : 9명
  - 행정보조 : 1명
  - 갑판 책임자 : 3명
  - 객실담당 직원 : 72명
  - 실내 공공장소 주임 : 1명
  - 실외 공공장소 주임 : 1명
  - 실내 공공장소 담당자(ACATs) : 38명
  - 실외 공공장소 담당자(ACATs) : 12명
  - 시설 청소 담당자 : 27명
  - Bell box 주임 : 1명

- Bell box 직원 : 7명
- 세탁담당 주임 : 2명
- 세탁담당 직원 : 23명

■ 객실 승무원의 관리 객실수 : 직원 당 18~19실

■ 객실 승무원의 국적 : 필리핀(50%), 동유럽(헝가리, 슬로바키아, 폴란드 및 루마니아: 25%), 태국(25%), 극소수의 포르투갈 및 멕시코

■ 계약기간: 객실 관리자-6개월, 필리핀/태국-10개월, 멕시코-9개월, 포르투갈-7개월

■ 벨박스 수(룸서비스) : 1개

■ 식자재 보관소(창고) 수 : 30개

담당 부서는 본사에서 정해놓은 수준을 유지하기위해 업무프로세스에 따라 운영된다.

■ 객실 승무원은 일반 객실과 스위트룸 18~19개의 객실을 담당한다.

■ 실내공공장소 승무원의 업무는 라운지와 공중화장실 청소이다. 일상 업무 외에도 대청소, 가구, 카펫 및 커튼 청소 업무를 수행하며, 또한 실내장식 커튼과 오염된 카펫 청소 등도 담당한다.

■ 실외공공장소 승무원의 업무는 갑판 밖의 승객공간을 담당하는데 갑판기물과 청소 등이 포함된다.

■ 시설 청소담당은 복도, 칸막이, 승무원 및 임원 라운지 등을 담당하며, 임원의 스튜어드 역할을 수행한다.

■ 벨박스 룸서비스 팀은 객실에 룸서비스를 제공하기 위해 벨박스와 갑판 저장실을 오가며 근무한다.

객실관리 업무는 과중하지만, 선상과 육지 사무소 간의 업무협조가 원활히 이루어지므로 별다른 문제는 발생하지 않는다. 그렇지만 가끔 문제가 발생하여 해결해야 하는 경우도 있다. 산타 클라리타 Santa Clarita의 본사에서는 정책과 프로세스를 업데이트하거나 변경하는데 조언을 얻기 위하여 정기적으로 선상 관리자와 회의를 한다. 운영 시스템은 예기치 못한 사건이 발생할 수 있다. 특별요구사항이 있는 승객의 경우, 적절한 조처를 취하기 위해 정확한 정보보유 부서와 담당자에게 전달되어야 한다. 유아용 침대나 높은 의자 등과 같이 특별 요구를 들어 줄 수 있도록 프로세스가 정리되어 있다. 문제점을 파악, 보고하고 처리될 수 있도록 보고체계는 현장에서 이루어진다. 모든 담당자들은 서비스 질을 조절하며, 객실 관리자는 무작위 샘플링과 함께 정기적으로 점검한다.

승객들의 알레르기나 특별요구사항들이 증가함에 따라, 관련 업무들이 현장에서 발생한다. 흡연/금연 객실은 특별히 정해져 있지 않으므로 담배에 대한 알레르기가 있는 승객에게는 문제가 생기지 않도록 전문청소가 되어있는 객실을 배정한다. 갑판이나 공공장소의 경우에는, 일반적으로 포트사

이드 portside[54](왼쪽)는 흡연공간이고 스타보드 starboard[55](오른쪽)은 금연구역이다. 사고가 날 우려한 있는 갑판이나 라운지에서는 금연이다.

객실 관리자는 부서의 모든 일에 책임이 있다. 부서는 운영능력을 갖추고 있고 인간관계 기술이 탁월한 유능한 주임들이 중추적인 역할을 한다. Edward가 주임들의 관리 능력을 얘기할 때, "고함치거나 비명을 지르는 주임은 원치 않겠죠."라고 하였다. 프린세스사에 합류한 신규 대형선박 중의 하나인 스타 프린세스호는 매우 짧은 시간에 운영 스탠다드에 도달하였음에도 불구하고, 크루즈 선이 증가함에 따라 유능한 현장 관리자와 주임을 고용하는 것이 매우 힘들어졌다. 핵심 직원들을 고용하고 배치하는 것이 본사의 능력 중 매우 중요한 일이 되었다. 그래서 크루즈 선사는 업무에 대한 개별 학습과 유능한 선임직원의 지도를 포함하여 선상 교육에 많은 시간을 할애한다. 프로모션도 이런 상황에서 도움이 되며, 지식기반능력에 대한 모델을 지속적으로 개발하고자 한다.

표준 침대(195㎝)가 맞지 않는 장신 승객과 같이 흥미로운 문제들이 시시때때 발생하는데, 이 경우는 목수가 침대를 연장하여 해결하였다. 일반적으로 크루즈선에서 이런 문제들은 사전에 파악된다. 크루즈선은 ADA의 규정에 맞는 객실, 휠체어 통행이 가능한 문과 발코니 출입이 가능한 램프를 보유하고 있다. 노로 바이러스가 오랫동안 발생했을 때, 선사는 가이드라인을 업데이트하여 핸드북을 제작하였다. 그래서 의심쩍은 일이 발생하였을 때 프로세스에 맞게 대처한다. 예를 들어, 신입 부사무장에게 감염 징조가 나타났다고 의사가 판단하면, 객실 관리자는 객실 살균을 맡은 24시간 대기조(15명으로 구성)인 '타격대' 훈련을 받은 승무원 주임에게 알린다. 위험요소를 억제하기 위해 감염된 사람은 격리시켜야 한다는 것도 프로세스에 포함되어 있다. 훈련을 목적으로 준비된 승무원 객실인 함대 오두막이 환자 격리에 사용된다.

출 · 도착날에 객실 관리부서는 수하물을 관리한다. 129개 가량의 케이지에 가득 찬 승객들의 짐을 내려야 하며, 이와 반대로 승선하는 승객들의 짐을 동일한 방법으로 옮겨야 한다. 실내 · 외 공공장소 담당자, 시설청소담당자, 벨박스 직원들이 짐을 운반, 분배, 정해진 장소에 내려놓는 등의 업무를 수행하는 반면, 객실 스튜어드는 이 업무에서는 빠진다. 베니스나 바르셀로나에서의 모항(전환) 업무는 배가 3일 정도 정박하므로 관리하기가 쉽다. 카리브해는 승객들의 짐이 다른 노선보다 많으며 2주 일정에 하루 만에 전환해야 하기 때문에 매우 힘들다.

Edward에 의하면, 선상 스탠다드 수준이 매우 높기 때문에 미국 항만 위생 검열은 그다지 문제가 되지 않는다고 한다. 검열 대상에서 가장 규모가 큰 장소는 주방이지만, 크루즈선 담당자를 배려하여 항만 검역 담당자는 식자재 창고, 식기세척기 청결과정, 관련된 일지와 자료를 검토한다. 욕조는 7일마다 한 번씩 살균하고, 식수는 최상의 상태인지 점검하고, 수영장은 철저히 점검하는지를 검열관들은 확인한다. 수영장 담당자는 엔진실에서 알려 준 대로 4시간 마다 수영장과 욕탕을 점검하며,

54) 포트 사이드(Portside): 크루즈 진행방향의 좌측

55) 스타 보드(Starboard): 크루즈 진행방향의 우측

잘못된 점이 발견되면 보고하여 엔지니어가 처리한다. 객실관리 업무에는 위험성 있는 화학물질을 다루지는 않는다. 선장에게 직접 보고하는 선박 환경관리자는 위험성이 있는 공간들을 점검한다. Edward는 객실 서비스 관리의 핵심은 세심한 기술이라는 것을 잘 알고 있다. 팀을 구성하고 동기부여하고, 존경심으로 동료들을 대하고, 문화의 차이점을 이해하는 것이 선상에서의 복잡한 업무 공동체 관리업무를 수행하는데 중요한 요인이라 한다. 예를 들어, 특정 국적의 승무원들은 공격적인 성향을 지니고 있지만, 반드시 공격이진 않으며 본인의 업무를 잘 알고 있기 때문에 의무를 다한다고 한다. 크루즈선에서 근무하는 사람들은 승무원과 승객 양쪽 모두와 함께 잘 지내야 한다. 어떤 이들은 집을 떠나온 지가 오래되었으며 수년에 걸쳐 업무가 변화되기도 한다. 예를 들어, 아일랜드 프린세스호의 스튜어드는 과거에는 룸 서비스를 포함하여 객실 12개를 담당하였는데 지금은 발코니가 있는 객실 19개를 담당하고 있다. 그는 수년 동안 선상 근무를 하였는데, 승객들의 인구통계학적 특성의 변화와 계절성 및 성수기로 인해 승객들의 요구가 점점 증가하고 있다고 한다. 더불어 크루즈 선사들이 합병하고 비용조정과 예산을 효율적으로 관리하는 것도 변화의 원인이라고 한다.

프린세스 크루즈는 CRUISE라는 승객 서비스 신조를 만들었는데, 처음 소개된 이래 8년 넘게 지속적으로 발전되고 있다. CRUISE 프로그램은 우대(Courtesy), 존중(Respect), 신뢰할 수 있는 최상의 서비스(Unfailing In Service Excellence)이다. 이는 승무원들의 서비스를 최상으로 끌어올리면서 승객에 대한 친밀한 관심 문화를 창조하고자 한다. Edward는 열심히 프로그램을 수행하지만, 크루즈선 승무원들에게는 신조를 알고 있는 재방문 승객들이 상당히 부담스럽다는 점도 잊지 않고 지적한다. 특히 크루즈선이 만원일 경우(최근 들어 자주 발생), 객실 이동은 큰 문제라고 한다.

사례연구문제

❶ 객실관리 부서가 지향하는 서비스의 품질은 무엇인가?

❷ 객실관리 부서를 운영할 때 고려해야 할 중요 요인은 무엇인가?

6 | 요약 및 결론

이상에서 객실 관리자의 역할이 식음료 관리자의 역할과 함께 소개되었다. 승객의 과다한 요구사항, 24시간 서비스 제공, 업무의 노출, 승객들의 높은 기대감, 운영의 시스템화라는 점에서 두 역할의 유사성이 있다. 그러나 과중한 업무와 쉬운 업무가 있을 때가 항해 중인지 아닌지에 따라 업무의 차이점도 있으나, 모항으로 들어오는 날은 두 부서 모두 정신없이 바쁘다.

관련용어

- 신조 Credo : 원칙이나 믿음
- 재고 Inventory : 예를 들어 판매 가능한 객실의 수
- 포트 Port : 배 왼쪽
- 이익 Profit : 순수익, 정해진 기간 내의 지출액을 넘어 초과된 수입
- 수입 Revenue : 공제하기 전 전체 수입액
- 스타보드 Starboard : 배 오른쪽
- 턴어라운드 Turnaround : 모항이나 크루즈가 시작되고 끝나는 항구를 가리킴
- 일드 Yield : 특정 시기에 판매되는 상품(객실 등)의 양

학습문제

❶ 수입 혹은 수익관리는 무엇인가?

❷ 미학과 인간공학에 대한 정의를 내리고, 크루즈 선박에 미치는 영향에 대하여 기술하라.

❸ 객실관리 부서의 업무일정은 어떻게 관리되는가?

❹ 선상에서의 환경문제는 무엇인가?

추천자료

- http://www.cruisecritic.com/
- http://www.cruiseindustrynews.com/
- http://www.cruise-reports.com/Subscribers/memberlogin.htm
- http://www.cruisingnews.com.au/default.asp
- http://www.prowsedge.com/

참고문헌

- Adamo, A. (1999), Hotel engineering and maintenance. In C. S. Verginis & R. C. Wood (Eds.), *Accommodation management: Perspectives industry*, London: Thomson.

- Ball, S., Jones, P., Kirk, D., and Lockwood, A. (2003), *Hospitality operations: A system approach*. London: Continuum.
- Collins (1987), Concise English Dictionary. London: Guild Publishing.
- Davies, T., and Cahill, S. (2000), *Environmental implications of the tourism industry*. Retrieved 17 January 2005, from http://www.eldis.org/static/DOC10089.htm
- Donaghy, K., McMahan-Beattie, U., and McDowell, D. (1997), Yield management practices. In I. Yeoman & A. Ingold (Eds.), *Yield management: Strategies for the service industries*. London: Cassell.
- Yeoman, I., and Ingold, A. (Eds.) (1997), *Yield management: Strategies for the service industries*. London: Cassell.

Cruise Operations Management

10

위생, 안전 및 보안 Health, Safety and Security

학습목표

- 크루즈 선 승객들의 위생, 안전, 보안에 영향을 미칠 수 있는 문제 인식
- 질병관리 예방 센터(CDC)가 운영하는 미국 공중보건 선박위생 프로그램(VSP)의 구성 요소와 영향 인식
- 크루즈 선 운영자들에게 중요한 식품 위생 이해
- 항만 의료기관과 연관된 크루즈 운영자 규제와 영향 이해
- 국제 선박 항만 시설 보안(ISPS) 코드 도입의 영향 고찰
- 특별 관리 필요 고객에 대한 서비스 제공관련 문제 이해

많은 사람들은 크루즈 이미지를 유토피아적인 이상향에 초점을 둔 레저로서 인지한다. 하지만 일반 여행과 마찬가지로, 크루즈 여행도 독특하고 다양한 위험요소들이 있을 수 있으며 주의를 요한다. 본 장은 크루즈선 승선 사람들의 건강, 안전, 보안에 영향을 미칠 수 있는 문제를 인지하는 것을 목적으로 한다. 이러한 복잡한 주제들은 사회에 대한 심각한 도전을 제기하며 여행, 관광, 그리고 레저와 관련된 많은 산업에 파급효과가 크다.

먼저, 승객의 건강과 관련된 의료 사건들은 빈번하게 뉴스에 나오며, 언론의 많은 관심을 끈다. 노워크 바이러스 Norwalk virus라고도 불리는 노로 바이러스 Norovirus는 우려할 만하다. 미국 항만 보건기관과 같은 조직은 발생가능 문제를 해결하

기 위해 크루즈 및 관련 업계들과 공조하는데 적극적이다. 건강문제가 언론에 많이 노출됨에도 불구하고, 이것이 크루즈 운영자가 직면할 수 있는 의료상의 문제만은 아니다.

질병관리 예방센터(CDC)가 운영하는 미국 공중보건 선박위생 프로그램(VSP)은 크루즈선의 안전과 위생에 중요한 역할을 한다. 이 기관은 도움이 되는 실행 방법을 프로모션하고 정보와 교육훈련을 제공하며, 승객과 승무원에게 위험을 줄 수 있는 요인을 밝혀낸다.

크루즈선에서의 보안은 최고수준이다. 크루즈 산업은 확대되고 있으며 안전한 휴가 여행으로 의식되면서 인기가 높아졌다. 국제해사기구(IMO)는 안전과 보안을 주안점으로 하는 국제시스템을 제공하는데 주도적 역할을 해 왔다. 국제선박 항만 시설 보안(ISPS) 코드 도입은 일반적으로 해운업의 위협과 관련 발생하는 긴박감에 대한 대응이다.

본 장은 해당 업계 종사자들을 위해 목적지관련 건강, 안전, 보안 문제를 다루며, 특별 관리를 필요로 하는 고객들(예: 장애우)에 대한 서비스의 규정에 대하여 살펴보고자 한다. 위생, 안전 및 보안은 복잡한 주제들이여서 특정 부분을 심도 있게 다루는 것은 불가능하다. 그래서 독자들은 이 분야의 이해를 도모하기 위해서 더 많이 공부하고, 지속적인 학습을 하여야 한다. 선박 보안의 많은 부분은 기밀이므로 본 장은 보편적인 보안문제를 다루며 기밀을 유지하는 수준에서 계획과 방침을 설명하고 있다.

1 | 질병관리 선박위생 프로그램센터 Centers for Disease Control Vessel Sanitation Program

질병 관리 및 예방을 위한 미국 공중보건 센터(CDC)는 크루즈선에서 여러 질병이 발생하여 1970년대 초 선박위생 프로그램(VSP)을 도입했다. VSP는 주로 위장질환을 대상으로 삼았다. 질병관리 예방센터(CDC)가 통제와 규제가 강력한 기관처럼 보이지만, 지난 몇 년 동안 크루즈 산업과의 관계는 견고해졌으며 모범경영을 확립하기 위해서 다양한 지원과 훈련을 제공하며 발전시켜 왔다(2005).

질병관리 예방센터(CDC)는 크루즈선을 대상으로 하는 위생 검사(100점 척도) 평가로 매우 유명하다. 86점 이상을 얻지 못한 선박은 불합격으로 평가된다. 85점이하의 점수를 받은 선박은 대개 30-45일 안에 향상 여부를 확인하는 재검사를 받아야 한다. 질병관리 예방센터(CDC)는 낮은 점수의 선박이 위장질환(GI)관련 위험을 의미하지는 않지만 일반적인 위생등급에 미치지 못한다고 주장한다. 질병관리 예방센터(CDC)는 프로그램이 시작된 이래로, 운항하는 크루즈선과 승객들의 수가 급격하게 증가했음에도 불구하고, 질병 발병 횟수가 감소했다고 공지한다.

선박 위생 프로그램(VSP)은 위장질환(GI) 문제들을 찾기 위해 표적 설문조사를 착수한다. 만약 발병한 승객들의 수가 전체 승객들과 승무원의 2%를 차지한다면 이 조치가 실행된다. 또한 위장질병(GI) 관련 특이사항이나 불규칙적인 패턴이 발견되면 조사가 실행된다. 이를 위해, 선박들은 위장질병(GI) 증상이 보고되었거나 설사약을 요청한 승객과 승무원에 대한 관리를 하여야 한다. 만약 우려할 만한 사태가 발생한다면, 선박 위생 프로그램(VSP)은 발병 위험요인을 분석하고, 선박에서의 사례를 분석하며, 감염 요인을 확인하고, 예방 대책을 마련하고, 상황을 조절하고, 실행된 결과를 평가한다. 선박위생 프로그램(VSP)은 문제를 확인, 대처하고 그리고 재발 방지를 위해서 시행된다.

질병관리 예방센터(CDC)는 선박을 새로 건조하거나 기존 선박을 개조하고자 할 때도 관여한다. 선박이 공공 보건 요구조건에 맞는 최적의 상태를 유지하게 하고, 음식 저장을 위한 온도 제어 관리, 식음료(식수 공급 포함) 준비 공간과 저장소를 디자인하고 건축하는 방법, 손 세척 시설의 위치와 같은 문제들을 해결할 수 있다. 플로리다에 있는 자사의 시설에서, 승무원대상 권장 기준사항과 기준 준수 방법에 대한 교육을 실시한다.

◎ 교육프로그램

- 물 저장, 분배(유통), 보호 및 살균 저장
- 준비, 조리 및 서비스 중에 식품 보호
- 직원의 훈련과 개인 위생
- 일반적인 청결, 시설 수리 및 병의 매개체[56] 차단
- 식음료 오염의 잠재적 가능성

56) 매개체 : 인간 질병의 원인이 되는 물질을 옮기거나 숨길 수 있는, 공중보건에 중요한 곤충이나 절지류, 설치류, 또는 다른 동물

2 | 노로 바이러스 The Norovirus

오하이오 노워크에서 위장질환이 발병한 다음 1972년에 이 바이러스가 처음 확인된 이후, 노로 바이러스는 노워크 바이러스로 알려져 왔다(Anon, 2002). 노로 바이러스는 위, 창자에 영향을 미치는 바이러스의 총칭이다. 간혹 이 바이러스는 위와 대장에 염증이 생기는 위장염을 유발한다. 위장염은 종종 캘리시바이러스 감염 또는 식중독으로 알려져 있지만, 항상 음식과 관련된 것은 아니다. 또한 노로 바이러스는 감기와 관련된 것은 아니지만 때때로 '위장 독감' 또는 '24시간 위 버그' 라고 불린다.

노로 바이러스에 걸린 사람들은 구토, 설사 및 위경련 등의 증상을 보이며(Widdowson et al., 2004), 어린이들은 어른보다 구토가 심할 수 있다. 때때로 미열, 오한, 두통, 근육통, 메스꺼움, 또는 피로를 느낄 수도 있다. 질병은 매우 빠르게 시작될 수 있으며 감염된 사람은 심한 고통을 느낄 수 있다. 병은 하루에서 이틀 동안 지속된다. 노로 바이러스는 감염자의 대변이나 구토에서 발견된다. 또한 감염된 사람이 접촉한 표면에서도 발견된다. 발병은 열차, 버스, 학교, 군대, 레스토랑, 병원, 양로원, 출장요리 이벤트, 그리고 크루즈선과 같이 비교적 좁은 공간에 많은 사람들이 있는 장소에서 종종 일어난다. 잠복기간은 24~48시간이며 12~60시간 지속된다.

노로 바이러스는 대부분 크루즈선과 관련있지만(Ramilo et al., 2004), 이러한 인식은 잘못된 것이다. 오히려 해상에서 보다는 육지에서의 발병률이 더 높다. 선박위생 프로그램 관련 매커니즘과 크루즈선에서 질병담당 보건관리원의 업무 덕분에 크루즈선이 육지에 있는 것보다 더 효율적으로 문제를 확인하고 다룰 수 있다. 배에서 병이 전염되고 연속적으로 승객들에게 퍼지기 때문에 종종 문제가 발생한다. 객실이 촘촘이 배치된 크루즈선의 구조로 인해 사람간의 접촉, 상호작용이 더 많이 발생하는 것이다.

1) 감염경로

바이러스는 크루즈선에서 보다는 육지에서 발원할 가능성이 훨씬 높다. 물론 크루즈 업계가 결과를 처리해야 하지만 감염은 크루즈선의 문제가 아니라 사람들의 문제라는 점에 유의해야 한다.

바이러스는 식품과 음료를 감염시킬 수 있다. 특히 조개류, 조제식품, 샌드위치, 소스류, 샐러드, 깎은 과일, 손질이 필요한 식품과 바로 먹을 수 있는 식품들이 영향을 받을 수 있다. 식품은 구입 전에 이미 오염되었을 수 있다. 웅덩이, 강, 수영장, 우물, 얼음 등의 오염 및 하수처리 불량 때문에 오염된 물도 위협이 될 수 있다.

노로 바이러스에 감염된 물건이나 표면을 만지고 난 뒤 입, 코, 눈 등을 만졌을 때, 누군가가 구토를 하고 있을 때, 노로 바이러스에 감염된 사람과 바로 가까이에서 일대일로 대면하는 것은 공기 중 감염위험에 노출되어 있는 것이다. 또한 감염된 사람을 돌보거나 감염된 사람과 동일한 식기를 사용할 경우에도 발생한다. 심지어 악수를 할 때도 발생한다(이것은 크루즈선의 일부 승무원들이 팔꿈치를 터치하는 것으로 악수를 대신하는 이유이다). 화장실을 다녀온 후, 식사 준비하거나 먹기 전 손을 씻지 않는 것 또한 감염의 위험이 될 수 있다.

노로 바이러스는 매우 전염성이 강하지만 심각하지는 않다(Lindesmith et al., 2003). 증상은 불편하고 고통스럽지만 일반적으로 장기간 건강에 악 영향을 주지는 않는다. 바이러스에 감염된 사람은 구토와 설사로 인한 탈수현상 때문에 의사나 의료직원을 찾아가고 수분 섭취를 하며, 특히 자주 손 씻는 것이 좋다. 배에서의 업무는 발병에 노출되어 있다(Sternstein, 2003). 승무원과 승객들은 자주 손을 씻도록 교육받는다. 이는 화장실을 사용 한 후, 재채기나 기침을 한 후, 아기 기저귀를 간 후, 음식 준비 전 또는 흡연, 식사 전에 꼭 이루어져야 한다. 만약 누군가 몸이 안 좋을 경우, 손을 더 자주 씻어야 한다. 승객들과 승무원들은 비누와 물로 헹구어내기 전에 적어도 20초 동안 손을 씻도록 교육받는다. 그들은 또한 감염의 위험 때문에 입을 만지지 않도록 주의를 받는다. 알코올 성분의 손 살균제는 손 씻는 것과 병행하여 사용된다. 자동판매기는 일반적으로 뷔페나 레스토랑 앞에 설치하여야 한다.

2) 바이러스 관리 체계

바이러스 관리 체계는 예방, 감시 및 응대로 구성되어 있으며, 선상 계획은 격리, 봉쇄, 소독, 조사, 그리고 정보/교육을 기반으로 한다.

- **격리** : 감염자는 증상이 멈춘 후에도 사흘 동안 숙소에 격리해야 하며, 객실을 공유하는 사람들과 격리 조치하는 것이 좋다. 감염자에게는 개인위생에 대한 자세한 지침이 제공되어야 한다.
- **봉쇄** : 감염지역은 특별 훈련을 받고 장비를 갖춘 특수부대가 처리하여야 하며, 이 구역에 대한 접근은 신중하게 제한되어야 한다. 감염자는 예방 복장(가운, 장갑, 마스크)을 갖춘 의료 직원에게 치료를 받아야 하며, 치료에 대한 비용을 승객에게 부과하지 않는 것이 좋다.
- **소독** : 가속 과산화 수소, 버콘, 에코트루, 마이크로 박테리아 2, 3, 크리오사이트20와 같은 살균제와 표백제가 특정지역의 바이러스를 제거하는데 사용된다. 손으로 오염되었을 물건과 장소들이 주요 소독대상이 된다. 카지노 칩, 카운터, 테이블, 볼펜, 연필, 손잡이, 계단의 난간 등이 있다. 실내·외 시설과 라운지, 바, 화장실, 뷔페, 레스토랑과 같은 공공 장소들도 해당된다.
- **조사** : 원인을 확인하기 위해 모든 이력이 필요하다.
- **정보와 교육** : 이 과정은 질병 발발에 대해서 승무원과 승객에게 알리는 것과 질병의 정체와 의미를 설명하는 것을 포함한다. 문제를 보고하고 주의를 기울이는 등의 상황대처 방법에 대한 조언을 한다. 승무원은 업무 시작 전 문제를 이해하는 훈련을 충분히 받아야 한다.

3 | 선박 위생 프로그램 검사 Vessel Sanitation Program Inspection

선박 위생 프로그램은 13명 이상이 승선하고, 미국내 기항하는 외국운항 크루즈선이 환경 보건 관리팀에게 일 년에 2회 검사 받아야 한다는 내용이다. 자세한 검사내용은 VSP매뉴얼에 설명되어 있다. VSP매뉴얼은 새로운 기술, 식품위생의 개선, 인간에게 질병을 일으킬 수 있는 생물학적 요인들의 출현 등을 감안해 2005년에 개정되었다. 매뉴얼은 크루즈선 운영자와 승무원을 대상으로 교육하고 검사 절차상 질병 통제 및 예방 센터(CDC)에 중점을 두기 위해 이용된다.

◎ VSP 매뉴얼 내용 소개

- **물** : 식수는 마실 수 있는 물을 말한다. 해안에서 배로 물을 퍼 올리는 과정은 벙커링 bunkering으로 알려져 있다(연료와 물품이 선박으로 들어올 때도 사용되는 용어). 식수는 세계보건기구(WHO)의 기준을 충족해야 한다. 기준에 부합하는지 확인하는 미생물 보고서를 위해 정기적으로 샘플이 채취되며(매 30일마다) 검사를 받는다. 선박은 12개월 동안의 검사기록을 보관하여야 한다. 일반적으로 배가 정박해 있을 때, 오염된 지역에 있을 때, 항구에 있을 때, 물은 역삼투, 증류, 또는 다른 프로세스를 통해 선상에서 생산될 수 없다. 매뉴얼은 선상에서의 물과 급수시설에 관한 자세한 기술정보를 제공한다.
- **수영장** : 바닷물을 이용하는 수영장은 배가 운항 중일 때와 육지로부터 12km 이상 떨어져 있을 때만 사용할 수 있다. 수영장은 항구에 도착하기 전에 배수되며 항구에서는 비워져 있는 상태를 유지한다. 어떤 경우에는 여과 및 할로겐화를 제공하고 충전 시스템 분리절차가 준비될 때까지 수영장이 비워져 있을 수 있다. 수영장 이용 개시 전에 물 안전 검사가 적정수준을 통과해야 한다. 재순환 수영장은 여과 제조업체 지침에 따라 효과적으로 필터링 해야 한다. 수질은 지속적으로 점검되어야 하며 최소 기준치를 넘어야한다.

  월풀 물은 여과해야 하며 필터는 정기적으로 검사하고 6개월마다 바꿔줘야 한다. 수영장의 안전 표지판과 깊이 표시는 눈에 띄어야 하며, 물의 온도가 섭씨 40도를 넘지 않도록 한다. 안전 장비는 지침대로 제공되어야 하며, 아기나 기저귀를 사용하는 어린아이, 용변을 가리지 못하는 어린아이들은 수영장 입장이 허용되지 않는다.
- **식품 안정성** : 조리와 안전을 담당하는 사람은 식중독 예방, HACCP원칙, VSP 식품 안전 지침에 관한 지식이 있어야 한다. 선상에서 관찰된 현장과

정과 검사 중 질의 응답을 통해 자격을 증명한다 하더라도 미국 또는 해외에서의 인증이 있어야 인정된다([표 10-1] 참고).

표 10-1 식품안전지침 (US Public Health Service, 2005)

선박의 식품 담당자는 아래의 사항을 준수하여야 한다.

1. 거주 또는 잠자는 숙소로 사용되는 방에서는 조리 작업을 하지 않는다.
2. 조리 작업에 필요 없는 사람은 음식 준비, 음식 저장, 세척 구역 출입이 허용되지 않는다. 다만 직원이 음식, 청소장비, 주방기구, 린넨, 그리고 포장 안된 1회분 음식과 일회용 제품이 오염되지 않는지 확인하기 위해 잠깐 방문하여 둘러보는 것은 예외적으로 허용된다.
3. 음식 준비, 저장, 세척 구역에 출입하는 직원들과 납품 및 유지 보수 인원, 살충제 도포 직원은 이 매뉴얼의 지침을 따라야 한다.
4. 식품관련 직원들은 정기적으로 손 씻기 모니터링을 통해 효과적으로 손을 씻어야 한다.
5. 직원들은 식품을 납품받을 때 허가받은 곳에서 식품이 공급되었는지, 적정 온도에서 운반되었는지, 오염에 보호되었는지, 이물질이 섞이지 않았는지, 정확하게 있는지 점검해야 한다. 이것은 정기적으로 직원들의 작업을 관찰하여 모니터링하고 음식을 공급받고 평가하면서 이루어진다.
6. 적합한 온도 측정 장치를 사용하여 직원들은 매일 조리 온도를 점검하고 달걀이나 잘게 다진 고기와 같이 심각한 식중독과 사망 유발가능한 음식의 조리에 특별히 유의하면서 위험성이 있는 식품을 적절하게 조리한다.
7. 냉각하는 동안 매일 직원들이 식품 온도 관리를 하여 4시간 이내에 소비해야 하는 것 또는 뜨겁게 조리하지 않는 위험내재 식품을 신속하게 식히는 적절한 방법을 사용한다.
8. 부분적으로 조리한 육류 즉석식품, 익히지 않은 것을 주문한 고객들은 음식이 안전을 보장할 만큼 충분히 조리되지 않았음을 알아야 한다.
9. 직원들은 용액 온도, 뜨거운 물에 살균하는 시간, 화학 물질 농도, 산도, 기온, 화학 살균의 노출시간 등을 정기적으로 관리하여 다용도 기구와 주방기구들이 재사용되기 전에 깨끗이 위생처리 되어야 한다.
10. 고객들은 샐러드바나 뷔페와 같은 셀프 서비스 영역에서 깨끗한 식기류가 사용된다는 것을 안내받아야 한다.
11. 직원들은 델리티슈, 주걱, 집게, 일회용 장갑, 또는 분배장비와 같은 적절한 주방기구를 사용함으로써 맨손으로 먹는 즉석음식의 교차오염을 예방한다.
12. 직원들은 식품 안전이 의무이므로 적절히 교육받아야 한다.

이러한 맥락에서 매뉴얼은 개인위생과 어떻게 식중독 예방에 영향을 미치는가에 대한 내용을 담고 있다.

> 조리팀 담당자 책임구역; 식중독 관련 증상; 위험성이 있는 식품에 대한 온도조절과 시간배정의 중요성; 날 것 또는 덜 익힌 달걀, 육류, 가금류, 생선과 관련된 위험; 위험성이 있는 식품에 대한 안전한 조리시간; 교차오염, 즉석음식의 손 접촉, 손 씻기, 일반 위생과 관련된 관리 및 제어; 식품 안전; 적절한 장비 공급; 세척 및 살균절차; 독성물질의 저장, 사용 및 취급; 식품 위생과 안전문제를 방지하기 위한 서비스 절차와 운영 관리 및 생산 제어.

관리자들은 직원이 매뉴얼에 있는 대로 안전하고 위생적으로 실천할 것을 기대한다. 일반적으로 모든 식품은 지침에 맞도록 안전하고, 이물질이 섞이지 않아야 하며, 적절히 공급되어야 한다. 위험성이 있는 식품은 7도 이하의 온도에서 공급되어야 한다. 식품은 오염되지 않을 장소, 갑판 위 15cm의 깨끗하고 건조한 장소에 저장함으로 오염으로부터 보호하여야 한다. 음식은 계단참, 기계실, 쓰레기 처리장, 탈의실, 화장실 같은 장소에 저장되어서는 안 되며, 진열된 음식은 오염되지 않도록 하여야 한다.

- **조리시간**
  - 날달걀은 63도 이상의 온도에서 최소 15초 동안
  - 레아, 에뮤, 타조와 같은 주조류는 68도 이상의 온도에서 최소 15초 동안
  - 가금류와 야생동물은 74도 이상의 온도에서 최소 15초 동안
  - 통구이는 63도 이상의 온도에서 15초 동안
- **식품 냉장** : 위험성 있는 식품은 60도에서 21도 사이에 2시간 이내에, 21도에서 5도 이하 사이에 4시간 이내에 냉장
- **온도 유지** : 위험성 있는 식품은 60도 이상 또는 5도 이하를 유지 (54도 이상의 구이는 제외)

선박, 주방 및 관련 구역 관리, 장비와 장비 관리, 청소, 살균, 서비스, 음식 저장, 식품 취급, 식품 안전과 위생에 관한 자세한 사항은 VSP 운영 매뉴얼에 명시

되어 있다. 운영자는 요구사항의 변화에 맞춰 CDC을 응용하여야 한다. 요청사항이 합리적이고 승무원과 승객의 건강을 위태롭게 하지 않는다고 증명되면 이러한 변화는 가능하다.

미국 항구가 아닌, 사우샘프턴이나 시드니와 같은 항구들은 기항했을 때 국가항만 보건 당국의 방문을 받는다. 대체로 이들 기관의 요구사항과 VSP의 운영상 요구사항은 일치한다. 검사과정은 식음료의 HACCP의 접근방식을 채택하는 것이 적절한지 판단하며, 7원칙을 포함한다([표 10-2] 참고).

표 10-2 HACCP의 7원칙 (식품의약청, 2001)

1. 위험을 분석하라. 식품 관련 위험, 위험 통제조치를 파악해야 한다. 위험은 미생물과 같이 생물학적일 수 있고, 독소와 같이 화학적일 수도 있으며, 가루 유리나 금속 파편과 같이 물질적일 수 있다.
2. 핵심적인 제어 포인트를 확인해라. 가공하지 않은 음식의 처리와 운반에서부터 고객들이 소비하기까지 조리에는 단계가 있다. 그 시점에서 발생가능한 잠재적 위험요소는 통제될 수 있고 제거될 수 있다. 예를 들어, 조리, 냉각, 포장 및 금속 탐지.
3. 제어 포인트에 대한 예방 대책을 수립하라. 예를 들어, 조리된 음식의 경우 유해한 미생물을 제거하는데 필요한 최소한의 조리 온도와 시간을 설정하는 것.
4. 중요한 제어 포인트를 관리 감독하는 절차를 수립하라. 절차는 어떻게 누가 조리 시간과 온도를 관리하는가를 포함한다.
5. 모니터링에서 중요 필수요건이 충족되지 않았을 때에는 시정조치를 하여야 한다. 예를 들어, 최소한의 조리온도를 충족시키지 못할 때에는 식품의 재처리 또는 폐기조치.
6. 시스템이 제대로 작동하는지 확인하기 위한 절차를 확립하라. 예를 들어, 조리 장치가 제대로 작동하는지 확인하기 위해 시간과 온도를 테스트하고 기록하는 경우.
7. HACCP 시스템을 문서화하도록 효과적인 기록보관방법을 간구해야 한다. 이것은 위험요소의 기록과 제어방법, 안전요구사항 모니터링, 잠재적인 문제를 해결하기 위한 방침을 포함한다. 각각의 내용들은 과학적 지식이 충분히 뒷받침되어야 한다. 예를 들어, 음식으로 인한 질병을 제어하는 시간과 온도 요인에 대한 미생물 연구 등.

테러와 위협요인은 많은 사람들의 주요 관심사이다. 9.11 테러 이후로 정부들이 테러리스트를 숨겨주거나 테러를 용납하는 사람들에 대한 엄격한 조치를 취함으로 부유한 나라들이 누려왔던 철저한 보안과 평화는 위태롭게 되었으며, 그 결과로 국경 보안이 강화되었다. 보안강화로 인해 세계 각 지역을 이동하고 유동적인 일정 계획을 활용할 수 있는 위험요소를 지닌 크루즈 산업에 실제로 도움을 주었다(Parker, 2004). 단점으로는 증가된 행정 절차, 보안 데스크의 긴 대기행렬, 사생활 침해, 비용의 증가, 복잡한 계획 수립 등이다. 크루즈 승객들은 강화된 보안으로 인한 영향을 휴가의 일반적인 절차로 받아들이고 있다(Scorza, 2004).

IMO의 경계 아래 선박은 선박의 안전 운영 기준 강화 체계에서 운영된다. SOLAS(해상인명안전협약)와 MARSEC(미국해양보안시스템)은 해양 안전과 보안의 핵심이다(3장 참고). 2002년 12월, 1974년 SOLAS 조약에서 협약한 108개국의 정부, 국제해사기구(IMO)의 정회원 관계자, 국제해사기구 준회원 관계자가 참가하는 회의가 개최되었다(IMO, 2002). 참석 대표들은 해양 보안을 강화하고 선박 겨냥 테러행위의 근절을 목표로 협의한 방안에 동의하였다. 그 결과, SOLAS 협약의 수정안이 마련되었는데 이것은 국제 선박 및 항만시설 보안(ISPS)으로 알려져 있다. ISPS는 필수항목인 정부, 항만 당국, 선사의 요구사항과 관련된 세부 보안 사항과 함께 부수적인 항목에 관한 일련의 지침을 제공한다([표 10-3] 참고).

표 10-3
ISPS 과정

■ 협약 국가 위험 평가

1. 항만 시설의 핵심요소인 사회기반시설과 중요 자산을 확인하고 평가.
2. 평가는 보안 순위를 정하기 위해서 항만의 중요 자산과 인프라의 위협요인을 식별해야 한다.
3. 평가는 물리적인 보안, 구조적 통합, 보안 체계, 절차관련 정책, 통신 체계, 교통 인프라, 유틸리티, 항만 시설 내 타 구역의 약점을 찾아내어 항만 시설의 취약점을 해결해야 한다.

4. 항만 시설 보안 계획 개발, 항만 시설 보안 임원 임명, 특정 보안 장비에 대한 접근 권한이 필요하다.

■ 선사와 선박

1. 선사는 선사 보안 담당관(CSO)을 임명한다.
2. 선박은 선박 보안 책임자(SSO)를 임명한다.
3. CSO는 승인을 위해 선박 보안 계획을 준비한다.
4. 선박은 선박 보안 계획을 진행, 선박 보안 책임자와 선사 보안 담당관을 임명하고 특정 선상 장비에 대한 접근권한을 갖는다.

ISPS 이행 날짜는 2004년 7월 1일이었다. 이행 약속을 지키지 않은 일부 계약 체결 국가들이 있었으나 대부분은 이행했다. 조약을 이행하지 않는 항구에 방문하는 선박은 심각한 영향을 받을 수 있다. 왜냐하면 보안 차원에서 항로상 다음 기항지가 선박이 오염되어 있다고 볼 수 있기 때문이다. 이것은 보안 조치의 강화 또는 최악의 시나리오의 경우 입항 거부라는 결과를 초래 할 수도 있다.

계약 체결 국가들은 선박 또는 항만 시설에 적합한 위험 단계를 설정한다([표 10-4] 참고). 단계는 메시지의 명확하고 용이한 소통을 목표로 한다. 단계는 발생 가능성이 낮은 위험요소는 위험도가 낮고 발생 가능성이 높은 위험요소는 위험성이 크다는 기본가정과 동일한다.

표 10-4 위험단계와 방침

위험과 방침	1단계 일반적 위험 수위	2단계 중간 정도의 위험 수위	3단계 높은 수준의 위험 수위
항만 시설	항만 시설은 필수적으로 최소한의 운영 및 물리적 보안 조치를 취한다.	항만 시설은 지시를 받은 후 추가 또는 강화된 보안 대책을 추진할 수 있다.	항만 시설은 지시에 신속히 대응하도록 준비 조치를 취한다.
선박	선사 담당 보안관(CSO)은 최소한의 운영 및 물리적 보안 조치를 취한다.	선박 자체가 추가 또는 강화된 보안 대책을 추진하고 운영 할 수 있다.	선박은 내려진 지시에 신속하게 대응할 수 있도록 준비 조치를 취한다.

선박과 항만 시설 모두 사람과 화물의 활동 감시, 접근 제어 및 감시, 보안 통신이 용이하도록 하는데 책임이 있다. 선박 보안 경비원(SSO)은 선박 안전 및 보안에 대한 궁극적인 책임이 있다.

크루즈선에서 선박 보안 책임자(SSO)는 군인이나 경찰 출신의 보안 전문가들로 구성된 팀을 운영한다. 선박은 국제 선박 보안 증서를 소지하고 만약 심각한 보안 사고 시 확인하기 위해 교각이나 선상특정장소에서 작동할 수 있는 보안 경보 통신 체제를 갖추어야 한다. 이러한 경고는 선박 자체의 경보를 울리지 않고 전달되어야 한다.

모든 항구가 ISPS에 가입하는 것은 아니다. 국제 운송 주간지인 페어플레이-Fairplay에 보고된 바에 의하면, 사르데냐 섬의 포르토 체르보-Porto Cervo는 ISPS에서 요구하는 보안 대책에 투자하는 것을 거부하고 사실상 크루즈 목적지에서 이탈한 첫 번째 이탈리아 항구가 되었다.

Parker(2004)는 크루즈 선박보안이 엑스레이 기계나 스캐너와 같은 기술에 의존하지만, 높은 수준의 보안은 승무원, 직원, 경비원들의 '보안 철학 및 사고'의 형성에 의해 달성된다고 언급한다. 이것은 잠재 보안 문제를 인식하고, 훈련이 잘 된 직원이 관찰하고 경고하여 위험을 제어하는 것이 훨씬 좋다고 시사한다.

위험 평가 Assessing Risk | 5

위험 평가 용어에서, "가벼운 의미의 위험 hazard은 인간과 인류 복지에 잠재적인 위협이며; 발생 가능성이 높은 위험 risk은 위험과 손실의 발생 확률이며; 실제 결과로 나타나는 재난 disaster은 위험 hazard의 실현이다"(Smith, 2004). Faulkner(2001)에 의하면, 관광 재해 관리는 조직화, 이해 당사자들의 자문, 투자, 위험 평가, 우선 수위, 프로토콜의 개발, 능력 감사, 재해 발생 사건의 통제 센터, 미디어 커뮤니케이션 전략, 경고 시스템, 융통성 등을 포함해야 한다. 위험은 결과와 가능성으로 평가되는 용어이다.

이 주제는 충격이 심하고, 장 기간 세계의 주목을 끄는 사건들에 집중되지만, 위험 요소는 본질적으로 작은 것에서 시작하여 궁극적으로는 극도의 손해를 초래한다. 이런 의미에서 위기와 재해를 명확히 구별하는 것이 유용하다. 위기는 형편없는, 비효과적인 기획 및 운영에서 기인한 문제를 가리키는 반면, 재해는 상대적으로 불가피한 자연적인 사건에서 기인한 것이다(Faulkner, 2001). 그러나 재해가 사회현상이라는 개념에 관심을 가지는 학자도 있다(Smith,2004). 만약 인간이 사건에 관여하지 않았다면 그것은 재해로 여겨지지 않는다. 위험에 대한 계획은 상식적이지만 사무적인 생각이다. 이러한 관점은 회사에 변화를 가져다 줄 수 있으며, 회사가 고객과 직원을 가치 있게 생각하는 방식, 비즈니스에 대한 회사의 헌신, 냉담한 현실을 대처할 때 회사는 노련함을 발휘할 수 있다.

현실에서 나타날 수 있는 위험요인은 Smith(2004)가 '새로운 위협'이라고 언급한 것들로, 자연적이거나 환경적(심한 폭풍, 지진 및 홍수 포함), 생물학적, 기술적, 또는 테러와 같은 문제들로 분류될 수 있다. 이러한 위험은 인간, 물자, 재산 및 환경에 영향을 미친다. 위험이라는 말로 인간의 회복력, 대응 능력을 테스트하고, 사건 해결을 위한 대책의 안정성을 테스트 할 수 있는 취약점을 노출시킬 수 있다(Smith, 2004).

위험 및 위험 평가를 논할 때, Lois, Wang, Wall과 Ruxton(2004)은 크루즈선에서 두 가지 유형의 시설을 상세하게 설명한다: 호텔 시설과 선박 시설. [표 10-5]에 나타난 대로 호텔과 선박 시설은 세분화하여 구성요소를 확인 할 수 있다.

표 10-5 선상의 시설 유형

호텔 시설		선박 시설	
승객 시설	객실/선실, 계단과 복도 공용공간, 공용공간(실외)	편의 시스템	에어컨, 물, 하수, 상점, 기관실
승무원 시설	승무원 객실 승무원 식당, 바 승무원 공동 구역 승무원 계단과 복도	기계	펌프실 조종 장치 및 반동 추진 엔진, 연료 및 오일, 물, 하수
작업 관련 시설	탠더 보트 선미 선착장 특별 관광매력물	탱크/빈공간	선적되어있는 빈 공간, 구명보트, 구명뗏목

오락 시설	카지노, 수영장 자쿠지 욕조, 카바레 게임 공간, 나이트클럽 기항지 관광 안내소	안전	스프링클러 탐지기와 경보 낮은 조도의 조명 구명 조끼
서비스 시설	승객 서비스 출장요리 조리 및 서비스 공간, 호텔 서비스 공간		
기타	상점, 미용실, 나이트클럽 의료 센터, 사진관, 인터넷		

Lois et al.(2004)는 승객들의 요구가 수용되어야 하기 때문에 크루즈선이 다른 선박과 다르다고 설명한다.

- 선박의 디자인이나 구조 (예: 적절한 동선요구, 승무원과 승객의 객실 분리)
- 도크 설비의 적합성 또는 부속선 지원
- 공급, 연료 및 폐기물 관리 서비스
- 승객의 요구에 의한 일정
- 해안 시설과 서비스를 제공하고 승객들의 승 · 하선에 필요한 입항 시설
- 모항이나 거점항, 목적지의 교통 인프라 접근권한

이러한 특징들이 크루즈선에 대한 위험을 분석하는데 이용된다.

국제 해사 기구(IMO)는 선박 회사들이 공식 안전 평가(FSA)를 채택할 것을 제안한다. FSA는 위험 분석에 대한 구조적이고 체계적인 접근 방식이며, 선박 안전 책임으로 시행되는 규칙과 규정들을 이해하기 위한 도구이다. 이런 방법론은 기술 및 운영과 인적 요인들의 균형, 해상 보안의 측면에서 환경 문제와 비용 요인 간의 균형을 목표로 한다.

◎ FSA의 위험분석 5단계

- 1단계 : 위험 식별(원인 및 결과로 인해 발생하는 사건 시나리오에 근거)
- 2단계 : 위험 평가(위험 요인 평가)

- **3단계** : 위험 통제를 위한 선택(확인된 위험을 통제, 최소화하는 대책 마련)
- **4단계** : 비용편익 평가(위험 통제 선택사항의 비용 효율성 계산)
- **5단계** : 의사결정 권고 사항 설정(모든 사실을 고려하여 결정)

Lois et al.(2004)에 의하면, 위험 식별은 플로우 차트를 사용한 분석, 문제 결함에 초점을 둔 실패 유형 및 영향 분석, 체계적인 운영 연구와 전문가들로 구성된 팀의 브레인스토밍 등 여러 가지 방법으로 나타날 수 있다고 한다. 마지막으로 크루즈에 대한 다섯 가지 논리적 단계를 인식하는 모델을 창출한다.

- **승선** : 고객 승선, 체크인, 승선 계정 개설, 정보안내와 (카드)키, 사진촬영
- **이동** : 승객 환영, 선실로 인도, 수하물 운반, 안전정보
- **크루즈** : 일반 크루즈 일정, 일일 프로그램
- **정박 및 텐더링** : 기항지 관광, 하선을 위한 수송
- **하선** : 승객 관리, 수하물 관리, 수송운영

표 10-6
위험 분석

척 도	결 과	영 향
1점	무시해도 될 정도	응급 상황 아님, 항해를 지연하지 않음, 환경적 영향 없음, 선박에 외형적 손상을 입히지 않음
2점	심각하지 않음	약간의 응급 상황, 약간의 외형적 손상, 환경적 영향은 없음, 일부 항해 지연
3점	영향을 줄 정도로 큰	응급조치보다 높은 조치 필요, 선박 손상, 일부 항해 지연, 경미한 환경적 영향
4점	대단히 중요한	심각한 피해, 선박의 막대한 손상, 심한 환경 피해 초래, 항해 취소
5점	비극적 상태	생명과 선박의 손실, 환경 피해 심각, 항해 취소

이러한 접근 방식으로 매트릭스는 위험을 정량적으로 분석하도록 설계되었다. 위험 분석은 다음의 5포인트 척도로 측정될 수 있으며, 결과적으로 5점 척도가 결과를 반영하는데 사용된다.

- 1점 = 가능성이 희박한
- 2점 = 가끔, 때때로
- 3점 = 그럴듯한
- 4점 = 가능성이 높은
- 5점 = 빈번한

승무원 교육, 디자인, 유지 보수 또는 커뮤니케이션 변경이나 개선 시 초래될 수 있는 영향을 검토하기 위하여, 위험평가를 통해 각 수준별 위험에 영향을 미치는 요인을 설명할 수 있다. 영향을 고려하는 것은 만약의 상황을 대비하는 것이다. 효과면에서 상대적인 위험판단을 위해 사건을 유발하는 잘못, 영향, 결함을 평가하는 체계적인 과정을 가능하게 한다. 이 분석은 PESTLE 모형(5장 참고)에 반(反)하여 수행하거나, Lois가 제안한대로, 상업적, 규제적, 기술적, 사회적, 또는 환경적인 내용을 이용 할 수 있다.

비용과 편익 확대 측면에서 위험을 측정하는 것도 가능하다. 비용 편익 평가 기술은 위험으로 확대될 수 있는 사건을 사전에 해결 할 수 있으며, 비용으로 나눈 편익에 기초한 결과를 계산하기 위해 그들을 비용의 5점 척도, 편익의 5점 척도로 평가한다.

분석의 순서는 [표 10-7]에 예시한 바와 같이, 많은 선박에서 발생하지 않을 가상의 상황을 이용했지만 과정에 대한 상세한 내용이 표현되어 있다.

위험: 술에 취한 승객은 바에서 싸움을 일으킨다. 발생횟수는 2점(때때로, 한 달에 한두 번 정도): 결과는 2점 (위급 상황일 가능성, 바의 가구와 유리식기가 파손).

이 구조를 통해 경영자는 복잡한 요인들을 고려, 논리적인 방식으로 대책 우선순위를 판단하는 분석 유형에 근거하여 결정을 내릴 수 있다. 표에서 제시하듯이, 비용 편익의 측면에서 원인에 우선 집중함으로 얻을 수 있는 이점들이 상당히 많다.

표 10-7 위험 평가와 비용 편익 분석

	원 인	사 건	사 고	결 과
일상 사건의 연쇄성	승객들의 과음	승객들의 싸움	승무원 또는 승객들의 부상	회사명성 훼손, 직원의 도덕성 해이
상황에 개입	원인을 제거하기 위한 개입	사건 전의 개입	사고 전의 개입	결과 전의 개입
잠재적 개입	A=교육 B=알코올 판매 방침 마련	A=현장 안전 요원 B=바(bar)의 디자인 (거울위치 등) C=조기 경고 프로토콜	A=다루기 힘든 사람을 대처하기 위한 절차	A=대응 방안
비용 편익 평가 1 : 매우낮음, 5 : 매우높음 (결과=편익/비용)	A=비용 3점(중간) A=편익 5점 (매우 높음) 결과= 1.66점 B=비용 2점(낮음) B=편익 5점 (매우높음) 결과=2.5점	A=비용 5점 (매우 높음) A=편익 4점(높음) 결과=0.8점 B=비용 4점(높음) B=편익 4점(높음) 결과=1점	A=비용 3점(중간) A=편익 4점(높음) 결과=1.33점	A=비용 3점(중간) A=편익 4점(높음) 결과=1.33점

6 | 특별관리 고객 서비스 Providing a Service to Customers Who Have Special Needs

미국 장애인법(ADA)은 장애를 가진 미국 시민의 권리를 보호하고 차별로부터 보호하는 것을 목표로 하는 강력한 법안이다. 크루즈 산업과 관련하여, 미국 등록 선박이나 미국 항구를 사용하는 선박을 소유한 선사는 이 법의 영향을 받는다. 영국에서도 차별 받을 수 있는 사람들을 보호하기 위한 유사한 법이 있다. 관련 법률을 고려하여 해당 승객들을 위한 조항을 만들게 되면 고객관리를 철저히 하는 책임 있는 비즈니스로 보여질 뿐 만 아니라 법을 지키는 바람직한 비즈니스로 인식될 수 있다.

이 법에는 장애를 가진 사람들이 동등한 대우를 받아야 하며 기동성이 있어야 하며, 이동에 방해가 되는 장애물은 제거되어야 한다는 내용이 있다. 그래서 선사들은 미국 장애인법을 적용하여 선실 및 각종 시설을 디자인하고 설계한다.

크루즈선은 건조시기, 대상, 운항일정, 시설의 규모와 종류, 수용능력 등에 따라 다양하다. 그러므로 고객들은 본인의 요구사항을 만족시킬 수 있는 상품 구매를 위해 전문여행사와 상담하는 것이 중요하다. 프린세스 크루즈사가 고객에게 제공하는 조언의 내용은 [표 10-8]에서 확인 할 수 있다.

표 10-8 프린세스 크루즈사의 장애관련 규정 안내 (2005)

■ PRINCESS ACCESS

프렌스사는 장애를 가진 고객들의 편의를 도모하기 위해 많은 노력을 하고 있습니다. 항해 전에 여행사를 통해 저희에게 휠체어 사용과 다른 요청사항에 대해 통보해주십시오. 프린세스사의 모든 크루즈 선박에는 휠체어 이용이 가능한 선실이 있으며, 각 크루즈선은 제한적이지만 고객 이용 가능 휠체어를 보유하고 있습니다. 하지만 이용하기 위해서는 사전에 예약이 되어야 합니다. 선상에서 사용하기 위해 사전 예약된 휠체어는 크루즈선 탑승 전/후나 기항지관광 또는 호텔에서는 사용하지 못합니다. 만약 이러한 상황에 이동수단이 필요하시면, 고객 스스로 준비해야 합니다. 본인의 휠체어를 가져오실 때는 선실 문의 넓이가 제각각 다르기 때문에 접이용 휠체어를 강력히 추천합니다. 일부 프린세스사의 크루즈 선박에는 휠체어를 사용할 수 없는 구역이 있습니다. 접근성은 크루즈 여행 전, 후 기항지관광 그리고 호텔 패키지 등에 따라 다양할 수 있으며, 모든 상품이 이용 가능 리프트를 장착하는 것은 아닙니다. 가능한 경우, 크루즈 여행 전/후, 기항지관광 관련하여 고객의 요청사항을 수용하기 위해서는 사전에 준비가 이루어져야 합니다. 그러므로 저희가 고객의 요청사항을 들어드릴 수 있도록 여행품질부서로 연락 주시기 바랍니다.

고객들이 항해 시작과 끝을 위해 프린세스 환승권 Princess Transfer을 구매한 경우, 고객의 승선과 하선에 장비를 갖춘 운송수단을 이용할 수 있음을 알아두십시오. 이용 하실 때, 고객의 요구를 실행하기 위해서 사전에 준비가 되어야 하므로 저희에게 연락주시기 바랍니다.

배터리가 장착된 운송수단을 사용하는 고객들은 배터리가 전지 및 건전지 타입이어야 하며, 개인 선실에서 보관하고 충전시켜야 합니다. 또한 스쿠터 또는 휠체어를 복도에 놓아두어서는 안 됩니다. 저희는 신체적 장애가 있는 승객을 돕기 위한 특별 교육을 받은 직원이 없기 때문에, 필요한 경우 선상과 기항지에서 고객을 도와줄 수 있는 사람과 동행하기를 권장합니다. 장애가 있는 고객들은 예약한 관광이 요청 사항을 수용 할 수 있도록 선상에 있는 관광사무소에 연락해야 합니다. 모든 항만 시설이 운송수단 사용에 용이한 것은 아니기 때문입니다.
기항지는 텐더보트, 계단, 경사진 트랩 등 다양한 방법으로 접근할 수 있습니다. 때때로 텐더보트를 이용할 수 있지만 해안 접근은 불가능할 수 있습니다. 안전과 편의를 염두에 두고, 고객의 하선에 대한 허가/금지 결정은 선장이 하며 이런 결정은 절대적입니다. 기항지 하선에 텐더보트를 사용해야 하는 항구는 일반적으로 여행일정에 표기되어 있으니 참고하시면 됩니다. 많은 기항지에서 승객들이 트랩을 올라가고 내려가는데 도움을 주기 위해 '스테어 클라이머'라고 하는 장치를 이용하게 됩니다. 스테어 클라이머는 승객들이 프린세스사 크루즈선의 휠체어로 이동하고 스테어 클라이머와 연결되어 이동하게 됩니다. 고객이 이동할 수 없거나, 또는 개인 운송수단의 크기나 무게 때문에 쉽게 하선할 수 없다면, 하선은 힘들 것 입니다.
고객이 장애인 안내견을 동반한다면, 사전에 저희 회사에 알려주셔야 합니다. 입항허가 규정이 항구마다 다르며 몇몇 항구는 동물 입항이 금지되기도 합니다. 고객들은 출발에 앞서 필요한 서류에 대해 각 기항지 관련부처에 확인할 필요가 있습니다. 또한 선사는 안내견을 위한 음식을 제공하지 않는다는 것도 알아 두셔야 합니다.

7 | 요약 및 결론

본 장에서는 크루즈 산업에 영향을 미치는 많은 중요 사안들을 다루었다. 특히 엄격한 검사규정으로 야기될 수 있는 영향과 방침을 이해하기 위하여 CDC와 VSP의 역할을 검토하였다. 노로 바이러스는 이런 문제와 관련되어 위험을 평가하고 운영방식에 반영하는 것이 좋다는 것을 알게 되었다. 크루즈 운영자는 건강과 보안 요인들을 평가하고 좋은 경영사례와 최신정보를 참고하는 것이 중요하다. 현대 사회의 보안에 대해서 많은 부분을 살펴보았는데, 이 문제는 우리 사회의 모든 분야와 관련 있으며 크루즈 산업도 예외는 아니다. 이 문제는 위험 평가, 해상 안전성과 함께 다루어졌다. 크루즈선은 복잡한 기계이지만, 장애를 가진 사람들의 크루즈 상품구매 기대는 증가하고 있다. 이것은 트랩, 텐더보트, 안전 비상사태 훈련, 해상 날씨의 영향에 의한 제약에도 불구하고 모든 승객들의 요구를 충족시켜야 하는 크루즈 운영자를 딜레마에 빠지게 한다. 본 장은 이러한 측면에서 ADA관련 몇 가지 사항을 고려해보았다.

관련용어

- 전염성의 Contagious : 직/간접적인 접촉에 의해 전이됨
- 증류 Distillation : 끓여서 액체를 순수하게 만드는 공정, 증기나 가스를 순액으로 농축시킴
- 위장병 Gastrointestinal illness : 위장, 내장 및 창자에 나는 병
- 잠복기 Incubation : 질병의 전염과 증세의 발병사이의 기간
- 전염/감염 Infection : 전염성 있는 질병이 전이
- 미생물 Microbe : 미생물, 특히 질병을 일으키는 미생물을 칭함
- 프로토콜 Protocol : 규정이나 표준의 공식 명칭
- 역삼투 Reverse osmosis : 고압력에서 반투막을 통해 물에 힘을 가해서 물에서 염화나트륨, 탄산칼슘, 황산칼슘과 같은 분해 염분을 분리시키는 공정과정
- 위생 Sanitation : 질병 예방에 도움이 되는 청결한 위생 상태를 유지
- 위생설비 Sanitizer : 박테리아나 바이러스와 같은 오염균을 없애는데 이용되는 화학제품

학습문제

❶ 노로 바이러스는 무엇인가?

❷ 선상에서 질병 등의 문제를 해결하도록 만들어 놓은 프로토콜은 무엇인가?

❸ ISPS는 무엇인가?

❹ CDC의 역할은 무엇인가?

❺ VSP 83점을 취득한 미국방문 크루즈선을 위한 실천사항은?

❻ FSA에 근거한 비용–편익분석의 수행과정을 설명하시오.

❼ 장애자 보호에 대한 미국과 영국의 법률을 따르는데 어려운 점은 무엇인가?

추천자료

- http://www.imo.org: ISPS
- http://www.safetyatsea.net/: *Fairplay* magazine publication
- http://www2a.cdc.gov/nech/VSPIRS/vs_pmain.asp: VSP scores
- http://www.cdc.gov/nech/vsp/ConstructionGuidelines/constructionguidelines.htm : VSP vessel construction guidelines

- http://www.cdc.gov/nech/vsp/pub/mmwr/mmwr.htm: VSP morbidity and mortality weekely reports
- http://www.cdc.gov/nech/vsp/pub/Norovirus/Norovirus.htm: information about the norovirus
- http://www.cdc.gov/nech/vsp/pub/Handwashing/HandwashingTips.htm:hand-washing tips
- http://www.mcga.gov.uk/c4mca/mcga-guideance-regulation/mcga-ops-ms-home/dops_ms_guidance.
- htm: Maritime and Coastguard Agency UK security guidelines
- http://www.mcga.gov.uk/c4mca/mcga-dops_ms_applications_and_requirements.pdf: ISPS code
- http://www.imo.org/home.asp: Marine security
- http://www.imo.org/Safety/mainframe.asp?topic_id=351 : Formal Safety Assessment

참고문헌

- Anon (2002), Outbreaks of gastroenteritis associated with noroviruses on cruise ships–United States, 2002. MMWR. *Morbidity and Mortality Weekly Report*, 51(49), 1112-1115.
- Anon (2005), ISPS brings the plod of the plebs, *Fairplay International Shipping Weekly*.
- Cramer, E. H., Gu, D. X., and Durbin, R. E. (2003), Diarrheal disease on cruise ships, 1990-2000, *American Journal of Preventive Medicine*, 24(3), 227-233.
- Faulkner, B. (2001), Towards a framework for tourism disaster management, *Tourism Management*, 22(2), 135-247.
- Food and Drug Administration (2001), HACCP: A State-of-the-Art Approach to Food Safety. Retrieved June 2005, from http://www.cfsan.fda.gov/~Ird/bghaccp.html
- IMO (2002), Conference of Contracting Governments to the International Convention for the Safety of Life at Sea, 1974: 9-13 December 2002. Retrieved 2005, June, from http://www.imo.org/home.asp
- Lindesmith, L., Moe, C., Marionneau, S., Ruvoen, N., Jiang, X., Lindbland, L., et al. (2003), Human susceptibility and resistance to Norwalk virus infection, *Nature Medicine*, 9(5), 548-553.

- Lois, P., Wang, J., Wall, A., and Ruxton, T. (2004), Formal safety assessment of cruise ships, *Tourism Management*, 25(1), 93-109.
- NSnet (2004), News archive. Retrieved 8 June 2005, from http://www.nsnet.com/archive-1-2004-06.html
- Parker, S. (2004), Adopting a security mindset. Lloyd's Cruise International, April/May, 14-15.
- Princess Cruises (2005), Cruise answer book. Retrieved June 2005m from http://www.princess.com/onboard/asnwer/2005_Cruise_Answer_Book.pdf
- Ramilo, P. B., Augenbraun, M., and Hammerschlag, M. R. (2004), Recent Outbreaks on Cruise Ships, *Infections in Medicine*, 21(1), 14-17.
- Scorza, A. (2004), Euro cruise shipping: paying the price for peace of mind, *Fairplay International Shipping Weekly*.
- Smith, K. (2004), *Environment hazards* (4th ed.). London: Routledge.
- Sternstein, A. (2003), How good is health care on those big cruise lines? *Forbes*, 171(8), 249-251.
- UK Government (2005), Changes to the Disability Discrimination Act. Retrieved June 2005, from http://www.disability.gov.uk/law.html
- US Department of Justice (2004), A guide to disability rights laws. Retrieved June 2005, from http://www.usdoj.gov/crt/ada/chuide.htm
- US Public Health Service (2005a), Noroviruses. Retrieved 14 June 2005, from http://www.cdc.gov/nech/vsp/pub/Norovirus/Norovirus.htm
- US Public Health Service (2005b), Vessel sanitation programme – operations manual. Atlanta: Centers for Disease Control and Prevention, National Center for Environmental Health.
- Widdowson, M.-A., Bulens, S. M., Widdowson, M.-A., Hadley, L., Bresse, J.S., Beard, R. S., et al. (2004), Outbreaks of acute gastroenteritis on cruise ships and on land: Indentification of a predominant circulating strain of norovirus – United States, 2002, *Journal of Infections Diseases*, 190(1), 27-36.

11

선상 교육과 학습 Training and Learning on Board

학습목표

- 교육과 학습 관련 문제 인식
- 학습 문화 고찰
- 교육 필요성 분석 이해
- 훈련, 지도, 멘토링을 포함한 교육 기술 발전의 다양한 접근 방식 이해

본 장에서는 선상 교육 기술 발전에 대하여 살펴보기로 한다. 교육은 운영의 효율성과 지속적인 개발 및 발전에 있어 필수적이며 절대로 무시되어서는 안 될 것이다. 교육은 종종 인사관리부가 담당하지만, 더 나아가 크루즈선 운영 기능으로 간주하는 경우가 대부분이다. 이것은 교육이 회사의 비전을 달성하는데 핵심적인 전략적 역할을 한다는 것을 의미한다. 교육은 서비스 품질과 불가분의 관계에 있다: 서비스 품질에서 뛰어난 성과를 추구하는 회사는 교육을 핵심 전략 활동으로 받아 들여야 한다.

교육 제공은 투자이며, 결과와 편익, 비용 효율성 및 투자 가치에 대해 지속적인 관심을 가지게 된다. 서비스에 대한 승객의 피드백을 조사하고 만족 수준을 반영하여 점수를 매기는 것이 쉬운 반면, 상대적으로 교육의 영향을 측정하는 것은 어려울 수 있다. 현실적으로 다양한 문제에 봉착했을 때 변화의 원인을 교육과 같은 단일 요인에 전가하기 쉽다. 하지만, 교육은 만족과 불만족, 안정과 불

안정, 위험과 신뢰, 안전과 위험, 손익과 손실간의 차이를 의미할 수 있으며, 이러한 중요한 사실을 무시한다는 것은 용감하거나 혹은 어리석은 조직이라 할 수 있다. 지속적이고 효과적인 교육을 계획하고 이행함으로 점진적으로나마 개선될 수 있다.

교육은 고용주의 지시에 의해서, 학습은 고용인의 동기에서 발생한다는 점에서 서로 다르다. 현대에 와서 조직은 획일적인 접근방식 one size fits all이라는 전통적인 교육 제도에서 학습 조직 창조를 목표로 하는 교육으로 변화하는 데에 주력하고 있다. 학습은 학습자의 책임이며, 학습조직을 구성함으로써 조직 문화를 변화시킬 수 있다. 그것은 학습자들의 선호성향을 인식하고 개인과 회사 모두의 이익을 위해서 개인이 직장에서 학습에 대한 책임을 지도록 장려하는 방법으로 설명할 수 있다.

본 장에서는 교육과 학습 관련 핵심 문제들을 이해하기 위해 대형 크루즈선 선상교육의 필요성과 조직 문화와 학습 조직 간의 조정에 대하여 살펴볼 것이다. 덧붙여, 훈련, 지도, 멘토링과 같은 교육기술 개발을 위한 다양한 접근방법을 제안할 것이다. 학습 동기유발에 대한 이해와 함께, 크루즈 선사의 교육에 대한 사례 연구도 학습하게 될 것이다.

1 | 교육과 학습 Training and Learning

크루즈선에서는 효과적이고 헌신적으로 승객에게 만족감을 주는 승객 지향적인 인력 개발을 필요로 하는 추세이다. 크루즈산업의 발전으로 새로운 선박이 끊임없이 건조되고, 승객수가 증가하며, 승객들의 요구사항이 지속적으로 변화되고 있어서, 이에 맞는 적절한 인력 공급이 매우 중요하게 대두되고 있다. 크루즈 선사들은 유연한 접근방식을 도입하고 외부 통제를 제한하기 위하여 편의치적국[57]에 등록시키고 있는데, 이는 비용을 효과적으로 관리하기 위해서이다. 이

57) 편의치적(flags of convenience) : 모든 상선은 특정국가에 선적이 등록되어 해당선적국의 법과 규정을 지켜 운행하여야 함. 선적국을 선택할 때 선박의 자금조달, 운항비용, 선박의 항해경로 등을 고려하는데, 대부분의 서구국가들은 노동에 관한 엄격한 규정이 있어 승무원을 최적의 경제적 상태로 구성하기가 용이하지 않으며 높은 노동비용을 지불하게 되어있음. 그래서 비교적 노동인력 구성에 제한조건이 덜 심한 국가에 선박을 등록시키고 있음. 이처럼 선사의 편의를 위해 의도적으로 경쟁력있는 국가에 등록하는 것을 의미함. 주로 리베리아, 파나마, 바하마 국적을 선호함.

와 같은 관행은 일반적인 현상이며, 무엇보다도 인건비를 감소시키고 고객이 수용 가능한 제품 가격을 책정하는데 일조한다. 일반적으로 노동력이 풍부하고 고객 서비스 업무에 적합한 국가를 선택한다.

이러한 노동 수요의 양상과 노동력의 가용성으로 인해 인력부족현상이 발생하여 위험요인으로 등장하게 되었다. 인력 부족은 인사부서가 인력수급을 위해 신흥 공급지역으로 확대할 가능성이 있음을 의미한다. 최근 추세는 필리핀, 인도, 멕시코와 동유럽에서 노동력이 공급되며 남미국가, 중국, 베트남 및 기타 아시아 국가들이 급부상하고 있다.

선실 승무원과 뷔페 어시스트 또는 웨이터와 같이 고객 응대서비스를 업무로 하는 인력들은 육상에서 기본적인 교육을 받는다. 이 교육은 지원자들이 갖춰야할 최저 수준의 기술을 습득하고 고객에 대한 좋은 매너를 가지는 것을 목표로 한다. 또한 인력들이 크루즈선에 합류하였을 때 업무에 적응하도록 도와준다. 요리사 인력은 기술 수준이 초보적일 수 있지만 대부분 직업전문대학에서 선발한다. 인력채용 업무는 업무현장에서 자신의 기술과 능력을 개발할 의지를 갖춘 선상 서비스 직원과 계약을 하는 것을 목적으로 한다. 직장 내 · 외 훈련, 서비스와 제품 기준 규정 매뉴얼 작성, 감독급의 핵심 경력사원 채용 등 다양한 활동을 통해 표준에 도달 할 수 있다. 크루즈선과 함께 이동하며 맞춤형 훈련을 제공하는 순회 트레이너가 있는 육상 교육팀의 활동으로 교육의 가치가 높아 질 수 있다.

업무 능력은 크루즈선사의 서비스 우수성을 알리는데 중요하지만, 해외 크루즈선에서는 단지 교육의 일부이다. 초기에 승무원은 스스로를 크루즈선 생활 방식과 업무에 적응하도록 교육 받는다. 이후, 그들은 관련 규정을 이해하고 준수하며, 상품에 대한 지식을 향상시키고, 고객의 서비스 기대 수준을 충족시키며, 회사 문화를 받아들이고, 시스템의 운영체계를 배우며, 팀내 역할 수행 요소들을 숙지하며, 변화에 대처하는 교육을 받게 된다. 이처럼 다양하고 새롭게 시도하는 교육항목들이 많다. 회사의 규제는 비상훈련과 관련된 안전 수칙이며, 전체 부서 교육을 위해 대대적인 투자를 하고 집중적인 선상 교육을 시행한다.

2 | 학습 문화 Learning Cultures

회사가 학습 주도체에서 학습 조직으로 변화하는데 트레이너의 역할이 크다(Simmonds, 2003). 개인의 개발에 책임을 지고 조직 내에서 배움의 기회와 자기개발을 추구하고 자신의 학습 요구를 파악하도록 개인들을 장려한다는 장점으로 인해 긍정적이며 광범위한 영향을 미칠 수 있는 패러다임의 대전환을 가져올 수 있다는 것이다. 이러한 개인들은 고용에 대한 기대를 높게 갖지만, 승진 및 발전에 장애가 되는 요소를 제거해야 한다. 일반적으로 학습 조직은 명확한 철학적 의지를 가지고 있다[표 11-1].

표 11-1 학습 조직 (The Learning Organization, Honey, 2005)

구분	내용
학습 조직 구성에 도움 되는 사고	• 당신은 사람들에게 학습을 강요할 수 없으며, 단지 그들이 학습할 가능성을 높일 수 있다. • 학습과 개발을 운에 맡기기엔 너무 중요하다. • 만족은 지속적인 개선과 개발의 가장 큰 적이다. • 대부분의 조직은 비의도적으로 원치않는 행동을 강화한다. (예: 복종, 비난, 실수 은폐) • 조직이 아니라 구성원이 학습한다. • 학습은 우리의 핵심 목적이며 우리는 학습의 결과를 판매한다. • 학습만이 지속 가능한 경쟁 우위를 가진다. • 구성원들이 학습 전에 할 수 없었던 것을 하고, 전에는 알지 못했던 것을 안다고 보여 줄 수 있을 때 학습은 이루어졌다.
학습 조직 구성을 방해하는 사고	• 학습의 대부분은 일을 계속 함으로써 자연스런 결과이다(우연히 일어남). • 내가 얻은 경험들을 다른 사람들도 얻을 것이다. • 성공에서 배우는 것보다 실패를 통해서 배우는 것이 더 중요하다. • 경험에 의한 학습은 대부분 직관적으로 발생한다. (즉, 학습을 고의적으로 또는 의식적으로 할 필요는 없다) • 인력 개발은 매니저의 기본적인 책임이다. • 고위직이 될수록 배울 필요가 없다. • 학습 조직은 상의하달(上意下達)[58]식으로 운영되지 않으면 실패한다. • 학습의 가장 좋은 방법은 강의, 회의, 세미나, 워크샵이다.

58) 윗사람의 뜻이나 명령을 아랫사람에게 전함.

위 표에서 학습 조직은 직원들이 이해하고 공유하는 비전을 가지고 있다는 것을 시사한다. 직원들은 항상 개선과 전략적 목표 창조를 추구하며, 전략적 목표는 직원들이 변화하고 성장함에 따라 지원하는 것이다. 이러한 조직 풍토에서, 직원들은 존중과 지원, 보상과 평가를 받는다. 이런 조직은 학습 아이디어와 개발을 수용하며 외부의 아이디어에도 개방적이다.

계층에 따른 군국주의적, 계급분리 구조의 조직이 학습 조직 접근방식을 수용한다는 것이 어울리지 않는 것처럼 보일 수 도 있다. 하지만 여러 가지 정황으로 보아 크루즈 회사들은 가치가 높아지는 인적 자원 확보에서 경쟁 우위를 차지하기 위해서 이러한 접근방식을 채택하여야 한다. 예를 들어, 프린세스 크루즈사는 직원들에게 경력 개발을 장려하고, 조직은 경력개발의 중심이며 학습기회를 통해 스스로 성공을 이룬 많은 사례들을 가지고 있다. 이런 특성을 갖고 있는 조직 내에서, 직원들은 교육에 직접 참여하거나 혹은 온라인 학습을 통해 학습 기회를 가질 수 있다.

조직문화는 여러 가지 방식으로 설명된다. 예를 들어 Evans 외 학자들(2003)은 아래와 같이 문화 웹 cultural web 을 설명한다.

- **스토리** stories 사람, 성공, 또는 특성을 규정짓는데 중요한 조직의 이야기들
- **일상과 행사** routines & rituals 크리스마스와 같이 승무원과 사무원들을 위한 연례 행사, 적도통과 기념식, 혹은 선박 진수식 등을 포함. 궁극적으로 고객서비스 전략과 보상관련시스템을 통해서 서비스 품질을 달성하는 회사의 방침과 관련이 있음
- **상징** symbols 로고, 기(flag), 항해와 관련된 이미지, 기호학의 사용 또는 사인이 갖는 상징적 표현, 혹은 선박의 형태와 색상
- **구조** structure 팀, 부서, 팀 그룹으로 구성되는 선상조직 방식, 선상에서의 비공식 사교 구조와 육상조직의 구조
- **관리 시스템** control system 예산관리, 품질관리, 운영관리 등

  Hofstede(1989)의 '권력거리'[59]와 관계가 있음. 즉, 권력의 계층 간 거리가

59) 조직이나 집단에서 권력을 적게 가진 계층에서 권력이 불평등하게 분배되어 있다는 것을 받아들이는 수준의 정도. 권력거리지수(power distance index)가 높다는 것은 권력의 계층 간 거리가 커서 부하직원들이 상급직원들을 대우하며 의존하는 경향이 강하고, 접근도 어려울 뿐 아니라 각종 의사결정에 대하여 반대하거나 비난하기 어렵다는 것을 의미함.

가까운 조직은 좀 더 자유적이고 관대하여 평등 사회를 만드는 반면, 거리가 먼 조직은 엄격한 계층 구조와 자유롭지 못한 제도를 가짐

- **권력구조** power structures　본사의 위치, 회사의 소유자, 그리고 이러한 문화 웹 요소를 받아들일 수 있는 경영 방식

총체적으로 보면, 이 문화 웹을 통해 조직 문화의 포괄적인 전망을 제시 할 수 있다.

◎ Handy의 조직문화유형(1996)

- **권력중심문화** power cultures　전반적인 통제권을 갖고 있는 개인 또는 그룹에 지배되는 경향이 있다. 이런 유형의 조직은 핵심 인물의 자질에 의존하며, 조직이 변화에 대처할 수 있는가에 대한 여부는 개인 혹은 극소수의 사람들에게 달려있다.
- **역할중심문화** role cultures　계층적이며, 오랜 기간 동안 안정적으로 확립된 절차와 정책들에 대하여 신뢰감을 갖는다. 이러한 조직은 관료적으로 보일 수 있으며 변화를 받아들이는데 더딜 수가 있다.
- **업무중심문화** task cultures　종종 팀을 기반으로 하며, 그날그날의 일정이 프로젝트 또는 일회성 이벤트로 대체될 때 나타난다. 팀들은 그들이 직면한 요구에 대응하기 위해서 다기능적이어야 하며 유연성을 갖고 있어야 하다.
- **개인중심문화** person cultures　개인을 지원하기 위해서 있다. 그런 의미에서 이런 문화는 노동조합에 해당 될 수 있다.

Miles와 Snow는 조직문화를 조직의 반응 방식으로 설명한다. 그 '옹호자들'은 안정적이고 발달된 시장에서 발견되는 조직이며 이 시장은 특정 영역을 차지하고 있다. 이런 비즈니스 유형은 비용이나 서비스 개선을 통해 영역을 지킨다. 다소 계층적인 스타일과 엄격하고 완고한 통제 프로세스로 이런 조직은 제한적인 유연성을 가진다. 저자는 새로운 시장을 찾는 혁신가를 '탐사자'로 묘사한다. 조직은 시장 환경을 잘 알고 있으며 기회에 반응하기 위해서 적절한 속도로 유연성에 가치를 둔다. '분석가'는 시장 접근에 신중하다. 이러한 유형의 문화는 비

즈니스가 다른 선례를 따를 때 발생한다. 실수는 신중하게 데이터를 검토함으로 방지하여야 한다. 마지막으로 '리액터 reactors' 또한 다른 사람에게서 선두를 빼앗지만 이러한 문화 유형은 실수를 반복하는 경향이 있다. 이러한 비즈니스는 리더십의 부족과 시스템의 불만족을 내포하고 있는 경향이 있다.

교육의 필요성 분석 및 평가 Training Needs Analysis/Assessment(TNA) | 3

문제해결을 위해서, 문제와 효율성을 규명하기 위해, 혹은 지속적인 개선 진행 과정에 참여하기 위해서 교육의 필요성 분석 및 평가가 실시되고 있다. TNA는 문제의 근본적인 또는 핵심적인 원인을 규명하고 해결하기 위해 실시되는 연구이다. TNA는 자문 회사와 같은 외부 기관이 수행하므로, 평가는 편견 없이 객관적으로 이루어지며, 선입견에 의해 영향 받지 않는다. 평가는 기업 변화를 일으키고, 발달을 위한 잠재 역량 정도를 검토하고, 교육 영향을 측정하기 위해 실시된다.

Chiu와 Thompson(1999)은 TNA에서 4가지 데이터 수집 방법, 설문조사, 개별 인터뷰, 전문가조사, 현장 관찰방법을 강조한다. 두 학자는 역동적인 업무현장을 고려하여 교육 필요성의 핵심을 정확히 포착할 수 있는 행동 연구 방법이 최상의 품질수준 달성과 전략적 목표 충족에 주력하는 조직에게 이익을 줄 수 있음에도 불구하고 덜 활용되고 있다고 주장한다. TNA활동에서 종종 개인의 학습 욕구에 대한 가치가 떨어지지만, 조직과 개인 양쪽 모두의 학습 욕구를 균형 있게 충족시키고자 할 때 가치있다.

교육 필요성도 평가 과정의 일부로 나타날 수 있다. 평가는 주기적으로 연간 실시한다. 평가 과정을 통해 조직 구성원 개개인에 대한 유용한 데이터를 얻을 수 있다. 하지만 Leat와 Lovell(1997)은 평가가 조직에 따라 다양하게 이용되는 경향이 있다고 한다. 그 결과 평가 기간 동안 누적된 성과에 초점을 맞추기도 하고 평가는 보수 혹은 진보에 대한 개인의 성과를 반영 할 수도 있으며 누적 판단에 대해서 진단을 할 수 있다.

평가는 실행 계획 작성을 위해 개인, 팀과 조직의 요구를 골고루 고려하는 것이 효과적이다. 이런 의미에서, 모든 것을 아우르고 완벽을 기하기 위해서는 철저한 분석이 필요하다. 조직 분석은 '조직의 목표, 기술 자원, 효율성 지표와 조직의 분위기'에 초점을 맞출 것이다. 직업 역할은 일반적으로 직업 설명 및 작업 명세서를 통해 식별 된다. 마지막으로 구성원 분석은 업무에 관한 개인의 효율성에 대한 질문에 답할 수 있다.

4 | 기술 개발 Skills Development

대부분의 작업은 다양한 기술을 필요로 하는데, 이런 기술은 연습으로 향상될 수 있고, 모범 사례와 비교하여 평가되고 개발되고, '전문가'들이 참여하여 완벽을 기할 수 있다. 서비스 분야 중 식음료 팀에 합류한 신참 승무원은 승객 레스토랑에서 일하기 전에 승무원 식사공간에서 근무할 것이다. 그 이후, 고객과의 직접적인 서비스를 담당하기 전에 레스토랑에서 지원업무를 담당하게 된다. 이와 같은 진행절차는 타당하며, 개인 훈련과 멘토 도움으로 기술을 익히며 향상하게 한다. 학습은 감독자, 관리자 및 고객에게 인정받을 수 있는 기준에 도달하도록 기본적인 기술과 실제업무를 토대로 축적된다.

많은 선박에서, 직원들은 크루즈와 고객의 사용 언어로 대화해야 한다. 이것은 고객에 대한 높은 서비스 수준을 달성하기 위한 의사소통 뿐 만 아니라 안전과도 깊은 관련이 있다. 크루즈 산업은 세계적이며 다양한 국적과 문화가 모이기 때문에 언어가 문제 될 수 있다. 예를 들면, 신입사원들은 기초적인 영어지식을 가지고 있으며 고객 접촉이 낮은 영역에서 높은 영역으로 이동 시 언어능력 수준이 장애요소가 될 수 있다. 언어 학습수업은 선상에서 직원들의 직무 효율성을 제고하고 선사가 안전 규정을 준수하는지를 확인하기 위해 필요하다. 직장에서의 교육과 제 2외국어로 대화하는 것이 언어 능력을 향상시키고자 하는 직원들에게 육체적으로 피곤한 것이라는 것을 관리자들은 인식해야 한다.

크루즈 선사에서는 다양한 기술들을 정리하여 매뉴얼을 개발하기도 한다. 매뉴얼에는 식사 테이블 배치방법을 그림으로 설명, 서빙되기 전의 요리 모양, 또는 손님 화장실 세면도구의 표준에 관한 설명 등이 수록되어 있다. 전략적으로 손님의 시야에서 볼 수 없는 곳에 배치하여 승무원들이 기억하는데 유용하다. 위생, 식품 안전 및 고객 서비스 업무운영을 강화하기 위해서 포스터 또는 눈에 잘 띄는 사인물 등을 이용할 수 있다. OJT는 서비스가 순조롭게 진행되도록 관리, 감독 받는다. 서비스 진행이 지연되지 않고 서비스가 허용 수준 이하로 떨어지지 않는다면 이러한 개입은 가능하다.

회사에서는 작업현장에 새로운 기술을 도입하기 전 직원들 훈련을 위해 다양한 기술들을 개발한다. 직장 외 직업 훈련은 작업 공간과 분리된 교육 공간 또는 근무 시간에 작업 공간에서 이루어 질 수도 있다. 기술 습득을 위해 연습과 테크닉 개발이 필요할 때나, 모범사례가 있을 때, 큰 규모의 그룹이 학습이나 연습을 통해 성과를 도출할 수 있을 때, 질의응답이 세부내용을 확인하고 이해하는데 도움이 될 때, 상황을 재연하기 위해 역할 놀이를 이용할 수 있을 때 이러한 교육이 유용하다.

교육 활동 계획 Planning a Training Session | 5

소규모 그룹 훈련에 적용해야 할 핵심 단계들이 있다. 시간을 효과적으로 사용하고 성공적인 결과를 달성하기 위해서 준비단계가 중요하다. 교육은 설정된 목표를 충족시키는데 적절해야 하며, 교육생들이 이해하기 쉬어야 하며, 제한된 시간과 장소에서 관리 가능해야 한다.

Reece와 Walker(2000)에 의하면, 아래 사항을 고려하여 계획을 수립하여야 한다.

- **교육생의 지식정도** knowledge of trainees 교육 관련 오리엔테이션과 교육생 능력 수준 인식
- **SMART해야 할 목표** Objectives 명확한(specific: 예를 들면, 냅킨 접는 법), 측정 가능한(measurable: 기준 설정을 위해), 달성 가능한(achievable: 예를 들어, 교육생에게 적절한 수준의 기술을 제공하는 것), 관련성(relevant: 직업에 직접적으로 관련된), 그리고 적시성(timely: 시간표 또는 일정에 맞추어서)
- **타이밍** timing 운영상의 제약 상황에 적응하고 교육생과 교육자가 집중하는 것을 돕기 위해

- 자원 resources 목표달성을 위해 필수적인 조건과 자원(장비, 재료, 또는 교육 도구 등)
- 교육 전략 training strategy 교육자 또는 트레이너의 교육방법
- 평가 assessment 학습 결과 점검 평가방법

Reece와 Walker(2000)는 모든 교육은 기본적으로 도입, 본론과 결론으로 구성되어야 한다고 주장한다.

도입단계는 앞으로의 상황을 설정하고, 목표를 명확히 하며, 교육활동결과인 성과에 대하여 소개한다. 다음단계는 본론으로, 위생, 품질기준, 필수 지식이나 고객 서비스와 같은 중요한 문제로 신중하게 진행되며 체계적이고 조직화된 방법으로 훈련이 이루어진다. 그리고 마지막으로, 목표를 다시 점검하고 학습내용을 정리, 강조하며, 학습과 이해정도를 평가한다.

교육 활동은 신중해야 한다. 그래서 전달 방법과 내용뿐 아니라 교육이 이루어지는 장소, 시간과 관련된 환경들이 중요하다. 교육자는 교육생들이 무엇을 배울 것인가에 대해 큰 기대를 갖게 해야 한다. 교육생들은 왜 교육을 받는지, 그리고 교육이 어떻게 본인들의 작업에 도움을 주는지 등 예상되는 편익을 살펴보아야 한다. 교육생은 교육 활동과정에서의 기대, 예를 들면 참여 정도, 요구되는 모든 평가, 교육과정에서 지켜야 하는 규칙들을 이해해야 한다.

교육은 교육을 통해 교육생들이 자신감 있고 업무에 충실하고 열정적이며 자극이 되고 냉철하도록 교육자가 다양한 기술을 개발해야 하는 복잡한 활동이다. 교육생과의 관계는 일반적으로 거리를 두거나 냉담할 때보다는 성숙하고 전문적이고 따뜻할 때가 더 효과적이다. 직장 외 직업훈련 중 최상의 기술을 '정신운동' 기술이라고 한다. 즉, 정신운동기술은 직접적인 행동과 진행을 필요로 한다. 하지만 다른 것들이 차단된 상태에서 교육생이 정신운동 기술만 배울 가능성은 아주 적다. 왜냐하면 대부분 교육생들은 관련 이론을 이해하고 싶고, 그들이 지금 하고 있는 것을 왜 하는지에 대해서 알고 싶어 하기 때문이다.

정신운동 기술개발 교육을 계획할 때, 교육자는 기술을 분석하여야 하며, 핵심 능력들을 인식하며, 바른 순서, 조정 및 타이밍을 명확하게 보여주기 위해 기술을 설명하고 시연해야 한다. 더 복잡한 기술은 이해를 돕기 위해 세분화시켜야 한다. 그리고 나서 교육생들이 기술을 연습하여, 기존 기술과 연계하여 파생

되는 결과를 도출하여야 한다. 어떤 경우에는, 교육생이 독립적으로 업무를 시도하기 전에 시범에 따른 단계별 연습이 필요하다. 피드백은 내재적일 수 있고(교육생이 자신의 실적을 평가), 외재적일 수 도 있으며(교육자 또는 제 3자가 평가), 또는 내재적, 외재적 모두의 경우도 있다. 교육생들에게는 배운 기술을 지속적으로 연습할 수 있는 기회를 제공하여 능력을 향상시키는 것이 중요하다.

테스트를 하거나(지면, 전자 또는 실무에 기초), 확인 질문을 하고, 피드백과 관찰을 통해 심사 및 평가를 할 수 있다. 그룹 및 동료 평가는 토론이나 문제 해결 지원 네트워크를 통해 기능을 추가시킬 수 있다. 코칭은 직장에서 기술 개발에 초점을 맞춘 전문가의 지침을 통해 개별적인 지원과 관심을 제공하기 위해 후속조치로 이용될 수 있다.

멘토링 Mentoring | 6

신입 사원 또는 신규 승진자들은 멘토의 개별적인 관심으로 도움을 받을 수 있다. 멘토는 직원이 초보자에서 전문가로 발전하는 것을 감독하고 지원한다. Zey(1991)에 따르면, 멘토는 직원이 복잡한 조직 현실을 해석하는데 도움을 주는 선생으로서, 직원의 힘든 시기에 도움을 주는 조언자로서, 직원 발전을 위한 정보를 제공하는 스폰서로서, 보호가 필요할 때 관여하는 사람으로서 중요한 연결고리 역할을 한다. 크루즈선은 복잡한 환경으로 인해 이러한 역할을 적용하기에 적합한 장소이다.

멘토 제도는 새로운 환경에 대한 불안과 사회통합, 숙련된 직원과 승무원의 효율적인 관계에 가교 역할을 한다. 문제는 프로세스 내부에서 발생할 수 있는데, 멘토로 적합하지 않은 사람이 선정되거나, 멘토나 직원이 상대방을 잘못 이해하는 경우이다. 멘토는 직원에게 적절한 관심과 책임을 져야 하며, 권력의 한 형태로 역할을 이용하면 안 된다. 마찬가지로, 직원은 멘토 역할을 가치 있게 여기며 멘토링 지원을 통해서 받는 혜택을 감사히 여겨야 한다.

멘토는 한 분야의 전문가이며, 조직의 지원을 받으며, 선생이나 동기 부여자로서 효과적이어야 하며, 자신의 임무를 확실하게 수행해야 한다(Zey,1991). 여기에 추가로 필요한 요인은 직원과 공감하는 능력, 멘토의 접근성이다. 다소 이론적일 수 있지만, 멘토링은 파트너십이며 개인 성향의 차이를 고려해야 한다.

7 | 학습과 동기부여 Learning and Motivation

개인들은 항상 배우며 정보와 지식을 지속적으로 머릿속 데이터뱅크에 추가한다고 주장한다(Gibson, 2003). 우리가 배우는 것은 이전의 지식, 신념과 환경이나 사회문화적 배경을 해석하는 우리의 방식에 의존하게 된다. 더욱이 여러 측면에서 일부 개인들이 학습한 것들은 관찰자 시야로는 잘못된 것, 부적절한 것, 비논리적인 것으로 보일 수 있다. 학습은 매우 개인적인 행위이며, 우리가 배우는 것은 기회에 대한 우리의 이해문제이며, 우리가 지향하는 목표와 연계되어 있다. 개인은 학습을 판단할 때, 자신의 욕구와 열망을 결부시키는데, 이는 개인적인 욕구를 충족시키기 위해 선택한 행동을 합리화하기 위해서다.

'상황중심 교육 과정 Circumstantial Curriculum' [그림 11-1]은 이 이론을 정리하고 교육생과 학습동기를 이해하는데 유용한 도구이다. 이 이론은 개인이 처한 상황을 이해하고 방법을 인식해야 한다는 것을 강조한다. 직원들 각자의 환경(직원들이 누구인지, 알고 있는 것이 무엇인지, 선상생활을 어떻게 인식하는지, 혹은 입사 동기 등)에 대해 서로 다른 인식과 이해차이가 있다는 것을 고용주들이 인식하고 인정하는데 이 이론이 도움 된다. 이 모델을 통해 학습 기회에 관한 개인의 행동을 설명할 수 있으며, 교육자가 문제 해결 위한 학습 계획을 세우는 방법을 제안할 수 있다. 마지막으로, 이 이론은 학습이 지속적이며 계획에 없던 것이기 때문에 선상에서의 상황에 특별히 관심을 기울이는 것이 중요하다고 제안한다. 이것은 조직이 교육자와 교육생을 위한 최상의 조건을 만들도록 도와주며, 궁극적으로 모든 관련자들에게 최적의 결과를 이끌어낸다.

그러므로 이 이론을 실전에 적용하는 방법을 모색할 필요가 있다. 다음의 사례 연구는 큐나드사가 도입한 '화이트 스타 아카데미 White Star Academy' 교육 계획을 소개한다. 본 사례에서 상황중심 교육과정에 대한 이해를 통해 학습 모형에 반영하고 제시된 바람직한 운영방법이 어떻게 나타나는지를 알 수 있다. 즉, 상황중심 교육과정은 교육 계획을 통해 확실히 알 수 있다.

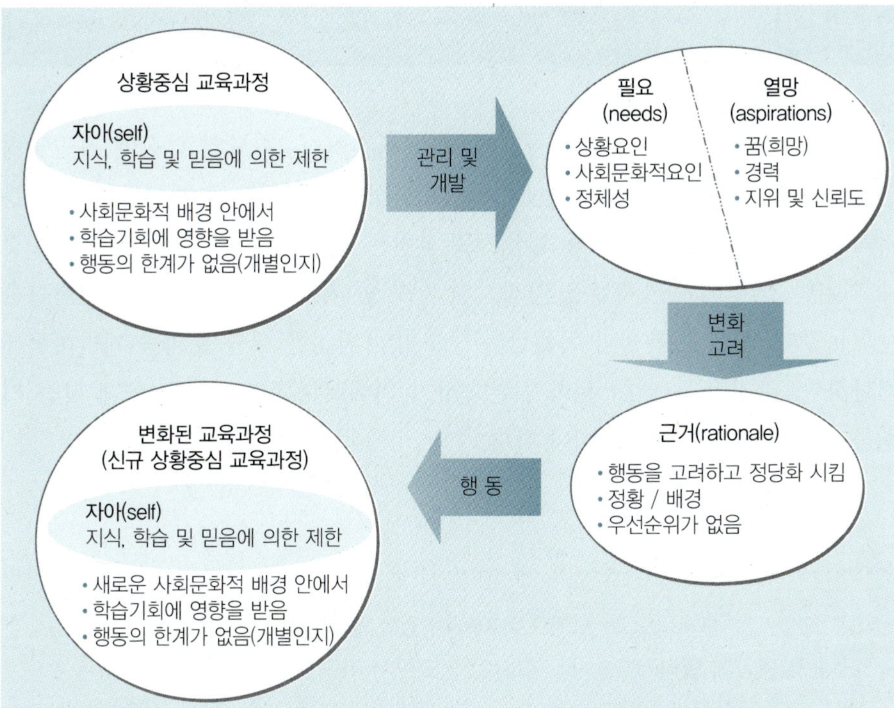

그림 11-1
상황중심 교육과정: 학습 통합 이론 (Gibson, 2004)

사례연구

화이트 스타 아카데미 White Star Academy(WSA)

신입 항해 직원은 종합적인 의무 안전 유도 프로그램을 이수해야 한다는 규정에 따라 큐나드사는 2000년 해상대학으로 '화이트 스타 아카데미(White Star Academy-이하 WSA)'를 도입했다. WSA를 도입할 때, 큐나드사는 교육팀이 조직적으로 지식 습득과 기술을 관리하도록 했다. 이것은 품질 관리를 강화하고 업계에 갓 진출한 이들에게 더 많은 지원을 하기 위해서다. 근본적으로, WSA는 오리엔테이션, 소개 진단 평가, 기본적인 운영 기술(고객 서비스 포함)의 확립, 제품관련 지식, 회사관련 지식, 건강, 보안, 안전, 그리고 해상에서의 업무와 관련된 지식을 포함한다.

아카데미는 직원들의 학습을 발전시키고 전체운영상황과정을 준비시키는 프로세스를 통해 점진적이고 논리적으로 참여하도록 기획되었다. 프로그램은 4주에 걸쳐서 진행된다. 첫 단계로, 직원들의 용모, 차림새, 유니폼의 적절한 활용을 시작으로 출발한다. 다음으로 회사 관련 교육, 선상에서의 업무, 그리고 직원이 수행하게 될 특정 임무로 이어진다. 각 교육활동의 목표는 직원들이 달성해야 할 성과를 알 수 있도록 명확하게 제시된다. WSA는 정체성, 목적의 명확성, 높은 등급의 보안, 큐나드라는 브랜드를 차별화시키는 지식, 교육제도를 확립한다. 이 교육제도는 짧은 역사에도 불구하고 큐나드사의 작업에 필수적인 역할을 해왔다.

8 | 요약 및 결론

교육 및 개발은 크루즈 회사들의 중요한 도전이다. 회사의 성장에 직원인력 공급이 문제가 되지만, 크루즈선을 보다 효과적인 운영팀으로 개선하는 것은 부가적인 고려사항이다. 회사의 성장으로 직원은 승진 및 자기 계발의 기회를 갖게 되지만, 역량의 한계수준을 약화시킬 수도 있다. 본 장에서는 교육과 학습을 살펴보았다. 선박의 특성과 독특한 선상조직과 환경은 학습 문화를 개발하는데 적합하다. 하지만, 그러한 문화가 존속하기 위해서는 회사가 개인에게 학습 기회를 지원하는 구조를 만들어야 한다.

관련용어

- 역량 Competence : 신체적으로, 지적으로 자격이 있는 질적인 능력
- 진단상의/평가에 있어서 Diagnostic : 학습이 필요한지 아닌지를 확인하고 규명하는 것
- 교육 Education : 티칭과 학습기술을 포함하며, 무형이기도 하지만 좀 더 심오함–지식, 정당한 판단력과 지혜를 전함
- 형성하는/평가에서 Formative : 정해놓은 결과를 제공한다는 목적을 갖고 있는 평가
- 학습 Learning : 지식이나 기술을 습득해가는 인지 과정
- 패러다임 Paradigm : 어떠한 패턴이나 모델을 의미; 가정, 개념, 실행 및 현실고찰방법을 형성하는 가치의 집합체
- 소요학파의 Peripatetic : 직업을 찾아 이리저리 떠도는 사람
- 철학적인 Philosophical : 존재, 지식, 행동의 진실과 원칙에 관한 이성적인 연구와 관련된
- 누적된 Summative : 정해진 결과시점까지 진행된 수행과 성과에 중점을 둠
- 훈련 Training : 숙련된 행동을 이끌어내는 활동

학습문제

❶ 선상 승무원 훈련을 위한 옵션은 무엇이 있는가?

❷ 선상생활에서 규정으로 인해 직원훈련이 지향해야 할 분야는 무엇인가?

❸ 훈련지향 조직과 학습 조직의 차이점은 무엇인가?

❹ 당신은 실제 기술습득을 위한 훈련 과정을 어떻게 기획하겠는가?

❺ 코칭 기술은 무엇인가?

❻ 멘토링 기술은 무엇인가?

❼ 학습평가가 왜 중요한가?

❽ 교육프로그램을 통해 개인의 요구를 충족시킬 수 있는 방법은 무엇인가?

추천자료

- www.plymouth.ac.uk: For details of the BSc (Hons) Cruise Operations Management *International Journal of Training and Development*
- *Training magazine*
- *Education & Training Journal*
- *Innovations in Education & Teaching International (IETI)*
- *Journal of Education and Work*
- *Journal of Further and Higher Education*

참고문헌

- Bloomer, M., and Hodkinson, P. (2000), Learning careers: Continuity and change in young people's dispositions to learning, *British Educational Research Journal*, 26(5), 583-597.
- Chiu, W., and Thompson, D. (1999), Re-thinking training needs analysis, *Personnel Review*, 28(1/2), 77-91.
- Dickinson, R., and Vladimir, A. (1997), *Selling the sea*. New York: Wiley.
- Evans, N., Campbell, D., and Stonehouse , G. (2003), *Strategic management for travel and tourism*. Oxford: Butterworth Heinemann.
- Gibson, P. (2003), *Learning, culture, curriculum and college: A social anthropology*, Unpublished PhD, University of Exeter, Exeter.
- Handy, C. B. (1996), *Understanding organisations* (4th ed.) London: Penguin.
- Hofstede, G. (1986), Cultural differences in teaching and learning, *International Journal of Intercultural Relations*, 10(3), 301-320.
- Honey, P. (2005), *Learning beliefs*. Retrieved May 2005, from http://www.inspiring learningforall.gov.uk
- Lave, J. (1998), *Cognition in practice*. Cambridge: University Press.

- Lave, J., and Wenger, E. (1991), *Situated learning: Legitimate peripheral participation*. Cambridge: University Press.
- Leat, M. J., and Lovell, M. J. (1997), Training needs analysis: Weaknesses in the conventional approach, *Journal of European Industrial Management*, 21(4/5), 143-154.
- Miles, R. E., and snow, C. C. (1978), *Organizational strategy, structure and process*. New York: McGraw-Hill
- Reece, I., and Walker, S. (2000), *Teaching, training, and learning* (4th ed.). Sunderland: Business Education Publishers.
- Simmonds, D. (2003), *Designing and delivering training*. London: CIPD.
- Wild, P. and Dearing, J. (2004), Growth culture. *Lloyd's Cruise International*, 17-24.
- Wood, R. E. (2000), Caribbean cruise tourism: Globalisation at sea, *Annals of Tourism Research*, 27(2), 345-370.
- Zey, M. G. (1991), *The mentor connection*. New Brunswick: Transaction Publishers.

Cruise Operations Management

12

통합 운영 관리 Managing Integrated Operation

학습목표

- 현장 실습 프로그램 확립을 위한 연구조사 고찰
- 사례 연구/실례 검토를 통해 선상 직장 생활에 대한 이해 증진
- 현대 크루즈 선에서 사무장(퍼서) 집무실의 행정 역할 이해
- 통합 운영 확립의 복합적 관계 고찰

지금까지 본서는 운영적인 관점에서 크루즈 세계를 해부, 분석했다. 그렇게 함으로 크루즈 산업의 기원을 이해하고 빠르게 성장하고 있는 산업의 발전과정을 추적해보았다. 선상 시설 및 서비스 범위와 여행일정의 관점에서 무엇이 크루즈를 형성하는지 알아보기 위해 크루즈 구성요소에 대해 깊이 살펴보았다. 그리고 크루즈를 상품으로 판매하기 위한 메카니즘을 논의했다. 또한 기항지 관광과 같은 수익 창출 서비스 제공과 호텔 서비스의 핵심 운영 기능을 분석했다. 마지막으로, 보안과 안전의 주요 내용이 논의되었다.

이번 마지막 장은 크루즈선 실무 연수 또는 현장 실습 프로그램 계획에 관한 연구조사를 간략하게 요약해서 제시함으로 마무리 지으려 한다. 그 후에, 일련의 사례 연구를 통해 현대 크루즈선에서 사무장 부서 내 여러 직원들의 역할을 논의하고자 한다. 연구 프로젝트의 결과와 함께, 독자는 사례를 통해 현대 크루

즈선의 실제 업무 현장을 살펴볼 기회를 갖는다. 신뢰성을 확보하기 위해 사례는 관련자들의 인터뷰를 통해 작성되었다.

1 | 크루즈선 고용 연구 조사 Researching Graduate Employment on Cruise Ships

2003년 영국 플리머스 대학에서 크루즈 운영 관리에 대한 학사학위를 도입한 이후, 크루즈선 실무 연수 계획 관련 연구 프로젝트가 수행되었다. 학위 프로그램은 대학 내 구(舊) 해양 연구소(지금의 운송 및 물류 학교), 크루즈 회사 대표, 대학의 관광 및 환대 그룹 구성원 간의 협력과 공동 작업으로 이루어졌다. 프로그램은 승인되었고 크루즈 산업의 중요한 자격요건으로 인정되었다.

이 특별한 학사 과정은 해양 연구 및 환대업, 관광업, 크루즈 운영, 관리를 포함한 교과목으로 구성되며 현대 크루즈 회사와의 관련성을 유지하며 미래의 크루즈 호텔 서비스 관리자 증가 고용 수요에 대한 준비를 할 수 있도록 디자인되었다. 두 번째 단계 후, 일 년 과정의 선택사항인 산업 현장 실습이 중요한 요소이다. 왜냐하면 현장실습을 수료한 학생은 이 분야를 장기 직업으로 선택하는 것에 대해 올바른 결정을 내릴 수 있기 때문이다. 이후 이런 유형의 직장 생활 방식을 거부한 학생들은 마지막 해에 다른 학위 자격으로 바꿀 수 있다. 따라서 이 프로그램이 의욕적이고 준비된 후보자를 식별하는데 도움이 된다는 것을 크루즈 관련회사들이 인식하고 산업 현장 실습 제공에 적극적으로 참여할 수 있을 것이다. 학생들이 현장실습을 성공적으로 이수하면 그들의 학위는 크루즈 회사에는 확실한 투자 상품이 된다. 학생들은 종합적이고 전문적인 교육을 받을 것이며, 졸업생에서 선상 관리자로 자연스럽게 진출할 수 있다.

학위의 도입과 함께 현장 실습 전략 개발 위해 공식적인 연구 계획이 발표되었다. 프로젝트는 졸업생 현장 실습 개발을 위하여 현대 크루즈 선상 생활과 관련된 호텔 서비스 부서의 담당자 및 승무원에 대한 심도 있는 이해를 목표로 한다.

본 연구는 연구 목적과 관련 심층적인 이해를 도모하기 위해 인류학 중심의 해석을 하고자 한다(Cohen 외, 2000). 전문적이고 사회적인 분야를 검토하고 연구에 대한 기본적인 두 가지 질문에 답하기 위해 질적 데이터 수집 기법이 사용되었다: 현대 대형 크루즈선에서 생활하고 일하는 것은 어떨까? 직업을 희망하며 최근 도입된 BSc 크루즈 운영 관리를 공부하는 학생들에게는 어떤 의미가 있을까?

2004년 5월, 7일간에 걸쳐 지중해 크루즈선 호텔 부서 직원 24명에 대한 인터뷰가 실시되었다. 다양한 호텔부서와 서비스 직원들의 대표성을 위해 크루즈선과 육상 고참 직원과 협의하여 인터뷰 대상자를 신중하게 선정하였다. 그래서 바, 레스토랑, 갤러리 및 뷔페 직원; 주니어 호텔매니저; 숙박 담당 직원; 선상 상점과 사진 담당자; 크루즈 책임자와 고위 간부들이 성별, 국적, 계급을 대표하여 인터뷰를 받았다.

이 연구에 참여한 크루즈선은 2002년에 건조되었으며, 전형적인 현대적 스타일의 크루즈선으로(Bjornsen, 2003), 다른 크루즈 선사가 이 스타일을 모방하기도 했다. 이 선박의 수용인원은 승객이 2,600명, 승무원이 1,100명이며, 유명한 크루즈 선사가 운영한다. 이 선박의 무게는 110,111톤에 달하며 현재 운영되는 초대형 크루즈의 대표라고 할 수 있다.

사례연구를 구성하기 위해 반구조화된[60] 인터뷰 스케줄을 사용하여(Bell 외, 1984) 인터뷰가 실시되었다. 그래서 복잡한 크루즈 세계에 대한 통찰력을 얻고 현장 실습을 하는 학생들에게 시사하는 바가 크다. 인터뷰는 환경, 조건, 권한, 윤리에 관하여 진행되었다(Cohen 외, 2000). 연구자는 친절하고 상냥한 태도로 개방형 질문과 유도 질문을 하였으며, 인터뷰 대상자가 편안함을 느낄 수 있는 장소에서, 각자에게 편한 시간에 인터뷰가 이루어졌다. 인터뷰 대상자의 희망에 따라, 선박이나, 개인의 이름 등은 철저히 비공개로 실시되었다.

60) 반구조화된 인터뷰(Semi-structured Interview) : 면접기법의 종류. 정해놓은 최소한의 질문들을 중심으로 면접을 하되, 상황에 맞춰 면접자 취향대로 자유롭게 질문하는 형태

그리고 나서 인터뷰 기록들은 사례 보고서로 정리되고(Yin, 1994), 인터뷰 대상자들의 이야기는 자료로 만들어졌다. 사례 분석은 상황 커리큘럼 모델과 관련해 구조 분석을 사용하여 이루어졌다(Gibson, 2004). 이 방법(11장 [그림 11-1] 참고)은 특정 환경에서 복잡한 데이터를 해석하고 동기부여, 의사 결정 및 행동을 설명하는데 도움을 준다. 연구에서는 조직에서의 자아(중심요인)도 고려되었는데, 여기에는 지식, 학습과 신념, 사회 문화적 환경, 학습 방법, 활동범위, 개인적 성향으로 이해되는 욕구와 갈망 등을 들 수 있다. 마지막으로, 사례 연구 자료는 현장실습 계획에 영향을 미치는 문제들을 도출하기 위해 정밀하게 검토되었다.

3 | 연구 결과 Results and Finding

자료를 통해 얻은 다양한 현상들은 선상 공동체와 선상이라는 독특한 환경에서 직원 각자가 일하고 살아가는 방식을 이해하는데 도움을 준다. 연구 결과는 크루즈선 직원들의 복잡한 '현장 공동체' 문제를(Lave & Wenger, 1991) 설명하는데 도움이 된다. 사례연구 대상자는 호텔 부서의 많은 직원들에 대한 대표성을 갖도록 선사의 고위 간부와 상의하여 선정되었다. 현장 실습에 참여하는 학생들과 그들이 원하는 분야를 연계시켜야 하기 때문에 신입 부사무장(JSAP) 또는 부사무장(AP)과 인터뷰하는데 많은 시간을 할애하였다. 인터뷰 대상자는 부서 관리자, 부사무장(AP), 신입부사무장(JAP), 숙박 감독자, 부급사장, 수석 주방장, 보조 웨이터들을 포함한다.

사례의 주인공들은 다양한 이유로 선상 업무에 매혹되었다. 대부분 크루즈 직업선택시 호화로운 환경에서 일한다는 매력과 여행을 좋아하는 것이 영향을 끼쳤다. 그 외 매력요소는 괜찮은 소득과 희망하는 생활양식을 제공하는 근무환경이다. 아주 적은 수의 사람들이 단순하게 바다에서 일하는 것을 이유로 꼽았다. 답변이 매우 다양하며 복잡하다는 것은, 대부분의 연구 대상자들이 시간이 지나면서 근무환경을 재평가하고 현재의 직업을 유지하고자 새로운 이유를 만들어 낸다는 것을 의미한다. 일부는 여행의 매력도 중요하지만 강력한 사교 환경이 더 중요하다고 말한다: "나는 세계 도처에 친구들이 있고 나는 그들을 방문할 수 있다. 예를 들어, 휴가 때 캐나다나 멕시코에 갈 수 있다"라고 한 신입부사무장이 말했다. "나는 휴가 때 집으로 돌아가기를 기대하지만 곧 다시 크루즈로 돌아가기를 원한다는 것을 안다"라고 숙박 주임이 말했다. 많은 연구 대상자들에게 있어서, 바다에서 일하는 것은 강력한 사교 환경을 제공하며, 그 사실이 점점 더 중요한 요소가 되고 있다.

선상 생활의 전반적인 모습은 예상했던 것보다 더 다양한 사회공동체가 존재한다는 것을 시사한다. 54개국 출신의 승무원들이 있으며 남성과 여성의 비율은 2대 1이다. 승무원의 평균 나이는 30대 초반이다. 연구 대상자 대부분이 현장공동체가 크루즈선에서 찾아볼 수 있는 좋은 현장 사례라고 강조한다: "서로 다른 국적과 생각을 가진 사람들이 함께 한다는 것은 국제 연합의 교훈과 같다"라고 한 레스토랑 부지배인이 말했다. 이는 승객과 승무원 공간에서 공동체가 조화를 이룬다는 적절한 표현이다. 개인적인 갈등이 거의 없으며 긴장감이 생기는 경우는 극히 드물다.

선상에는 수준별로 구분 · 운영되는 현장 공동체가 존재하는 것으로 보인다. 전문적으로 각 개인들이 본인의 역할을 수행하고 감독자, 관리자, 부하직원 및 승객과 상호작용하는 환경을 조성하였다. 웨이터의 업무 관행은 교육 과정에 참여하고 동료를 관찰하고 감독자에게 설명을 들으며 실수를 통해서 배우고 연습을 통해서 작업절차를 숙지한다. 대상자가 온라인 학습 자료를 이용하고 맞춤 훈련을 받으며 제품 지식과 기업 관행에 관하여 라인 매니저에게 주기적으로 교육받듯이, JAP(신입 부사무장)도 업무 관행을 확립할 때 이와 유사하게 진행된다. 상급 관리자는 업무 관행과 반복학습, 회사 공문, 표준 운영 절차 및 본사지시 응대와 연관하여 작업절차를 설정한다. 전자우편, 내부 전산망 그리고 인터넷과 같은 전자 통신 때문에 근무환경이 바뀌었으며, 이는 해상에서 전문적인 공동체가 과거보다 덜 고립적이며 승무원들에 대한 외부관찰이 증가하는 것을 의미한다.

연구대상자들은 선상 환경이 여러 측면에서 도시민이 도시나 마을을 보는 관점과 같다고 생각하며, 일부는 소유감을 드러내기도 한다. "이곳은 일을 하는 특별한 배이다" 또는 충성심과 자부심을 가진 누군가는 "이 크루즈선은 다른 것과 비교해 최고이다"라고 표현한다. 선상에서의 시간은 '근무'시간과 '근무 외'시간으로 나뉜다. 임원 및 관리자와 같은 직원은 그들이 업무를 하지 않을 때 제복 복장으로 사교활동을 하는 특권을 가진다. 다시 말해서, 그들은 여전히 근무 중이지만 좀 더 편안한 상태인 것이다. 승무원, 직원 및 임원 또는 관리자는 승객 공간에서 평복이 허용되지 않지만 어떤 경우에는 배지를 착용하고 허용되기도 한다. 서비스의 연속성과 근무 성격으로 인해 근무시간은 매우 길다.

전문적인 현장 조직은 관리자의 관리 방식에 따라 직접적으로 영향을 받는 것으로 보인다. 어떤 의미에서 이것은 관리자가 채택한 경영방식의 모습이다. 하지만 좀 더 관조적 관점(제3자 입장)에서 살펴보면 선박의 '분위기'는 선상에서 직원들의 의사소통방법에 대한 접근법을 나타낸다. 관리자와 감독관들은 직원들을 대하고 팀원들과 의사소통하는 방법을 결정할 때 '일반적인 것'을 따르는 것으로 보인다. 관리자는 적극적으로 일하는 직원들에게 배우고 직원은 적극적으로 관리자와 환경에 대해 배운다는 점에서 쌍방향 학습이 이루어진다. 여러 측면에서, 이 연구결과는 국적과 문화적 배경이 크루즈 산업의 리더십에 영향을 미친다는 것을 시사한다. 사례 연구를 통해, 개인들은 복잡한 문화적 차이에 민감하며, 업무 균형을 유지하기 위해 문화적 신념 또는 기대 등을 고려하여 결정을 내린다는 것을 알 수 있다.

이런 접근 방식은 구성원들이 사회적 협력과 네트워크를 형성하는 사교조직으로 발전한다. 네트워크는 종종 계층 구조, 국적 또는 문화적 유사성에 따라 형성된다. 앞서 설명된 '가끔 발생하는 긴장감'은 공동체안의 누군가가 영역을 침범했을 때의 사례를 통해 알 수 있다. 예를 들어, 승무원 클럽 테이블은 멕시코출신 객실 승무원 그룹이 항상 차지한다. 승무원이 처음 크루즈선에 합류 했을 때 형성된 관계가 조직에 적응하고 정착하는데 중요한 요소임을 알 수 있다.

공동체는 스스로 자각한다. 승무원들 각자는 복잡한 선상 직원 그룹을 이해한다고 말했으며, 이러한 인식이 조직의 조화를 이루는데 중요했다. 선상 계층 구조가 있음을 다들 이해한다. 다양한 규칙과 규정들이 선상생활에 중요한 역할을 하며, 구성원들은 선상생활 규제의 의미를 정확하게 받아들인다. 선상공동체 개인들 모두가 사회적, 직업적 요구를 충족시키려는 의지가 있기 때문에 크루즈선은 효과적으로 운영되었다. 구성원들은 각자 일을 해서 돈을 벌며 그들이 성공하지 않으면 일도 사라질 것이라는 것을 인식한다. 즉, 공동체의 균형을 유지하는 것이 승무원 개개인의 최대 관심사가 되었다. 이를 따라가지 못하는 개인은 소수집단으로 구별되어 본국으로 송환되었다. 크루즈선은 자동제어 시스템을 갖춘 사회를 완벽하게 보여주는 표본이다.

크루즈선에서 수적으로 우세한 남성에 대한 편견을 논할 필요가 없다. 처음에는 크루즈선에 합류한 여성이 남성의 관심 대상이지만, 이러한 관심은 육지에서도 생길 수 있는 전형적인 상황이 과장된 경우이다. 그 상황의 여성들은 여러 면으로 남성들의 관심이 성가시고 짜증날 수 있다고 말했다. 그리고 여성 대상자들은 원하지 않는 남성들의 접근을 피하기 위해 자신들이 사용했던 방법을 설명하였으며, 결국 일정 기간이 지난 후에는 관심은 줄어들었다고 한다.

크루즈선에는 많은 커플들이 근무하고 있다. 때때로 그들은 결혼하기도 하지만, 관계가 지속되지 않는 경우도 있다. 회사는 파트너와 함께 일하고 생활하는 승무원의 요구에 융통성 있게 대처하며, 선실에 관한 규정에서 찾아볼 수 있다. 보조 웨이트리스는 말했다. "근무가 없을 때 승객들의 공간에 들어가는 것은 허락되지 않는다. 이는 내가 승객들보다 낮은 존재처럼 들릴 수 있으나 별로 상관하지 않는다. 수영장, 자쿠지, 헬스 클럽, 그리고 승무원 바 등 승무원 시설들이 좋다. 나는 친구들과 함께 있는 것을 즐기며, 친구들은 폴란드, 멕시코와 루마니아 출신들이다".

연구 대상자들은 그들이 선상 공동체에 합류하기 까지의 기간에 대하여 이야기하였다. 휴가가 끝난 후에, 기존 선박으로 다시 합류하거나 새로운 선박으로 합류 할 때 몇 가지 문제가 있었다. 왜냐하면 그들의 계약 및 고용 패턴은 반드시 전에 일했던 사람들과 조우함을 의미하기 때문이다. 우호적 관계는 신속하게 다시 형성된다. 여러 관점에서, 선상 공동체는 대학 캠퍼스 공동체 형성 방식으로 설명되며, 공동체 구성원들은 상호작용과 의사소통이 원활하게 이루어지는 환경에서 근무한다. 이것은 개인이 고립될 수 없으며 발생하는 문제들이 무시될 수 없다는 것을 의미한다. 전문적인 공동체가 성공하기 위해서는 사회 공동체의 성공이 중요하다.

크루즈선의 공동체는 유사성이 있지만 각 선박만의 고유성을 가지고 있다. 선임 부사무장은 말하기를, “크루즈는 사람, 승객, 선박의 규모, 여정이 다양하다-사람들은 다양한 이유로 크루즈선에 승선하고 싶어 한다.” 그녀와 동료들은 크루즈선이 인기 있는 이유는 다양한 배경을 갖고 있는 개인들의 독특함에 있다고 강조한다. 크루즈선의 역동성에 영향을 미치는 요소로, 순환 근무(계약이 종료되고 승무원은 휴가를 간다), 승객의 인구통계학적 특성, 크루즈 여행일정, 크루즈선의 물리적 환경에 대한 사람들의 생각, 그리고 수석 매니저가 선박을 관리하는 방식 등을 들 수 있다.

4 | 영향 Implications

인턴이나 현장실습 학생들은 크루즈선에 합류 할 때 흥미로운 상황에 처하게 된다. 어떤 측면에서, 크루즈선 공동체는 불안정하다. 왜냐하면 육지에서의 경험과는 완전히 다른 자동재생, 자아 균형, 자아 조절이 필요한 환경이기 때문이다. 그렇긴 하지만, 신중하게 계획하고 실천함으로써 곧 적응할 것이며 편안함을 느낄 것이다.

현장 실습 학생들에게는 규칙과 규정을 정확하게 설명하는 것이 중요하며, 이를 통해 근무 환경을 명확하게 파악하여야 한다. 또한 신참 승무원이 숙달된 승무원으로 성장하는데 필요한 학습을 위해서 공동체내 네트워크를 구축하는데 신경써야 한다. 적절한 멘토를 선정하고, 공동 팀 오리엔테이션과 함께 그룹 소개, 팀 구성 활동 등을 들 수 있다. 2005년 7월 크루즈 선사에 실습을 하기로 한 플리머스 대학의 학생들을 대상으로 실시한 2004년 5월 크루즈 오리엔테이션은 바로 이런 결과를 달성하기 위한 중요한 활동이었다.

문화적 배경은 개인의 경험과 다를 수 있으므로, 문화에 대한 교육을 통해 인식방법을 가르친다. 여기에는 문화적 차이에 관한 인식, 공동체 합류에 대한 조언, 예상가능한 상황, 도움과 조언을 받기 위해 누구에게 연락해야 할지에 관한 설명 등이 포함되어 있다.

본 연구는 크루즈선의 공동체가 강점을 가지고 있으며, 성공적으로 통합하기 위해 학습에 대한 개인의 선호가 중요한 요소임을 보여준다. 학습자에게 도움이 되도록 최상의 환경을 조성함으로써 조직이 임무를 성공시킬 가능성은 높아지지만, 일부 선박에서는 업무 역동성이 성공적이지 않을 수도 있다는 본 연구결과와 반대되는 의견도 있다.

사무장 사무실과 통합 운영 The Purser's Office and Integrated Practice | 5

크루즈선의 사무장 집무실은 선박의 행정 중심이다. 집무실은 보통 안내데스크와 마주 하고 있으며, 승객들이 선상에서 선사와 소통하는 주요 포인트 역할을 한다. 승객과의 대면 서비스는 예측 할 수 없다. 왜냐하면 한 고객이 매니저와 음식과 와인을 논할 수 있으며 또는 숙박담당 승무원과 숙박 문제를 논할 수 있는 반면, 승객들은 안내데스크 공간을 선상의 인터넷 검색엔진인 구글과 같은 역할을 하는 곳으로 생각하기 때문이다. 다양한 질문을 하며 신속하고 정확한 대답을 기대한다. 승객의 요청은 단순한 것에서 복잡한 것까지 다양하지만 서비스는 전문적 수준으로 일관성이 있어야 한다는 것이 대면 서비스의 특성이다.

사례연구

돈나 Donna : 프론트 데스크 선임 부사무장 Senior Assistant Purser(SAP) Front Desk

첫 번째 사례는 안내데스크를 총괄하는 관리자이다. 1996년 Donna McBride는 프린세스 크루즈사 Princess Cruises와 6개월 계약으로 신입 부사무장으로 합류했다. 그녀는 이전에 여행사, 호텔에서 근무했었는데 여행의 매력에 매료되었다. 지금 그녀는 사무장 집무실의 일선 작업을 담당하는 경영팀의 선임 직원이며 신입 부사무장(AP)과 부사무장(JAP)팀을 관리하고 있다. 일은 반복되고 힘들지만 보람있다고 말한다. 그녀는 선임 승무원 사무장(행정)과 승객 서비스 이사에게 보고한다. 그녀는 사무장 집무실을 운영하는 팀을 통제하고 프런트 데스크가 효과적으로 운영되는지 점검한다.
Donna는 24시간 서비스를 제공하기위해 부사무장들과 긴밀히 작업한다. 한 부사무장은 야간 관리자로 일하며 다른 이는 프런트 데스크 감독관으로 일한다. 그리고 '프라티카 pratika'는 입출항 허가와 항만 직원 관리와 같은 행정업무를 담당하는 부사무장이다. 프런트 데스크는 의료 센터 역할을 하기도 한다. 또한 그녀의 임무는 선상 경리 부장 및 많은 담당자들과 정기적으로 협의를 하는 것이다. 그녀의 팀은 프런트 데스크에 24시간 직원이 상주하기 때문에 12명의 부사무장들이 순환근무를 한다. 그들은 야간 관리자 지원업무, 미술 경매와 분실물 관리업무, 실무 연수와 선장의 활동,

카지노 지원업무 등과 같은 부가적인 업무를 하기도 한다. 여행일정과 도움을 청하는 승객의 규모에 따라서 4명 내지 5명의 신입 부사무장이 프런트 데스크에 항시 대기하고 있다. 집무실은 아침 8시부터 저녁 7시까지 운영된다(점심시간 포함). 야간 관리자가 아침 8시까지 근무할 때 보조 야간 관리자는 저녁 7시부터 밤 11시까지 근무한다. 신입 부사무장은 보통 하루에 11시간, 정박했을 때는 7시간 또는 8시간 근무하며, 전환하는 날 turnaround day이 가장 바쁜 날이다.

그녀는 많은 시간을 프런트 오피스의 업무를 관리하고, 고객 문제를 해결하고, 직원대상 고객 서비스 능력, IT기술, 그리고 상품 지식을 교육하는데 보낸다. 교육은 일대일 혹은 소그룹으로 이루어 질 수 있다. 상품 지식 교육은 프런트 오피스 운영, 자사의 상품, 그리고 시스템 교육의 전분야를 다룬다. 부사무장이 첫 근무인지 아닌지에 따라 보충 교육, 업데이트 및 숙련이 필요한 경우가 있다. 프린세스사는 '프린세스 U'를 운영하는데, U는 대학을 의미하며 선상 직원의 서비스 능력 개선, 팀 구성 전략 개발과 문제 해결을 위한 온라인 교육 프로그램이다.

프런트 데스크는 용건이 있는 승객들이 모이는 장소이다. 크루즈 선에는 2,000명이 넘는 승객이 승선해 있고 다양한 종류의 사람들이 있다. 그 중에는 비논리적인 사람도 있고 불가능한 것을 요구하는 사람도 있다. 하지만 그녀의 팀은 승객의 만족을 위해 일관적이고, 친절하고, 승객 중심이며 헌신적인 서비스를 제공한다. 문제는 보통 쉽게 해결되지만 가끔 곤란한 경우가 생기기도 한다. 포커스 파일 Focus file은 접수된 문제를 처음부터 끝까지 기록하는 컴퓨터 보고서이다. 다양한 여행일정은 다양한 문제를 야기 시킬 수 있다. 카리브 해에서 승객들은 많은 짐을 소지하는데 만약 하나라도 분실되면 문제가 될 수 있다. 유럽에서는 미국 승객들이 장거리 비행으로 도착했을 때 그들의 수하물이 제대로 도착하지 않는 문제가 생길 수 있다. 후속 조치의 필요여부에 따라 포커스 파일은 본사 승객 관련 부서에 보내지고 기록된다. 크루즈 선상 직원은 환불에 대한 책임은 없으며, 이는 회사의 책임 영역이다.

Donna는 승객들이 짐을 분실했다고 생각하면 매우 흥분하며, 실내복을 입고 어쩔 줄 몰라 방황하거나 욕을 하거나 운다고 한다. 승객들은 이러한 상황에서 최악으로 치닫을 수 있다고 한다. 그러므로 승객들을 돕는 신입 부사무장은 최선을 다해야 한다. 결국, 승객은 진정하게 되고 본인의 잘못된 행동을 사과할 수도 있다. 그녀의 팀은 최선을 다 하지만 고객들은 항상 그렇게 생각하지 않을 수 있다. 수하물이 제 시간에 도착하지 않은 경우, 부사무장 및 수석 사무장과 함께 일하는 신입 부사무장은 문제가 해결될 때까지 불평을 받아들일 것이다. 그리고 나서 다음 조치는 수하물을 다음 기항지로 보내는 것이다. 그리고 승객은 정장을 포함하여 입을 옷을 제공받고 세탁 서비스를 받는 등 도움을 받을 것이다.

선내에는 선장이 직접 승객들의 의견을 들을 수 있는 의견함이 비치되어 있다. 이 의견서들은 PSD에 복사되고 회사 사무실로 전달된다. 즉, 크루즈선내의 모든 사항이 보고되는 것이다. 이 보고서가 실제로 문제가 있거나 크루즈선 선상 직원이 통제할 수 없는 승객, 날씨, 또는 특정한 문제에 관한 것이라 할지라도, 이 시스템의 목적은 고객 만족도를 최상으로 유지하는데 있다.

고객의 다양한 불만을 고려해야 한다. 프런트 오피스 팀은 종종 특이한 상황에서 진짜 불만에 대한 판단을 내려야 하는 상황에 직면한다. 야간 관리자는 흥미로운 상황을 처리할 수도 있는데, 예를 들어 승객들은 과도한 음주로 인해 이성을 잃을 수 있다. 한 사건에서 여성 승객이 리프트 밖으로 떨어지고 남편이 그녀를 방치하고 있을 때 야간 관리자가 호출되었으며, 심지어 승객들에게는 자살을 강요한 것으로 알려져 버렸다. 어떤 상황이든지, 신중하고 부드럽게 그리고 효과적으로 처리되어야 한다. 크루즈선사에는 위협적이고 폭력적인 승객은 다음 항구에서 강제로 하선시키는 엄격한 규정이 있다.

프런트 데스크에서 승객 서비스가 진행되는 동안, 프라티카는 승객 기록을 정리하고 비어있는 선실을 관리한다. 왜냐하면 승객들이 도착하지 않았거나 또는 취소 등 세부사항들을 항만 사무실에서 확인해야 하기 때문이다. 야간 관리자는 최신 정보를 가지고 있으며 질의가 있을 경우를 대비해 승객 세부정보를 준비한다.

Donna는 선상 근무, 생활환경 및 문화로 인해 크루즈 선의 분위기가 다르다고 한다. 이것은 승무원, 승객, 크루즈선의 규모, 혹은 여행일정에 기인한다. 그녀는 승무원들은 각자 선상 근무를 하는 이유가 있겠지만, 이것에 관계없이 그들이 근무하는 크루즈 선으로 인해 다르게 느낄 것이라고 한다. 회사는 크루즈선 조직구성 시 같은 생각을 가진 사람들로 팀을 만들려고 노력하며, 조직을 구성하는데 팀을 이용한다. 계약이 만료되고 승무원들이 교체됨에 따라 크루즈 선도 변하게 된다. 관리자들도 중요하며, 리더십 스타일에 따라 기준을 설정한다. 크루즈 선에는 편안한 방식이 있으며, 승무원 모두가 일과 생활에서 행복해 보이며, 본인들의 일을 지속할 것으로 믿는다. 너무 엄격하고 경직된 승무원들은 승객들에게 부정적인 영향을 미칠 수도 있다.

프린세스사는 CRUISE라는 신조로 다른 크루즈 선사들과 차별화하는데 성공하였다. 이는 시간에 따라 변해왔지만 중요성은 점점 상승하고 있다. 프린세스사는 '이달의 직원'과 같은 동기유발 이벤트를 개발하였다. 크루즈 위원회는 승무원의 평가서(파란색), 승객들의 평가(녹색)를 검토하여 상여금과 함께 상을 수여하며, 프린세스 U 과정을 수료한 직원들도 경제적인 보상을 받는다.

Donna는 프런트 오피스 직원의 문화적 특성은 선상 생활에 영향을 주지 않는다고 생각한다. 그녀 사무실에 있는 직원들은 다국적이고 다양한 문화를 갖고 있다. 실제 발생할 수 있는 유일한 문제는 언어와 이해에 관한 것이다. 일부 강한 악센트로 인해 커뮤니케이션에 문제가 있을 수 있으며, 일부 JAP는 너무 빨리 말해서 이해하기가 힘들기도 하다. 간혹 승객들과 승무원은 말하는 방식에 따라 무례하다고 잘못 해석할 수도 있다.

Donna의 사례로 선상 생활과 업무에 관한 다양한 지식을 얻을 수 있다. 독자들은 업무의 연속성, 특별한 행사의 전문성, 고객 피드백의 중요성과 선내 문화 환경을 숙지하여야 한다.

사례연구

빈스 Vince : 회계부서 선임사무장 Senior Assistant Purser(SAP) Accounts

다음은 선상업무 중 회계부서에 관한 사례이다. Vince는 이탈리아에서 호텔 경영학을 전공했다. 그는 5년 전에 신입 부사무장으로 일을 시작하여 경력을 쌓고 좋은 기회로 승진을 하게 되었다. 본인은 이를 대형 크루즈선 건조 추세와 함께 산업의 급속한 성장 덕분이라고 한다. 그는 선상 업무가 역동적이며, 우수한 인력수급을 위해 현대 크루즈 선사가 직면한 도전적 과제가 있다고 한다.

선상 회계 관리자 위치는 프런트 오피스 SAP, 승무원 SAP, 승무원 선임사무장을 포함하여 수입을 담당하는 부서 관리자와 긴밀하게 협력한다. 작은 선박에서는 회계 관리자와 프런트 데스크 SAP의 역할이 통합되고, 사무실은 항해에 필요한 통화를 보관하는 대형 금고가 있는 장소에 위치한다. 크루즈 선에는 현금이 거의 없다. 왜냐하면 승객들 대부분이 자신의 개인장부 또는 신용카드 계정으로 지불하기 때문에 선상에는 적은 금액의 현금을 보유한다. 현금은 승무원에게 지불되거나 현금인출기에서 사용된다(실제 통화는 크루즈 일정에 따라 다름).

그의 일상은 선상 회계 장부를 관리하고 손님의 개인장부가 업데이트 되었는지, 관련데이터를 기록하고 게시하는 것(승객과 승무원), 다양한 금융 기록을 조정하는 것, 접수처 직원과 출납 계원에게 거스름돈을 지급하는 것, 승무원에게 현금과 팁을 지급하는 것 등을 포함한다. 그는 재정 관리 및 감독 책임을 맡고 있는 본사 회계사와 함께 일하고, 표준화된 문서를 사용하며, 표준절차를 따른다. 또한 선상에서 통용되는 다양한 통화와 자동 교환 기계를 준비하고 관리하는 책임이 있다.

그의 업무는 크루즈 선이 모항으로 돌아갈 때 가장 바쁘다. Vince는 새벽 3시 30분에 일어나 4시 30분부터 일을 시작한다. 그는 '크루즈 일정을 마감하는' 모든 자료를 준비해야 한다. 이 용어는 모든 거래와 크루즈에 관한 기록이 완료되고 기록들이 본사로 전송되는 지점을 일컫는다. 일정이 끝나는 아침, 승객들은 최종 청구서를 받으며(승객들은 중간에 개인장부를 확인할 수 있으므로 청구서를 받고서 당황하지 않는다), 아침 6시에 하선하기 시작한다. Vince는 승객들이 폴리오 문의로 사무실을 방문하기 때문에 1시간 이상 정신없이 바쁘다고 한다. 승객들은 오전 10시에 떠나고 2시간 정도의 시간이 생기는데 이때 Vince는 크루즈 마무리 작업을 하고 12시까지 다음 크루즈 자료 준비를 한다.

흔한 일은 아니지만, 실수가 생길 수도 있다. 판매가 잘못 코드화되거나 승객의 계정이 잘못 할당될 수 있다. 컴퓨터 오류가 있을 수도 있지만 기술자가 동승하여 해결 할 수 있다. 승객 수가 많은 것에 비해 보통 15-20건의 오류가 발생한다. 이런 오류 때문에 크루즈 회계 장부를 변경하여야 하며, 신중하게 처리하여야 한다. 오류로 인한 환불은 수석 직원이 승인하고 거래를 담당하는 부서 관리자가 확인한다. 만약 실수를 찾을 수 없을 경우, 난처해질 수 있다. 그래서 명예를 위해 정확하고 시기적절하게 일을 처리하여야 한다.

Vince는 모든 회계 서류가 담겨있는 박스를 본사로 보낸다. 하루 동안 보안 회사가 현금을 운반하며,

돈(화폐)도 같은 방식으로 다루어진다. 선상에서 상용되는 통화의 종류는 여행일정에 의해 결정되며, 회사는 자동 기계를 사용하여 환전 서비스를 제공한다. 환전업무로 수익이 발생하지만 주된 목적은 환전 서비스이다. 이 단계에서 Vince는 통화의 균형을 맞추지만, 크루즈를 마무리 할 때 불일치가 발생한다. 왜냐하면 많은 사람들이 회계 장부 프로그램에 각각 자료를 입력하기 때문에 자료 입력 오류가 발생되며, 그 결과로 Vince는 불일치의 원인을 찾아내야 한다. 출납 계원은 신용카드를 확인하고 위조지폐를 식별하는 교육을 받으며, 신용카드 사용 시스템으로 선상 보안이 향상된다. 신입 부사무원은 사전에 현금 처리 교육을 받아야 하지만 일부 교육은 선상에서 이루어진다. 크루즈 선에 승선하기 전에 모두 교육을 받는다. 대개 8-10명의 승무원들은 첫 항해에 합류하기 전 선상에서 2주 동안 이론, 정책, 상품 교육을 받는다. 선상 상품, 기항지 화폐와 같은 실질적 문제와 여행일정관련 많은 지식을 습득하는 것이 신입 부사무장에게 중요하다.

그는 본사에 자주 이메일을 보내고 수익 관리자에게 현황과 추세 파악 자료들을 보낸다. 모든 크루즈에는 PBD지출 목표치를 확인하는 재무 회의가 있다. Vince는 오후 3시나 4시 출발하기 전 하루를 마감한다. 새로운 크루즈 선은 대기하고 회계 시스템도 준비된다. 거스름돈용 현금이 모든 출납 계원에게 지급된다. 긴 하루였지만 그는 제 시간에 정확하게 본사에 필요서류를 보낸 것에 만족한다.

Vince의 역할은 조직 관리 시스템에서 가장 중요하다. 선상과 육상에서 다양한 관리자, 동료들을 관리하는 것이 그의 소관이다. 선내 임원들이 이러한 방식으로 행동하며 핵심 서비스를 제공하며 운영의 효율성을 높인다.

사례연구

타냐 Tanya : 인사부 선임사무장 Senior Assistant Purser(SAP) Crew

다음 사례는 인사부 선임 부사무장의 역할을 보여준다. 선임 부사무장은 인적 자원 관리 분야에서 핵심적인 역할을 한다. Tanya는 호텔 학교에서 관광 마케팅을 공부했다. 그녀는 전공 공부를 좋아했지만 너무 이론적이고 현장연계 훈련과 교육이 별로 없다는 것을 느꼈다. 결국 그녀는 크루즈선의 호텔, 레스토랑, 행정부서에서 일을 하게 되었다. 크루즈선에서의 업무는 육상 호텔 업무와는 매우 다르다. 예를 들어, 호텔에서 예약은 중요한 업무이지만 크루즈선에서 예약 업무는 호텔 관리 기능과 별개이다.

Tanya는 5년 동안 이 회사에서 근무했다. 그녀는 부사무장으로 일하며 승무원 사무실, 사무장 데스크, 기항지 관광 및 보조 야간 관리자 등 다양한 업무를 경험했다. 그리고 나서 선임 부사무장으로 임명되기 전 부사무장으로 두 번 근무했었다. 승무원 사무실에서 그녀는 1,100명의 선상 직원들 관련 업무를 담당한다. 여기서 그녀의 업무는 승무원들의 임금, 복지, 직원 채용, 소개 및 관리 등이다.

부사무장과 신입 부사무장이 그녀의 업무를 지원한다. 승무원 사무실은 크루즈선의 주요 서비스 동맥인 MI라고 불리는 복도를 따라 승무원 공간 중앙에 위치하고 있다. 승무원들은 이 사무실에서 정보를 얻고, 개인적인 문제의 도움을 받으며 업무사항 전달, 임금수령, 귀국준비 등을 크루즈 선 인사 부서와 진행한다. 대부분 승무원의 급료는 현찰로 지불되며 일부는 집으로 송금된다. Tanya와 그녀의 직원들이 이런 업무를 담당하며, 승무원 바나 라운지에서 사용할 수 있는 직불카드를 제공한다. 승무원 사무실의 역할은 팀과 긴밀하게 협력하고 서로를 신뢰하도록 돕는 것이다. 이곳은 승무원이 '회사'와 소통하기 위한 첫 번째 장소이며, 부서원은 승무원을 세심하고 정중하고 빈틈없이 대하여야 한다. 최근 한 승무원의 모친이 돌아가셨다. 이러한 상황에서 사무실은 다른 동료와 협의하여 필요한 비자 취득을 도와주었으며 항공편을 준비해 주었다.

모든 부서의 부서장은 승무원 사무실을 통해 필요인력을 요청한다. 각 부서의 요청은 검토 과정을 통해 본사에 전달된다. 신규 직원은 승무원 사무실에서 필요물품을 지급 받고 선상생활 관련 정보를 얻으며 오리엔테이션을 받는다. 교육에는 방수문 사용, 조작과 규정, 소화기 사용과 구명정 훈련이 포함되어 있다. 항해 부서는 모든 안전 유도 임무를 책임지며, 2주에 한 번씩, 구호대 담당자들(들 것 보유)이나 구역 지휘관들은 자신의 팀을 교육시킨다.

승무원 사무실팀은 일부 회계업무를 병행한다. 승무원을 위한 은행 역할을 하며 승무원 전용 휴대전화카드를 판매한다. 또한 업무와 관련된 많은 서류작업을 해야 한다. 승무원이 크루즈 선에 합류할 때 여권을 모두 거두었다가 떠날 때 돌려준다. 승무원이 크루즈 선을 떠나고 돌아올 때 등록하기 위해 보안 시스템이 가동된다. 이 시스템을 통해 통행증이 발급되며, 통행증의 바코드로 소지자를 식별하며 출입구에서 보안 요원이 확인할 수 있는 사진을 만든다.

승무원은 Tanya와 팀이 모든 것을 해결해 주기를 기대하며 선임 부사무장을 찾는다. 하지만 불행히도, Tanya는 말한다. "인생이 항상 그렇게 뜻대로 되는 것은 아니다." 승무원들은 임원들을 존중하지만 문제 해결을 위해 노력하는 책임이나 권한도 기대한다고 Tanya는 말한다.

Tanya의 지위는 매우 중요하고 책임있는 자리이다. 그녀와 팀의 업무가 잘못될 가능성이 적기 때문에 그녀는 선상 근무를 좋아한다. 크루즈 선이 항구에 정박해 있을 때마다 승무원이 항해를 놓칠 위험은 늘 도사리고 있다. 크루즈 선은 매번 새로운 기항지와 새로운 나라에 정박하기 때문에, 복잡한 규칙들이 새로 필요할 수 있다. 만약 20분 뒤에 배가 출항하는데 5명의 승무원이 아직 돌아오지 않았다면 당신은 무엇을 할 수 있을까 생각해보자.

데이비드 David : 부사무장, 프라티카 Assistant Puser : Pratika

다음 사례는 프라티카 pratika의 업무에 관한 것이다. 이 업무는 승객, 승무원 및 물자 수송을 다루고, 입·출국 업무와 긴밀하게 관련되어 있다. 크루즈 산업의 성장으로 크루즈 관광객들과 승무원의 수가 증가되었다. 그로 인해 선박이 항구에 도착하고 크루즈 선에서 내리는 승객들과 승무원의 통관을 위한 처리 업무에 초점을 맞추게 되었다.

David는 크루즈 선의 세관 및 출입국 통관을 위해 해당 정부를 담당한다. 각 정부의 규칙과 규정들로 인해 일부 여행일정은 다른 지역에 비해 쉽다고도 한다. David는 미국 규정이 엄격하고 담당자들이 예민하게 해석한다고 생각한다. 이탈리아에서는 크루즈 선이 다른 기항지 뿐 만 아니라 이전 기항지로 다시 돌아가는지 등 자세한 정보까지 요구할 수도 있다. 유럽에서는 많은 항구와 국가들이 쉥겐조약에 의해 보호된다(5장 참고).

프라티카는 크루즈 승·하선 관련 모든 업무를 담당하며, David는 선박 에이전트, 세관 및 출·입국 담당자와 작업한다. 그의 업무는 선박이 항구에 도착하기 전에 모든 준비를 완료하고 도착하기 전날에 승객과 승무원 리스트를 선박 에이전트에게 보낸다. 이것은 모항 정박일, 전환하는 날, 특히 선박이 그 다음날에 도착한다면 더 힘이 든다. 때때로 승객들이 비자를 못 받거나 잘못된 비자를 받는 경우에 문제가 발생할 수 있다. 이를테면 비자가 유효하지 않아서 승객이 하선할 수 없다고 하는 등 다양한 경우가 생긴다.

프라티카는 이탈리아 용어인데 이것은 크루즈 업계에서 문서업무를 의미한다. David는 문서작업이 업무의 많은 부분을 차지한다고 말한다. David는 본사에서 승객 목록을 받아 업데이트를 해야 한다; 예약, 업데이트, 또는 본사 승인하의 선실 변경과 같은 특별 요청사항; 특정 승객 그룹에 대한 정보 등등. 그의 역할은 해당 당국에 정보를 제공하여 통관을 용이하게 하고 체크인을 지원, 관리하여 하선을 원활하게 하고, 선실관련 요청사항을 처리하며 무료승객을 위한 비상카드를 할당한다. 그리고 우선순위 수하물을 지정, 하선을 돕고 단체 관리 및 내부일정과 하선 스케줄을 관리, 배포하고 환승 승객을 위한 준비도 한다.

프라티카의 역할은 큰 책임이 따른다. David는 직장에서 업무를 통해 많이 배웠다고 밝혔다. 그는 조직, 구성하는 방법과 즉흥적으로 처리하는 방법도 배웠다. 그는 항만 에이전트, 항만 관계자들, 그리고 세관 및 출입국 관계자와 파트너십을 구축하는 방법도 익혔다. 장시간 근무이면 스트레스가 많고 예측할 수 없는 일이 발생할 때도 있다. 상황이 잘 전개되다가 마지막 순간에 문제가 생길 수도 있다. 그의 하루는 선박이 부두에 정박한 후 시작되며 항만 관계자들은 승무원 사무장을 만나기 위해 승선한다. 프라티카는 여권을 포함하여 필요한 서류들을 라운지에 준비해둔다. 항만 관계자의 승인이 떨어지면 크루즈 선이 통과되었다고 발표한다.

프라티카는 승·하선 승객과 승무원의 명단, 보세 상점 목록, 선적 제품과 공급품의 내용, 그리고 방출품에 관한 환경 담당관의 자료를 제공한다. 프라티카는 중개자 역할을 하는 항만 에이전트와 함께 이 과정을 진행한다. 에이전트는 진행절차를 원활하게 하는 문화적 통역자 역할을 한다. David는 신입 부사무장의 도움을 받아 업무를 진행한다. 신입 부사무장은 자료 입력과 행정업무를 담당하며, David가 적절한 시간 관리로 목표를 달성할 수 있도록 지원한다.

최근에 한 여자 승객이 심한 심장발작을 일으켜서 즉시 병원으로 이송되어야 했다. David는 구급차를 준비하려 했지만 도착하지 않자 긴급 헬리콥터 서비스를 요청했다. 그리고 환자의 요구사항에 대해 환자 일행과 신중하게 협의를 하였다. 이 사건은 환자의 일행들이 크루즈 선에서 하선하여 병원 근처 호텔로 이동하는 것으로 마무리되었다. 에이전트와 동료들과 함께 일하면서 David는 가능한 한 이런 충격적인 사건으로 스트레스 받지 않으려고 노력한다. 많은 승객을 수송한다는 것은 언제든지 문제가 발생할 수 있음을 의미하고 이런 문제들은 승객들을 만족시켜야 하기 때문에 즉각적으로 처리되어야 한다.

프라티카는 본사의 지시(정보)에 따라 조치를 취하는 사무장 부서의 일원이며, 크루즈 선을 계획대로 운영하기 위해 지시사항이나 자료를 처리한다. 모든 크루즈 선사가 「프라티카」라는 용어를 사용하는 것은 아니므로 다른 용어로 사용될 수 있다.

사례연구

쉐리 Cherie : 호텔 서비스부서 부사무장 Assistant Purser Hotel Services

마지막 사례의 주인공도 통역자이며 중재자 역할을 담당한다.

Cheire는 선상에서 특별 서비스를 담당한다. 이 업무는 승객에게 꽃이나 선물을 보내는 업무를 비롯하여 선상이나 해변 결혼식, 특별 기념 파티를 기획하는 것까지 다양하다. 그녀는 거의 독립적으로 일하며, 승무원 선임 사무장 staff first purser과 승객 서비스 디렉터 passenger services director: PSD에게 보고하고, 특별 서비스 요청은 본사와 프라티카를 통해 그녀에게 전달된다. 그녀는 작업 일정을 체계적으로 짜서 승객들의 다양한 요청사항을 처리하고, 패키지 프로그램을 구성하며, 모든 부서에 담당 업무 내용을 정확히 전달하여 차질이 없도록 조치한다.

이 역할은 다른 업무에 비해 새로우며, 특별 서비스 인기가 증가함에 따라 도입되었다. 이 직책은 성별과는 상관없다. 이 역할을 담당했던 이전의 부사무장은 남성이었다. 이 업무는 보람되지만 많은 선임 부사무장, 부사무장, 신입 부사무장과 일하는 만큼 매우 힘들다. 일정이 복잡하게 되면 그녀는 PSD의 비서에게 도움을 청할 수 있다.

Cherie는 하루에 세 가지 행사를 담당하기도 한다. 그녀는 아침 8시 전에 업무를 시작한다. 곧바로 모든 점검사항을 재확인한다. 모든 행사가 Cherie에게는 특별하며 모든 것이 완벽하기를 원한다. 두 건의 결혼식, 한 건의 리마인드 웨딩이 예정되어 있다. 시간은 아주 촉박하지만 동료들의 도움으로 피로연 장소를 신중하게 조정하고 모든 것이 계획대로 이루어진다. 결혼식 프로그램은 신랑 신부의 개인적인 선호에 맞춰 구성되기도 한다. 신부는 미용실에서 머리를 손질하고 가꾸는 것으로 하루를 시작한다. Cherie는 플로리스트가 미용실에 꽃을 보냈는지 확인하고 피로연이 열리는 바와 결혼식 교회를 점검한다.

그녀는 사무실에 있을 때 결혼 인증서가 준비되었는지 확인하고 선장과 준비사항을 점검하며 사진사가 준비되었는지, 오케스트라 이벤트가 시작되는지 재확인한다. 각각의 결혼식과 이벤트는 핵심 부분이 제대로 진행되어야 하며 그 흐름이 원활해야 한다. 호텔 서비스의 부사무장은 웨딩 플래너가 되어 모든 부분을 이끌어가고, 행사가 일정에 따라 진행되도록 해야 한다. 세심한 주의를 기울여야 할 세부사항들이 많다. 이러한 이유로 이 업무는 대인관계 능력이 뛰어나고 섬세한 성격의 소유자에게 적합하다.

대형 크루즈 선에는 공식 행사로 이용할 수 있는 결혼식 교회가 있는데 라이브 또는 배경음악과 실내 장식을 갖추고 있다. 결혼식을 회사 홈페이지에 방송해 주는 추가 서비스가 제공되어 친구들과 가족들이 결혼식 청중이 될 수 있다. Cherie는 진행에 있어서 선장의 역할이 매우 중요하다고 강조한다. 개인의 노력과 선장의 관심, 전문성으로 인해 행사가 더욱 빛날 수 있다. Cherie는 하루하루 최선을 다하며 좋지 않은 것들은 훌훌 털어 버리려고 한다. 그녀는 진정으로 자신의 업무를 즐기고 있으며 그녀의 행복하고 긍정적인 경험에서 비롯된다고 강조한다.

종교적이든 비종교적이든, 전통적 혹은 비전통적이든 간에 결혼식 후에 사람들은 크루즈 선에서 사진촬영과 케이크 커팅식을 한다. 고객의 요청에 따라 맞춤서비스와 특별 순간을 연출하는 다양한 프로그램 등 선상 행사는 크루즈 일정 내내 계속될 수 있다. 크루즈 일정의 마지막에 Cheire는 결혼식의 법적 승인을 위해 크루즈선이 등록된 나라에 송부할 서류를 본사에 보낸다. 신랑, 신부를 축하하고 결혼식이 거행된 장소를 기억하도록 축하카드를 행복한 커플에게 보낸다.

항구에 정박한 날, Cheire는 선물 쿠폰배달, 특별 상품에 대한 요청사항을 처리하는 등 또 다른 업무를 수행한다. 그녀는 본인의 주된 업무와 더불어 호텔 서비스 부서 신입 승무원 교육을 지원하는 PSD의 대리역할을 하기도 한다. 이 역할은 비상 카드를 할당하고 승무원들이 선상의 비상 업무와 구역을 알고 있는지 확인하고 선장의 규정을 이해하도록 하는데 있다. 또한, 그녀는 모든 정책과 절차가 업데이트되고 해당 직원들에게 회람시키는 PSD의 대리역할을 수행하기도 한다.

통합 운영: 결론 | 6

현대 크루즈선에서 호텔서비스의 운영 및 관리는 승객의 입장에서 쉽게 이해되지 않는 부분이다. 크루즈선의 직원은 다양한 업무와 작업을 수행하며, 양질의 고객 서비스를 유지하고, 고객 중심 서비스를 포함한 모든 서비스가 진행되고 지속적으로 운영될 수 있도록 구성되어 있다. 이러한 목표를 달성하기 위해 선상 직원들은 팀을 이루어 업무를 수행하며, 선상 직원들과 본사 직원들이 조화를 이루기 위해 동일한 목표를 가져야 한다.

본 장의 연구 결과와 사례들은 현장업무의 통합을 강조한다. 해상에서 근무하는 것은 외로움을 즐기는 사람을 위한 것이 아니다. 평화와 고독의 순간을 누릴 수 있지만 오히려 인간의 상호교류를 중시하고 다른 사람과 공감하기를 좋아하는 사람들에게 적합하다.

관련용어

- 인류학의 Anthropological : 인간과 인류문화 연구와 관련된 용어
- 사례연구 Case study : 복잡한 사례에 대한 학습 방법. 사례에 대한 이해를 기반으로, 사례를 설명하고 분석함으로써 전체 내용을 총괄적으로 알 수 있는 방법
- 윤리학 Ethics : 도덕적인 가치와 규율에 관한 철학적인 연구
- 폴리오 Folio : 승객들의 계좌
- 구글 Google : 대중적인 검색 엔진
- 귀납적 Interpretive : 귀납적인 추리
- 밀류 Milieu : 세팅이나 환경에 관한 포괄적인 용어
- 정성적 Qualitative : 자연적으로 발생하는 현상에 대한 관찰

학습문제

❶ 현장 공동체로서 크루즈선을 정의 내리기 위한 요인들은 무엇인가?

❷ 수료 인턴대상 정보제공을 위한 연구프로젝트 수업은 무엇인가?

❸ 본문에서 소개된 사례에서 승무원들과의 협력을 위한 업무를 필요로 하는 역할에 대하여 설명하시오.

❹ 사무장 데스크에서 일하는 직원들에게 주어진 도전은 무엇인가?

❺ 멕시코, 이탈리아, 그리스, 터키, 알래스카, 호주 및 중국이 포함되어 있는 일정에서 필요한 화폐통화는?

- Bassey, M. (1999), *Case study research in educational settings*. Buckingham: Open University Press.
- Bell, J., Bush, T., Fox, A., Goodey, J., and Goulding, S. (1984), *Conducting small-scale investigations in educational management*. Milton Keynes: P-C-P Open University.
- Bjornsen, P. (2003), The growth of the market and global competition in the cruise industry. Paper presented at the Cruise and Ferry Conference, Earls Court, London.
- Bow, S. (2002), *Working on cruise ships*. Oxford: Vacation Work Publishing.
- Cohen, L., Manion, L., and Morrison, K. (2000), *Research methods in education* (5th ed.) London: RoutledgeFalmer.
- Dezin, N. K., & Lincoln, Y. S. (Eds.) (1998), *Collecting and interpreting qualitative materials*. Thousand Oaks, Ca.: Sage Publications.
- Gibson, P. (2004), Life and learning in further education: constructing the circumstantial curriculum, *Journal of Further and Higher Education*, 28, 333-346.
- Gibson, P., and Nell, J. (2003), Professional development and hotel services on cruise ships. Paper presented at the Cruise and Ferry Conference 2003, Earls Court London.
- Gibson, P. (2005), Communities of practice: Employment on cruise ships. Paper presented at the CHME Research Conference, Bournemouth.
- Lave, J., & Wenger, E. (1991), *Situated learning peripheral participation*. Cambridge: University Press.
- Testa, M. R. (2002), Leadership dyads in the cruise industry: The impact of cultural congruency, *International Journal of Hospitality Management*, 21(4), 425-441.
- Yin, R. K. (1994), *Case study research*. Thousand Oaks, Ca.: Sage Publications.

역자약력

성 은 희

- 연세대학교(이학사)
- 세종대학교 일반대학원(경영학 석사)
- 경기대학교 일반대학원(관광학 박사)
- 현) 동서대학교 관광학부 교수
  해양크루즈관광산업 활성화추진협의회 자문위원
  부산관광컨벤션뷰로 지역특화컨벤션 자문위원
  한국마이스산업협회(KMA) 자문위원
  경상남도 국제회의 및 전시산업지원협의회 위원

오 수 진

- 호주 RMIT University 관광학과 졸업(관광학학사)
- 경기대학교 일반대학원 이벤트 · 국제회의학 석사과정 졸업(관광학석사)
- 경기대학교 일반대학원 이벤트 · 국제회의학 박사과정 수료
- 전) (주)중앙일보 문화사업 이벤트팀 근무
  경기관광공사 관광진흥팀 근무
  호주 빅토리아주정부 1차산업성 한국사무소 근무
- 현) 동서대학교 관광학부 겸임교수

크루즈 운영관리론

2012년 8월 30일 초판1쇄 발행
2018년 2월 20일 초판2쇄 발행

저 자 Philip Gibson
역 자 성은희 · 오수진
펴낸이 임순재
펴낸곳 **(주)한올출판사**

등록 제11-403호
121-849
주 소 서울시 마포구 모래내로 83(성산동, 한올빌딩 3층)
전 화 (02)376-4298(대표)
팩 스 (02)302-8073
홈페이지 www.hanol.co.kr
e-메 일 hanol@hanol.co.kr
정 가 18,000원

- ISBN 978-89-94948-87-4